低扬程泵装置内流特性及水力稳定性

杨帆 著

中国水利水电出版社
www.waterpub.com.cn
·北京·

内 容 提 要

本书以低扬程泵站为研究对象，采用理论分析、数值计算与模型试验相结合的方法较系统地探讨了低扬程泵装置内流机理及水力稳定性。全书共分为 9 章，主要内容包括：低扬程泵装置过流结构内流相互耦合机理、典型低扬程泵装置内部流动特性、低扬程泵装置水力稳定性、低扬程泵装置流道多目标多约束自动优化技术及低扬程泵装置节能降耗技术的工程应用等。

本书可供水利工程及市政工程勘测设计研究、泵站工程建设管理及泵站装置试验研究等有关单位的工程技术人员参考，也可供高等学校水利水电工程、农业水土工程、热能与动力工程、市政工程等有关专业的师生阅读。

图书在版编目（ＣＩＰ）数据

低扬程泵装置内流特性及水力稳定性 / 杨帆著. --
北京 : 中国水利水电出版社，2020.8
　　ISBN 978-7-5170-8761-8

　　Ⅰ. ①低… Ⅱ. ①杨… Ⅲ. ①水泵－水力学－研究
Ⅳ. ①TV136

中国版本图书馆CIP数据核字(2020)第149511号

书　　　名	低扬程泵装置内流特性及水力稳定性 DIYANGCHENG BENGZHUANGZHI NEILIU TEXING JI SHUILI WENDINGXING
作　　　者	杨帆　著
出 版 发 行	中国水利水电出版社 （北京市海淀区玉渊潭南路 1 号 D 座　100038） 网址：www. waterpub. com. cn E - mail：sales@ waterpub. com. cn 电话：（010）68367658（营销中心）
经　　　售	北京科水图书销售中心（零售） 电话：（010）88383994、63202643、68545874 全国各地新华书店和相关出版物销售网点
排　　　版	中国水利水电出版社微机排版中心
印　　　刷	天津嘉恒印务有限公司
规　　　格	184mm×260mm　16 开本　18 印张　438 千字
版　　　次	2020 年 8 月第 1 版　2020 年 8 月第 1 次印刷
定　　　价	**128.00 元**

前言

　　水是生命之源、生产之要、生态之基。兴水利、除水害，事关人类生存、经济发展、社会进步，历来是治国安邦的大事。泵站工程是重要的水利基础设施，在跨流域调水、农田和区域抗旱、城市防洪排涝、城镇供水和城市水环境改善等方面均起着关键作用。在我国新时期社会主义农村建设中，泵站工程对于保证人民生命财产安全和国家粮食安全，提高农业综合生产能力，促进农业增效、农民增收和农村稳定，保证工农业用水安全的作用日益突出。

　　随着建设资源节约型、环境友好型社会工作的快速推进及国民经济的快速发展，社会对泵站低能耗、高可靠性的指标要求越来越高，同时随着我国低扬程泵站机组装机容量、尺寸的不断增大，高效、高可靠性的低扬程泵装置受到越来越多的关注。本书以低扬程泵装置节能降耗和提高运行稳定性为主线，同时结合工程实际背景开展了系统的研究工作，希望能有助于进一步推动我国低扬程泵装置研究工作的深入开展，丰富低扬程泵装置的研究内容。

　　全书共分为9章，主要内容如下：第1章概括分析了低扬程泵装置内流特性及水力稳定性研究的背景及意义，低扬程泵装置的分类及结构特点，阐述了低扬程泵装置的研究现状及问题；第2章阐述了低扬程泵装置内流三维数值模拟的理论基础及方法；第3章分析了立式轴流泵装置内流特性，重点分析了轴流泵和进水流道、轴流泵和出水流道的内流相互耦合作用，构建了出水流道的综合评价模型；第4章明确了S形轴伸贯流泵装置的内流特性及水力稳定性；第5章明确了箱涵式双向立式轴流泵装置和箱涵式单向立式轴流泵装置的内流特性及水力稳定性；第6章分析了斜轴伸贯流泵装置、竖井贯流泵装置和双向潜水贯流泵装置的内流特性并给出了相应的水力优化方案；第7章分析了立式蜗壳混流泵装置的内流特性及水力稳定性；第8章探析了可调前置导叶和可调后置导叶对轴流泵内流特性的影响，并构建了轴流泵能量性能的预测模型；第9章提出了低扬程泵装置流道的多目标多约束的自动优化方法；附录介绍了本书研究成果在部分泵站中的应用实例。

　　本书的研究工作是在国家自然科学基金项目（51609210、51279173）、江苏省自然科学基金项目（BK20150457）、中国博士后科学基金面上项目（2016M591932）、江苏省博士后科研资助计划项目（1601161B）、国家科技支撑计划项目子课题（2015BAD20B01-02、2012BAD08B03-02）、江苏省高校自然科学研究面上项目（14KJB570003）、扬州市校科技合作资金项目（YZU201901）、江苏省高校优势学科建设工程项目、扬州市"绿扬金凤"计划领军人才、江苏省科协青年科技人才托举工程、江苏省科协创新计划首席专家项目、江苏省"双创计划"及十余项企业技术委托课题的资助下完成的。

在本书撰写过程中，刘超教授、汤方平教授、周济人副教授、成立教授给予了热情的支持、鼓励和指导，在此谨向他们致以衷心的感谢！此外，感谢扬州大学水利科学与工程学院的领导和同仁们的关心和鼓励。最后向参与本书审稿工作的专家表示真诚的感谢！

尽管作者力求审慎，但限于作者的水平，书中难免有不妥之处，恳切希望读者批评指正。

作者

2020 年 1 月

目录

第 1 章

绪 论

1.1 研究的背景与意义

1.1.1 研究的背景

水是生命之源、生产之要、生态之基。兴水利、除水害，事关人类生存、经济发展、社会进步，历来是治国安邦的大事。泵站是重要的水利基础设施，在大范围内的农田和区域抗旱、防洪排涝、城镇供水、污水排放和跨流域调水等方面起着关键的作用。在我国新时期社会主义农村建设中，泵站工程对于保证人民生命财产安全和国家粮食安全，提高农业综合生产能力，促进农业增效、农民增收和农村稳定，保证工农业的及居民生活用水，改善生态环境，都发挥着重要作用。

1. 跨流域调水工程背景

为了解决我国区域水资源紧缺问题，我国在 20 世纪 60 年代以来兴建了 23 个跨流域调水工程，大多位于东部沿海地区。如引滦入津工程、引滦入唐工程、引黄入晋工程、引黄济青工程、东北的北水南调工程、引江济太工程、广东的东深引水工程、江苏的江水北调工程、甘肃的引大入秦工程以及我国的南水北调工程等，尤以南水北调工程规模最大。

南水北调工程是解决我国北方地区水资源严重短缺的重大战略措施，也是关系到我国国民经济可持续发展的特大基础设施。在南水北调东线工程拟兴建 51 座泵站，扬程低于 5.0m 的泵站占 70%[1]，其中南水北调东线一期工程新建 21 座泵站和改建 3 座泵站，新安装大型水泵 95 台套，总装机功率为 23.39 万 kW，这些泵站扬程低（设计扬程为 2.3～9.0m）、流量大（单机设计流量在 25m³/s 以上），而且年运行时间长，多达 5000h 左右[2]，对于南水北调东线工程，扬程高于 7.0m 的泵站首选的泵型为混流泵。南水北调工程直接推动了低扬程泵装置的研究。图 1.1 为南水北调东线工程示意图。

2. 大中型泵站更新改造的背景

我国的泵站大多建于 20 世纪 60—70 年代，由于建设标准偏低，运行时间长，加之经费严重短缺，泵站设施和设备普遍存在老化失修现象，超期服役或带病运行问题相当严重，导致泵站运行故障多、能耗高、效率低，除涝和抗旱能力明显下降，并存在诸多安全隐患。为解决这些问题，2005 年以来，连续 6 年的中央 1 号文件均提出灌排泵站更新改造问题，泵站问题成为了社会关注的热点之一。2005 年水利部组织编制了《中部四省大

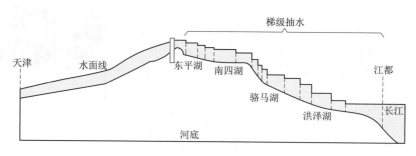

图 1.1　南水北调东线工程示意图

型排涝泵站更新改造规划》，2006—2008 年国家投入 68.2 亿元，对中部湖北、湖南、江西、安徽和河南等 5 省的 140 处 477 座排涝泵站进行了更新改造。从 2008 年开始，水利部组织国内泵站权威检测单位，对全国主要大型灌溉泵站进行了现场检测，结果发现，全国大型灌溉泵站平均装置效率仅为 40%～50%，能源单耗平均达 7～8kW·h/(kt·m)，距部颁标准要求的装置效率 60%～70% 相差很大[3]。2009 年年初国家发展改革委和水利部在 2009 年第一季度新增中央投资中安排了 15 亿元，提前启动了全国 99 处大型灌排泵站更新改造项目。2011 年 3 月 28 日，全国农村水利工作会议强调在适应农业农村发展新形势，加快推进"十二五"农村水利建设中着力抓好大中型灌溉排水泵站的更新改造，全面实施大型灌排泵站的更新改造，争取到 2013 年基本完成全国 251 处大型灌排泵站更新改造任务。2011 年 5 月国家发展改革委和水利部共同印发的《全国大型灌溉排水泵站更新改造方案》提出更新改造泵站 251 处，更新改造泵站座数 1900 多座，其中拆除重建 669 座，改造 1267 座。国家的这些文件和政策更加推动了泵装置的研究及推广应用。

3. 城市防洪标准体系提高的背景

我国城市化进程的加速和区域性经济的发展促使了城市防洪体系标准的提高。我国《防洪标准》（GB 50201—94）依据城市里的非农业人口数量，制定出不同的防洪标准。如非农业人口超过 150 万人的，城市防洪标准要大于 200 年一遇，非农业人口 50 万～150 万之间的，防洪标准要达到 100～200 年一遇。截至 2005 年年底，全国共有 661 个城市，其中达到防洪标准的城市仅有 1/3[4]，随着经济社会的发展，城市公共财产和工业的增加，家庭资产的积累，让城市已经受不了洪水的侵害。为了保障人民群众的生命财产安全，同时为达到国家的防洪标准，很多城市建设了低扬程的防洪排涝泵站。江苏省人民政府苏政发〔2002〕86 号文件指出，要根据国家制定颁发的城市防洪标准和各市城市总体规划确定的经济社会发展目标，省辖市总体防洪规划标准为：到 2010 年，南京、苏州、无锡、常州四市城市中心区达到 200 年一遇以上，其他省辖市城市防洪标准达到 100 年一遇以上。

依据《国家中长期科学和技术发展纲要（2006—2020 年）》所确定的"水资源优化配置与综合开发利用"和"节能"优先主题，以及中共十七届三中全会通过的《中共中央推进农村改革发展若干重大问题的决定》中要求"加快大中型灌区、灌排泵站配套改造"的精神，深入开展低扬程泵装置内流特性及水力稳定性的研究工作显得十分必要，研究成果将为我国低扬程泵站工程项目的实施提供一定的技术支撑与理论指导。

1.1.2 研究的意义

1.1.2.1 研究的工程价值

本书研究的对象为低扬程泵装置。开展低扬程泵装置研究的工程价值及工程目的从以下五个方面进行论述。

1. 泵站是我国水利设施的重要组成部分

水利是国家经济发展的基础，而泵站是水利设施的重要组成部分，并已成为实现现代农业建设不可或缺的必备条件，对保护和发展我国粮食生产、社会稳定起到了关键性的作用。

我国机电灌排事业得到了快速发展，机电灌排动力拥有量从 1949 年的约 7 万 kW 发展到 2016 年的 5279 万 kW，其中，固定式机电灌排泵站装机功率 2716 万 kW，共有灌排泵站 43.4 万座，占总装机容量的 51.45%。在这 43.4 万座灌排泵站中，各类装机流量 1m³/s 或装机功率 50kW 以上的泵站 90282 处，其中大型泵站（以处为单位，装机容量≥10000kW 或设计流量≥25m³/s）366 处，中型泵站 4139 处，小型泵站 86477 处[1]。

2. 泵站是我国防洪排涝体系的重要组成部分

泵站是我国防洪体系的重要组成部分。截至 2011 年 10 月，我国现已建成大型排涝和灌排结合泵站 237 处，装机容量 291.89 万 kW，设计总流量 31937m³/s，有效排涝面积约 1.37 亿亩，约占全国总除涝面积的 42.9%，全国大型排涝泵站每年平均排水在 400 亿 m³ 以上，保护着全国 200 多个城市约 1.5 亿居民的生命财产安全[1]。在 1991 年的历史罕见的特大洪水排涝中，单机容量 800kW 以上的大中型泵站发挥了骨干作用，日排水量为 4.2 亿 m³，累计排水量近 100 亿 m³，当年的泵站排涝减灾效益达 160 亿元。

3. 泵站是我国农村经济发展的主要支撑

据 2010 年全国大型灌排排水泵站更新改造资料统计，大型灌排泵站受益区内的人口在 1.5 亿人以上，产值 1.45 万亿元以上，其中农村人均收入超过 4200 元，高于我国农民的平均收入[1]。泵站工程的排涝效益以平原地区最为显著，如湖北的江汉平原、广东的珠江三角洲、东北的三江平原、浙江的杭嘉湖地区以及洞庭湖、鄱阳湖、太湖、巢湖的周边地区，这些平原地区修建了排涝泵站后带来了百业兴旺，如今这些地方均成了重镇、交通枢纽和当地的政治、经济和文化中心[2]。

4. 泵站是改善生态环境的基本保证

通过泵站的抽排水可有效改善受益区的水体环境，有效治理水环境污染，防止土地劣化、阻止疾病传播和蔓延，有效阻止沙漠扩张、防止水土流失，保持和改善生态环境[1]。

我国的佛山市通过建设引水泵站改善城市的水环境。根据佛山市禅城区河流综合规划工程分布图，在沙口水船闸附近设置沙口引水泵站引水进佛山水道能有效改善汾江河的水质；在莲塘兴建莲塘引水泵站，彻底改善了城西河涌的水环境；在屈龙角、新市、明窦兴建引水泵站，彻底改善了城南区河涌的水环境[5]。佛山的狮山街头泵站工程属于南海区河涌综合治理项目之一，该工程投资 1946 万元，该工程不但可以改善农田的灌溉的情况，还可以改善整个北村水系的水环境。2010 年，为了改善常州市区水环境，常州市防汛抗旱指挥部发布第 1 号调度令，通过调水有效促进了市体河体的流动，明显改善了市区水环境。苏州常熟从 2009 年开始计划投资 20 亿元用于改善城市水环境，其中新建泵站 39 座。

5. 泵站有效缓解了农村饮水安全的压力

大型灌溉泵站在解决农田水利灌溉的同时，也为受益区的居民提供了水源，可有效地缓解农村饮水安全问题。

1.1.2.2 研究的学术理论意义

采用理论分析、计算流体力学（computational fluid dynamics，CFD）技术和模型试验技术相结合的方法，对低扬程泵装置的内流特性及水力稳定性进行研究。

1.2 低扬程泵装置的分类及结构特点

本书研究的低扬程泵装置定义为包括进水流（管）道、叶轮、导叶体和出水流（管）道四部分组成的装置。依据泵轴线与水平线的夹角对泵装置进行分类，泵装置的形式可分为立式泵装置、平卧式泵装置和斜卧式泵装置三种基本装置形式。

1. 立式泵装置

立式泵装置具有电机工作环境好，水泵导轴承荷载较小，安装检修相对方便，设计和制造技术成熟，投资省、效率高等优点，因此在灌溉排水工程中得到了广泛的应用。立式泵装置的泵轴线（铅直）与来流水流方向（水平）互相垂直，故水流进入水泵和流出水泵时水流转角为 90°，水流流向的改变极易引起水流脱流、二次流、流速分布不均匀甚至产生漩涡、涡带等。图 1.2 为典型的单向立式泵装置，图 1.3 则为典型的箱涵式双向立式泵装置。文献 [6] 指出一般立式泵装置的高度较大，对于大泵来说，扬程低于 3.0m 已不适合。立式泵装置的进水流道按进水方向能否选择，可分为单向进水流道和双向进水流道；立式泵装置出水流道按出水方向能否选择，可分为单向出水流道和双向出水流道。具体分类如图 1.4 和图 1.5 所示。

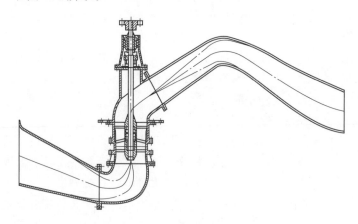

图 1.2 单向立式泵装置

2. 平卧式泵装置

平卧式泵装置的进、出水流道平顺贯通，水流条件好，水力损失小，其形状比立式泵装置、斜卧式泵装置简单，装置效率高。平卧式泵装置根据结构特点可分为全贯流、灯泡

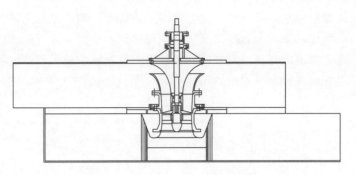

图 1.3　箱涵式双向立式泵装置

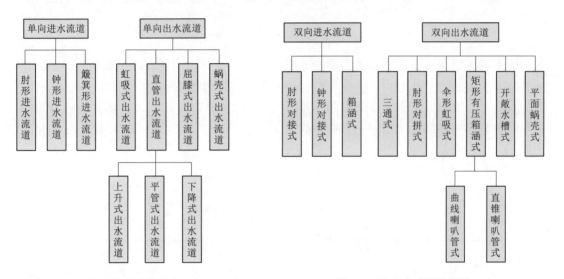

图 1.4　单向立式泵装置进、出水流道的分类

图 1.5　双向立式泵装置进、出水流道的分类

贯流、潜水贯流、竖井贯流和轴伸贯流 5 种类型。灯泡贯流泵装置根据大灯泡体的位置可分为前置灯泡贯流泵装置和后置灯泡贯流泵装置；竖井贯流泵装置根据竖井的位置可分为前置竖井贯流泵装置和后置竖井贯流泵装置；轴伸贯流泵装置根据机组和流道的布置形式可分为水平前轴伸贯流泵装置、水平后轴伸贯流泵装置、平面前轴伸贯流泵装置和平面后轴伸贯流泵装置 4 种形式。

　　全贯流泵装置因其电动机直接布置在叶轮外缘侧，可获得比灯泡贯流泵装置更高的效率，进一步降低泵站的土建投资，但目前的技术还不成熟，多用于小型泵站工程。图 1.6 为全贯流泵装置示意图。

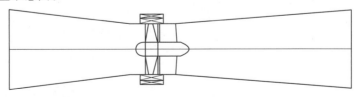

图 1.6　全贯流泵装置示意图

灯泡贯流泵装置具有水力损失小，运行效率高的优点，但其缺点是电动机及传动结构均位于灯泡体内，结构复杂，密封要求高，安装检修很不方便，因灯泡体内有机组的支撑部件和电缆管、进人管道的存在，对灯泡周围的水流流动影响较大，造成了附加的水力损失。图1.7为后置灯泡贯流泵装置示意图。

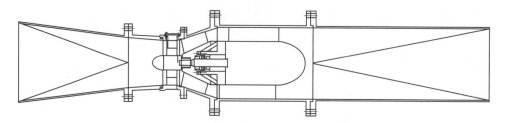

图1.7　后置灯泡贯流泵装置示意图

潜水贯流泵装置是潜水电机与贯流泵装置相结合的产物，适合于超低扬程泵站。潜水贯流泵装置将叶轮、导叶、齿轮箱及电机连为一体布置在流道中，机组结构紧凑，灯泡体较小，对水流的影响相对于传统的灯泡贯流泵装置较小。该泵装置对设备可靠性和制造技术要求高，尤其是对密封止水的要求。图1.8为双向潜水贯流泵装置示意图。

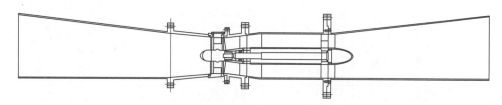

图1.8　双向潜水贯流泵装置示意图

竖井贯流泵装置的竖井是开敞的，运行和维护方便，开挖深度较小，站身结构简单，但泵站底板宽度较大，厂房跨度也较大，因此增加了土建的工程费用。竖井贯流泵装置的电机和齿轮减速装置均安装于竖井内部，若长期不运行，竖井内部湿度较大，设备极易受潮锈蚀。竖井贯流泵装置还需尽可能地避免机组启动时电动机的超载，所以对断流方式也提出了较为苛刻的要求。竖井式贯流泵的进水或者出水流道被竖井分隔为两股，水流在流入（或者流出）水泵时都必须经过较大的转弯，因而增加水力损失。图1.9为前置竖井贯流泵装置示意图。

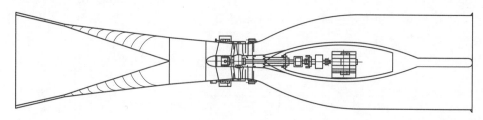

图1.9　前置竖井贯流泵装置示意图

平面 S 形轴伸式贯流泵装置在进水侧和出水侧都有不同角度的弯曲部件，这也不同程度地增加了流道的水力损失，进而影响了泵装置的整体水力性能。轴伸式贯流泵装置对密封要求较低，检查、维修和保养方便，尤其是拆卸时无须同立式泵装置先拆除电动机。图1.10 为平面 S 形轴伸贯流泵装置示意图。

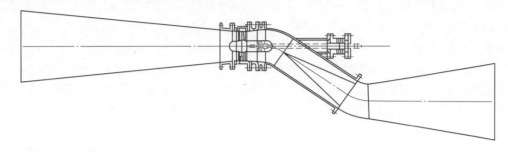

图 1.10   平面 S 形轴伸贯流泵装置示意图

3. 斜卧式泵装置

斜卧式泵装置具有构造简单紧凑、开挖量较小、厂房高度低、泵房底板受力均匀等优点。斜卧式泵装置的泵轴倾角越大，流道弯曲得越厉害，流道弯曲厉害会导致流道内部的流态不好，但相对于立式泵装置而言，斜卧式泵装置的进水流道水流转向角度小于 90°，阻力损失小，其出水流道转角也小于 90°，水力性能相对较好。斜卧式泵一般采用泵壳中开的结构，安装检修比立式泵方便，而且斜卧式机组的电动机位置较高，具有与立式泵装置同样的通风良好的优点。目前，斜卧式泵装置的倾斜角有 75°、45°、30° 和 15° 四种，图1.11 为斜 30° 泵装置示意图。

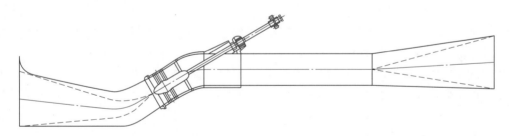

图 1.11   斜 30° 泵装置示意图

1.3   低扬程泵装置的研究现状及问题

1.3.1   水泵叶轮的研究

叶轮的水力性能直接影响到泵装置的水动力性能。伴随着计算机硬件的发展和 CFD 技术的成熟，CFD 技术已被学者们应用于叶轮研究的各个方面[7-18]，从最初的三维定常数值模拟到现在的三维非定常数值模拟，从单相的数值计算到固液、气液两相的数值计算，从单纯的流场分析到水力脉动、噪声分析，从当初弱耦合的数值计算到现在强耦合的数值计算，从设计工况的数值计算研究到非设计工况的数值计算研究，从传统的流场分析诊断泵的设计缺陷到现在的涡动力学诊断理论的完善，从稳定运行工况的分析到启动过渡过程的数值计算等，这些都反映了数值模拟计算的进步与完善。随着数值模拟计算技术的提高与完善，人们已将数值计算作为研究的必备工具之一，以试验研究为主、数值计算为辅主导了这个时期的研究手段。国内外近几年发表的泵方面的学术论文中约 90％的论文均与数值模拟有关，可见 CFD 技术已经在泵的研究方面得到了广泛而深入的应用。

近些年来，泵的水力模型设计方法方面开展的研究工作较少，轴流泵与混流泵的设计研究相比离心泵的水力模型仍落后，2004 年南水北调工程水力模型同台测试了 27 个优秀的水力模型，随后的国家"十一五"科技支撑计划重大项目（贯流泵装置水力性能优化理论与应用）中设计了 4 个具有超低扬程、大流量、高效率的水力模型，但贯流泵的水力模型仍较少，还未形成系列，而且设计方法基本上仍沿用传统的设计理论与方法，而目前国内轴流泵的设计者大多采用"设计—CFD 计算—修改—模型试验"的思路，而轴流泵全三维设计的研究仍处于理论研究阶段，设计过程的控制及设计结果优劣的判断有待做进一步的研究。按照传统叶片泵水力设计理论，混流泵的比转速 n_s 一般不超过 500，超过时则均设计成轴流泵，随着设计方法的改进，高比转的混流泵叶轮的研究已取得了不少的成绩。华中科技大学研究的比转速为 610、型号为 MD350HD-350 的混流泵模型，南水北调低扬程泵课题组研究的比转速为 620、型号为 NDHL12-350 的混流泵模型，江苏大学研究的比转速高达 800、型号为 211-80 的混流泵模型，扬州大学江苏省水利动力工程重点实验室研发的 HB45、HB50、HB55 及 HB60 等系列高比转速混流泵，其比转速均高于 600，且 HB60 已在南水北调东线工程皂河一站的更新改造中得以应用。

对泵内的三维定常与非定常的计算方法已被广大的学者所掌握，各种类型的泵均被做过三维定常与三维非定常的流场分析，这类研究已常态化。虽然 CFD 技术的应用取得了很大的进步，两方程湍流模型的数值预测在泵的最优工况与设计工况附近均可取得较高的精度，但是偏离设计工况时却难以达到工程应用的精度，今后开展非设计工况的数值计算研究显得非常必要。

空蚀的问题是大型泵站普遍存在的问题，也是当前研究的热点，今后应采用 PIV、LDV、PDPA 等现代化的测试仪器开展泵内两相流的测试，并结合数值模拟方法与理论分析，深入研究泵的空化、固液（磨蚀）的研究。对泵叶顶间隙的研究目前主要是数值计算，缺少实验验证，在今后应采取高速摄像机和 PIV 等仪器设备对其进行研究，进一步揭示叶顶间隙流动特性，分析间隙涡的发展过程，建立不同间隙对泵性能影响的数学模型。流固耦合研究涉及流体力学、固体力学、动力学及计算力学等多门学科，若要真实模拟流场与叶轮之间相互作用的内在机理及其耦合振动，仍是一个难题，目前主要的研究手段是采用商用软件，如 ANSYS WORKBENCH 等，开展流固耦合的研究获得叶轮叶片应力的分布对提高叶轮的设计水平是非常有意义的。对于泵内水力噪声、叶轮疲劳可靠性、泵的旋转失速机理和泵过渡过程的内流场计算及内流场的涡动力学诊断技术的应用等均处于起步阶段，今后应深入开展这些领域的相关研究。

1.3.2 导叶体的研究

导叶可以分为前置导叶和后置导叶，前置导叶的设计有两个不同的目的，一个是调节工况，另一个是在叶轮进口处造成所需要的 C_{u1} 以满足叶轮的设计要求，一般前置导叶采用机翼形或圆弧形；后置导叶的设计与前置导叶不同，后置导叶的作用是减小从叶轮出口流出液流的速度环量，将液流圆周速度的动能转化为压力能，并利用其扩散作用将部分轴面速度的动能转化为压力能[19]。后置导叶的设计可以和叶轮叶片一样，采用叶栅或孤立翼型的计算方法，也可以采用流线法，其中流线法是轴流泵后置导叶设计常采用的方法。

国内外对导叶的研究主要集中于导叶的几何参数和有无导叶对泵段或泵装置水力性能影响的研究，对导叶设计方法的研究在较长一段时间内没有进展，直到 21 世纪初，张勤昭等[20]借鉴泵叶轮的反问题设计理论，用 Visual Fortran 语言编程实现了高比转速数混流泵空间导叶的水力设计。L. M. C. Ferro 等[21]提出了一种贯流式涡轮机的导叶的准三维快速设计方法。南京蓝深制泵集团股份有限公司与华中科技大学共同针对潜水贯流泵研发了一种半可调的导叶，已在工程实践中获得运用[22]。

近些年来，国内学者借鉴前置导叶预旋调节技术在风机和压缩机中的应用，将前置导叶技术应用于水力模型性能的调节中。在 2000 年黄经国[23]阐述了大型混流泵采用可调进口导叶调节特性的原理、技术特点和结构设计。江苏大学的孔繁余等[24]利用有限元分析软件数值求解不同工况下混流泵的内部流场，得到了前置导叶调节工况的基本规律，以改善混流泵在非设计工况运行时的水力性能。清华大学的曹树良等[25]提出了一种全新的适用于离心泵前置导叶预旋调节的空间导叶水力设计方法，并将该导叶应用于某离心泵，并对其在不同轴向位置和不同预旋角下进行了性能试验。武汉大学的 Qian Zhongdong 等[26]提出了一种新型后置可调式导叶，可调式导叶可通过调整角度改善轴流泵导叶段的流态，减小水力损失，提高水泵扬程和效率。

1.3.3 进出水流道的研究

进水流道的作用是为了使水流在从前池进入水泵叶轮室的过程中更好地转向和加速，以尽量满足水泵叶轮对叶轮室进口所要求的水力设计条件[27]。进水流道的水力设计将直接影响到水泵的工作状态，进水流态越差，对水泵实际性能的影响就越大。早期进水流道设计主要依据工程经验，采用典型的一维水力设计方法，即满足进水流道各过流断面的平均流速均匀变化。这种早期的设计方法虽然便于在工程设计中使用，但是未考虑流道各断面的流速分布对装置水力性能的影响，1997 年颁布的国家标准《泵站设计规范》（GB/T 50265—97）就已不再将一维流动设计方法作为指导性方法列在附录中，伴随着计算流体动力学的进一步发展，以三维湍流流动理论为基础的进水流道优化水力设计方法已开始被大量采用，南水北调东线工程中泵站的进水流道都采用了三维优化水力设计方法，并且新颁布的《泵站设计规范》（GB 50265—2010）中已明确表示重要的大型泵站的进水流道宜采用三维流动数值计算分析，并进行装置模型试验验证。

对进水流道的研究有数值模拟与模型试验两种方法，且数值模拟已经占据了进水流道分析方法的主导地位，各种形式的进水流道内流场及其关键几何参数对进水流道水力性能的影响均被进行过 CFD 的计算分析和独立的透明流道模型试验（丝线观察法），尤以肘形进水流道为多。汤方平等[28]通过泵装置整体模型试验对进水流道水力损失进行测试，获得了进水流道的水力损失与流道满足二次方关系，这是对进水流道设计、优化和改造提供的最有力理论支撑。进水流道的水力性能评判标准在文献［27］、文献［29］中均有介绍，其中文献［27］中提出的轴向速度分布均匀度与速度加权平均角被国内很多学者采用。

　　偏流工况下进水流道的水力性能及其对泵装置水动力性能的影响，实现进水流道参数化建模及水动力性能自动优化方面还需进一步开展研究工作。目前，学者们独立地对进水流道进行数值计算，采用三维紊流定常数值计算方法可满足实际工程的要求，但若考虑进水流道与泵段间的耦合关系，其进行三维湍流非定常计算的意义就非常大了，可通过非定常数值计算对进水流道内部压力脉动的分布情况进行分析，并在非定常数值计算的基础上，对进水流道内部的水力噪声进行分析，由此可见，对进水流道的研究还需进行大量的工作。

　　出水流道的作用是使水流在从水泵导叶出口流入出水池的过程中更好地转向和扩散，在不发生脱流或漩涡的条件下最大限度地回收动能[27]。传统的出水流道设计方法是一维水力设计方法，该方法与进水流道的传统设计方法类似，适用于出水流道的初设。现在出水流道主流的设计方法是三维水力优化设计方法，即在给定控制尺寸的条件下，给定不同的出水流道边界，完成相应的流场计算，考虑不同边界条件时流道内部的三维流态，以不发生脱流和漩涡、流道水力损失尽可能小为目标，逐一优化流道的几何参数，调整流道型线。目前，对出水流道水力损失关系的研究出现了两种不同的观点，文献［28］、文献［30］通过试验得出出水流道的水力损失与流量不满足二次方关系，而文献［31］得出出水流道水力损失与流量满足二次方关系。成立[29]建立了出水流道水力性能优化的目标函数，即出水流道效率最高目标函数、出水流道动能回收系数最大目标函数以及出水流道水力损失最小目标函数。

　　至今，各种类型的出水流道均被国内学者做过数值计算研究工作，其中尤以虹吸式、直管式出水流道的研究工作最多，主要是这两种出水流道形式在我国的大中型泵站工程中应用广泛。学者们开展的出水流道的数值计算工作，多集中于对出水流道进行独立的数值计算，虽然计算出水流道时，很多学者在设置出水流道进口条件时设置了环量，但不同工况时导叶体剩余环量是不相同的，而且导叶体出口剩余环量随水力模型的不同而不同，因此开展出水流道的数值计算研究工作应考虑到不同工况时泵段与出水流道间的耦合关系，图 1.12 给出了不同工况时出水流道受导叶出口环量影响引起的内部流态的不同，表明了对出水流道水力性能的研究需考虑导叶体的出口环量。文献［32］分析了不同工况时导叶体剩余环量对出水流道的水力性能及内部流态的影响。文献［30］采用五孔探针和丝线观察法研究了出水流道的内部流场，分析了导叶体出口环量对双孔出水流道流量分配不等的问题，并提出了相应的改善措施，针对出水流道的优化设计问题提出了当量扩散角的概念。

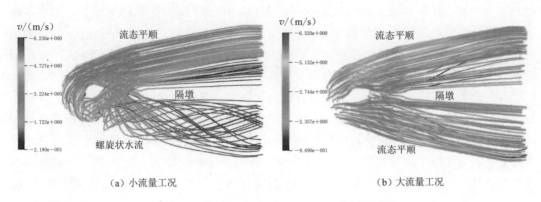

（a）小流量工况　　　　　　　　　　　（b）大流量工况

图 1.12　不同工况时出水流道内部的流线图

1.3.4　泵装置整体的研究

1.3.4.1　泵装置模型试验研究

对泵装置进行模型试验研究主要是为了获得其 4 个部件间在相互耦合作用下的整体水力性能，获取其能量性能、空化性能、脉动性能、飞逸特性及进口淹没深度等，这些试验所得外特性数据可为泵装置模型整体的数值计算预测的结果提供可靠的参照数据。泵装置模型试验的进行需要高精度的水力机械试验台，目前，国内主要的试验台有 7 家：扬州大学江苏省水利动力工程重点实验室、中水北方勘测设计研究有限责任公司、河海大学水机所、江苏大学国家水泵及系统工程技术研究中心、中国水利水电科学研究院、清华大学的水沙科学与水利水电工程国家重点实验室及武汉大学，这些单位均进行了大量的泵装置模型试验研究。

20 世纪 80 年代中国农机院的张庆范等[33-34]通过试验得出在低扬程（5.0m 以下）时，贯流泵装置的效率比立式泵装置可提高 5%～10%，扬程越低其装置效率差别越明显，具有明显的高效节能、泵站土建投资省等优点。同时期，江苏农学院（现扬州大学）的冯汉民等[35]通过观察同一水位下各种不同的流量及保持流量不变改变淹没深度时的流态、漩涡及吸气状况，研究了泵站进水口的漩涡特性及漩涡发生、发展的影响因素，得出了漩涡类型随淹没深度的变化规律。袁伟声等[36]对前置灯泡贯流泵装置模型进行了试验研究，分析了不同流量、不同水位情况下的进水流态、进水口漩涡形式和淹没深度的关系，并提出了此种泵站进口临界淹没深度的经验公式和几种有效的防涡措施。天津勘测设计研究院科研所的由彩堂等[37]按国际规程 IEC—197 和国家标准 GB 3216—89，对淮安三站定桨贯流泵模型装置水力特性进行了测试，发现逆转水轮机能量指标高于水泵的能量指标。江苏大学的施卫东[38]对浙江盐官下河泵站斜 15°轴伸泵装置进行了能量试验及流道内流态的观测等。扬州大学的汤方平等[28]采用泵装置整体模型试验研究了进出水流道的水力损失与流量关系。

2002 年 12 月 27 日南水北调东线工程开工典礼在北京人民大会堂、江苏省和山东省施工现场同时举行，东线的首批工程是江苏段三阳河、潼河、宝应泵站和山东段济平干渠工程，随后的数年内，泵装置的模型试验研究再次进入了国内学者的视野。扬州大学的刘超等[39-40]针对沿江滨湖地区双向抽水的广泛需要，在分析水力计算的基础上，提出一种新型曲线扩散出水结构和进水导流墩设计方案，使箱型双向流道泵装置性能大幅度提高，并经模型试验验证最高装置效率达到 71% 以上，并成功应用于实际工程。汤方平等[41]通过模型试验掌握了导叶和流道尺寸对潜水贯流泵装置水动力性能的影响，研究表明双向叶轮潜水贯流泵具有结构简单、维护管理方便的优点，适合于低扬程双向泵站使用。陈松山等[42-43]从流体力学的一般原理出发，运行相似理论的方程分析法，系统地分析了泵装置动力特性、空蚀特性及飞逸特性的相似模拟方法，并结合某 30°斜式轴流泵站的设计，对该模型泵装置进行了能量特性、空化特性及飞逸特性的试验研究。杨帆等[44-45]针对两套贯流泵装置和两套立式轴流泵装置进行了飞逸特性试验，并通过模型泵装置阻力矩计算，分析了同一泵装置，叶片安放角不同时，单位飞逸转速均不相同，叶片安放角相同时，单位飞逸转速随反向水头的减小而减小，并非为一定值，还针对某双向立式泵装置内部水流脉动特性进行了分析。江苏大学的施卫东等[46]采用数值模拟对后置灯泡贯流泵装置进行优化并采用模型试验验证其优化后的水力性能。杨敬江[47]开展了立式轴流泵装置模型试验研究，获得了模型泵和原型泵装置的能量和汽蚀特性曲线以及飞逸转速特性。张德胜等[48]对江都四站进行了模型试验研究，确定了水泵的扬程、效率与流量之间的关系和不同工况时泵装置的最大飞逸转速，并且采用高频振动加速度传感器对不同工况下泵装置的振动信号进行了采集和分析。河海大学的王玲花等[49]通过模型试验对双向贯流泵的能量特性和空化特性进行了研究。郑源等[50-51]结合某贯流泵装置模型试验，研究了叶轮出水口的压力脉动情况，随后又对南水北调工程某新建立式轴流泵装置进行了压力脉动测试并进行了幅值和频谱分析。河海大学的张德虎[52]、耿在明等[53]分别结合淮河入海水道工程妇女河泵站贯流泵装置模型试验，着重分析了前置灯泡贯流泵与后置灯泡贯流泵的水力性能，得出前置灯泡贯流泵的水力性能较优。耿在明等[53]通过模型试验研究得出双向贯流泵与常规单向贯流泵相比，正向性能略低，但获得了较高的反向性能。清华大学的 Wang Zhengwei 等[54]通过泵装置模型试验测试了太浦河斜轴伸泵装置的能量性能和压力脉动。

国外对低扬程泵装置的研究地较少，但对其他泵装置的试验研究内容较为丰富。Durmus Kaya[55]通过模型试验分析了有、无导叶及叶轮叶片数对轴流泵水力性能的影响。F. Bakir 等[56]通过模型试验研究了诱导轮对轴流泵空化性能的影响。S. Duplaa 等[57]通过模型试验分析了快速启动过程中离心泵的空化特性。Atia E. Khalifa 等[58]通过模型试验研究分析了双蜗壳泵转动诱导振动及水力脉动特性。K. Kawakita 等[59]通过模型试验研究了泵站进水池内附底涡及水面涡的形成及发展。

以上是近些年针对泵装置模型试验研究的一些主要的研究论文，从上述发表的论文来分析，国内进行低扬程泵装置模型试验研究的主要单位为扬州大学、江苏大学、河海大学及中水北方勘测设计研究有限责任公司，这些单位均具有高精度的水力机械试验台，并且承担了大部分的大中型泵装置模型试验。泵装置模型试验研究论文的共同点是均结合某特定的泵装置进行试验研究，因泵装置模型试验花费较高，周期较长，很多研究都是结合实际泵站的模型试验进行的，但是 85% 以上的泵装置研究论文均是关于泵装置能量性能试验研究，近 4 年才出现了泵装置振动测试、水压力脉动测试、飞逸转速试验的研究论文。

1.3.4.2 泵装置的数值计算研究

近些年，随着计算机硬件的发展与CFD技术的推广和使用，先进的CFD分析技术已经成为泵站水力设计、优化和分析的重要工具之一。目前很多学者都采用CFD技术结合泵装置模型试验研究分析泵装置内流场，并有针对性地进行优化。CFD技术在泵装置方案初选中尤为重要，通过数值模拟计算初选泵装置的试验方案，不但可以缩短时间，还可以节省成本，便于分析不同方案的泵装置的内特性，同时预测其外特性。泵装置作为一个整体，各个部件相互影响，需要将各个部件组合成一个整体进行研究。

扬州大学是国内率先开展泵装置内部流动数值模拟工作的单位，在泵装置的数值模拟工作方面拥有很多的经验，并且将这些技术应用于很多国家大中型泵站的改造工程和城市防洪排涝泵站建设中，如国家重点改造工程项目连云港临洪东站的改造、茭陵一站的改造、南水北调皂河一站的更新改造、淮安里运河防洪控制工程潜水贯流泵装置的研发等。刘超等[40,60-61]采用Fluent软件计算了双向立式轴流泵装置的内部流场，分析了有无导水锥对泵装置性能的影响并通过五孔探针测试分析了叶轮进口的流场分布。成立等[62-63]采用商用CFD软件Fluent研究了双向竖井贯流泵装置及后置灯泡贯流泵装置的内部流动特性。金燕[64]采用Fluent软件结合3D-LDV对灯泡贯流泵装置模型内部三维流速场进行了计算分析和流场测试，分析了各过流部件的水力损失，总结了贯流泵装置内部流动规律及其与泵装置外特性的联系，在对后置灯泡贯流泵的三维数值计算基础上重点研究了小流量工况、最优工况和大流量工况等不同工况下叶片压力面、吸力面的静压分布以及各断面翼型附近的相对流速分布。Yang Fan等[65]采用ANSYS CFX软件结合模型试验对立式混流泵装置的运行稳定性进行了计算分析，分析了泵装置的水动力特性并通过模型试验对预测结果进行了验证。朱红耕[66]采用Fluent软件对后置灯泡贯流泵装置、立式泵装置的内部流动进行了数值分析。陈松山[67]基于刚性水锤理论，分析和表达了低扬程泵装置水力特性和机组动力学特性，并运用最小二乘曲面拟合方法仿真模拟了水泵特性曲线。中国农业大学王福军等[68]采用瞬态流分析理论及大涡模拟方法研究了轴流泵内部非定常流动。Li Yaojun等[69]采用CFD技术对安装诱导轮的轴流泵进行了数值计算。Tang Xuelin等[70]采用Realizable $k-\varepsilon$湍流模型研究了大型泵站进水池内漩涡流动和消涡措施。河海大学郑源等[71]采用Fluent软件对某贯流泵装置模拟计算过程中参数的设定进行了比较和分析，选出与试验数据最接近的一种方案，通过与试验数据比较并观察内部流场流态和压力分布发现，S-A湍流模型比Realizable $k-\varepsilon$双方程湍流模型计算的结果更接近模型试验值。李龙等[72]应用三维N-S方程、Realizable $k-\varepsilon$双方程湍流模型、壁面函数法和滑移网格技术对轴伸式贯流泵装置双向运行时的全流场进行数值模拟研究，分析了泵装置正、反向运行时的全流道速度等值线、静压等值线、出水流道断面矢量及出水流道的流线形状特征。周大庆等[73]采用Fluent软件模拟了轴流泵模型装置断电飞逸过程的水力性能。武汉大学冯卫民等[74]在Fluent软件中应用SIMPLEC算法和滑移网格技术，在一个完整的转动周期内对某立式轴流泵进行了全流道的三维湍流流场的数值模拟，给出了一个转动周期内叶轮干涉面的干涉情况。李江云等[75]针对湖北省新滩口泵站钟形进水流道和28CJ56轴流泵运行振动噪声大、效率低、电机负荷率低等问题，通过全流道数值仿真，分析了该站流道设计中的主要问题，并提出了改造方案。清华大学Wang Zhengwei等[54]针对斜轴伸

13

泵装置开展了三维定常与非定常的数值计算，重点研究了不同淹没深度对泵装置水力性能的影响、叶片的受力分布情况及装置内部的水力脉动情况。施法佳等[76]基于三维雷诺平均 N-S 方程、标准 $k-\varepsilon$ 湍流模型和 SIMPLEC 算法，对某双向竖井贯流式泵装置内部的三维黏性流场进行了数值计算，分析了不同工况下泵装置的内部流动特性。Zhang Rui 等[77]采用 ANSYS CFX 对非设计工况时轴流泵内流进行了非定常数值计算和流动诊断分析。南京水利科学研究院王新等[78]应用不可压缩的连续性方程、雷诺平均 N-S 方程和 RNG $k-\varepsilon$ 双方程湍流模型，模拟了大型灯泡贯流泵全流道三维非定常湍流流动，并采用滑移网格技术模拟了机组内部的动静干扰，获得了流道内的流速与压力分布规律。江苏大学施卫东等[46]、朱荣生等[79]采用 Fluent 软件分别对后置灯泡贯流泵装置的叶轮与导叶轴向间距和泵装置内水流脉动进行了研究。Kim. Jin-Hyuk 等[80]基于 SST 湍流模型对混流泵的扩散导叶进行了数值优化，并对优化结果进行了模型试验。Kyung-Nam Chung 等[81]采用 CFD 技术改善了两套立式泵的水力性能。M. Sedlá̌ 等[82]采用 ANSYS CFX 软件分析了多级泵装置内空化流的非定常特性。国外学者对泵装置的数值计算主要集中于泵装置流动的细部结构和空化、磨蚀等特定水力现象的分析，对泵装置整体水力特性的研究相对较少。

目前，对泵装置内部流动进行三维定常数值计算处于主导地位，三维非定常的泵装置数值计算也有少数学者进行了研究。对泵装置数值计算的主要文献进行梳理可知，国内对泵装置数值计算研究工作的开展还不够深入，研究的问题主要集中于灯泡贯流泵、竖井贯流泵及立式轴流泵 3 种类型泵装置的内部速度场及压力场的分析，而对其他泵装置形式并没开展深入的研究工作，对其内特性的研究也不够深入。

1.3.4.3 泵装置的内流场测试研究

泵装置内部流动是复杂的三维非定常流动，与泵装置模型试验、数值计算相比，泵装置的内流场测试意义更为重要，对泵装置的进、出水流道设计，叶轮与导叶的设计具有重要的指导意义，为当前普遍采用的 CFD 数值计算工作提供了强有力的验证和参考作用。但泵装置的内流场测试比泵装置模型试验、泵装置数值模拟开展研究工作更加困难。数值模拟需要的是 CFD 软件与计算机，目前国内的科研单位采用的 CFD 软件大多为国外的商用软件，仅有个别单位采用自主研发的软件。国外的 CFD 软件的核心求解器和计算方法仅能通过有限的说明性文字来了解，核心代码无法得知，因此计算结果的有效性需要通过大量的试验来验证。模型试验需要的是测试系统与泵装置模型，而泵装置内流场的测试相比模型试验还需要流场的测试仪器，如五孔探针、热线热膜风速计（HWFA）、激光多普勒测速仪（LDV）、相位多普勒分析仪（PDPA）、声学多普勒水流仪（ADV）及粒子成像速度场仪（PIV）等，有些仪器设备的价格较高，限制了不少学者开展泵装置内流场测试工作。

在 20 世纪 80 年代中期，刘超等[60,83-84]通过五孔探针对单向和双向钟形进水流道的流速场分布进行了测试，并与 CFD 计算结果进行了对比。这项测试研究对以后的学者开展 CFD 计算分析提供了强有力的验证数据。同时期，国外的 N. Sitaram 等[85]采用五孔探针对轴流压缩机的转子叶槽内相对流动进行了测试。M. Cugal 等[86]采用三孔探针对混流泵内部流动进行了测试。至今，五孔探针依然被用于泵装置流场的测试研究中。仇宝云[87]

采用五孔探针对轴流泵叶片进口流场、有无隔墩的出水流道内流速分布进行了测试和分析。汤方平[88]采用五孔探针对轴流泵叶轮出口的流场进行了测试。李忠[89]采用五孔探针测试了轴流泵叶轮及导叶进出口各空间点的速度及压力。张德胜等[90]采用五孔探针对高效轴流泵叶轮出口轴面速度和环量进行了试验测量。

20世纪90年代初，在国内，扬州大学率先引进了三维粒子图像速度场仪（2D3C - PIV），并开始了离心泵、轴流泵内流场的测试工作，取得了一系列的研究成果[63,88,91-96]。国外开展泵装置内流场的测试工作比国内早，1989年，N. Paone[97]等对3种流量工况时离心泵的无叶扩压器内径向速度和切向速度进行了测试，并与LDV测试结果进行了比较。3年后P. Kreuter等[98]采用PIV和LDV对离心泵叶轮内部流动进行了测试，发现小流量工况时叶轮内部会出现双流道现象，且这种现象与叶轮内的偶数个叶片数有关，而不是因旋转和静止部件的相互作用而产生的。1994年，O. Akin等[99]利用PIV研究了旋转叶轮机械内叶片的尾流结构以及尾流与叶片间的相互作用。近些年来，国内外对泵装置内流场的测试研究取得了不少成果，但部分测试结果的参考性不强，仅就其研究的特例出发，另外国内泵装置流场测试工作重复的较多，尤以离心泵的内流场3D - PIV测试居多，虽然不同运行工况条件的各类型离心泵内流场均已开展过相关测试工作，但是离心泵内流场测试分析至今还是研究的热点，也是各种泵装置流场测试工作中取得成果最多的[100-103]。相比离心泵内流场的测试研究，席光等[104]采用PIV技术对设计流量和变流量工况时混流泵叶轮内部流动进行了测试。Y. Inoue等[105]对混流泵内部流场进行了PIV测试。A. Predin等[106]研究分析了水泵进口预旋的测量方法，比较了热线测量和激光多普勒方法。

相比泵装置内流场的PIV测试研究，学者们采用LDV开展泵装置内流场的测试研究就很少了。在国内，2010年，金燕[64]首次采用3D - LDV对灯泡贯流泵装置内流场进行了测试研究。2006年，Tian Qing[107]采用3D - LDV测试技术研究了轴流叶片间隙的涡流动结构。Friedrich Karl Benra等[108]采用CFD与LDV测试技术对多级离心泵内部流场进行了计算与测试。Feng Jianjun等[14]采用数值计算和二维LDV测试技术研究了设计流量和0.5倍设计流量两个工况时离心泵内周期性的非定常流动现象。

对轴流泵、混流泵内流场测试工作开展的研究较少，其中对流道水泵耦合条件下流道的内流场测试工作的研究就更少了，主要是因为测试难度较大的缘故。对于泵装置的内流场测试，应以典型的泵装置为研究对象，这样所取得的研究成果既有代表性又有很高的参考价值，研究不能仅限于正常工况下对叶轮、进水流道内的测试，应开展非设计工况、非对称入流工况下泵装置内部流场的测试，并根据测试结果提出一些有建设性的参考意见。

1.4 研究思路及内容

1.1~1.3节已围绕本书所涉及的研究内容讨论了研究背景及意义、国内外在低扬程泵装置研究方面的进展情况并做了归纳分析。本书采用三维黏性定常、非定常数值模拟和低扬程泵装置模型性能测试技术，通过理论分析、内部流动研究和实验研究三者相结合的方法，对低扬程泵装置内流特性及水力稳定性进行研究，不仅具有较高的学术价值，并且具有十分广阔的工程应用前景。本书研究内容的关系如图 1.13 所示。

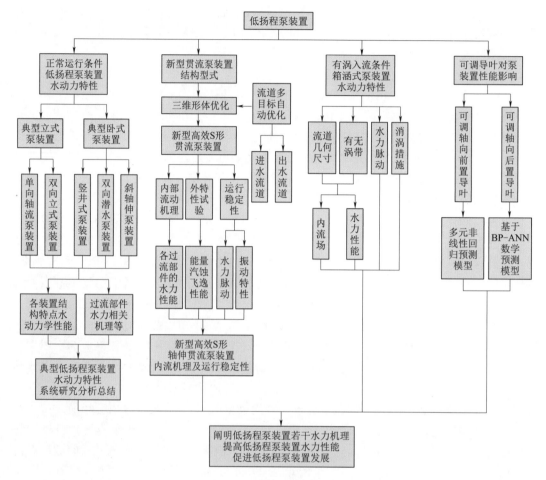

图 1.13　研究内容关系图

第 2 章

泵装置内流三维数值模拟的理论基础及方法

2.1 泵装置内流数值计算方法

2.1.1 控制方程及湍流模型

泵装置内部流动可看作三维不可压缩黏性湍流，在直角坐标形式的绝对参考系下，描述其瞬时流动状态的基本控制方程包括：

连续性方程：
$$\frac{\partial \rho}{\partial t} + \frac{\partial (\rho u_i)}{\partial x_i} = 0 \tag{2.1}$$

Navier - Stokes 方程（动量方程）：
$$\frac{\partial (\rho u_i)}{\partial t} + \frac{\partial (\rho u_i u_j)}{\partial x_j} = -\frac{\partial P}{\partial x_i} + \frac{\partial}{\partial x_j}\left[\mu\left(\frac{\partial u_i}{\partial x_j} + \frac{\partial u_j}{\partial x_i}\right)\right] + S_i \tag{2.2}$$

式中：ρ 为流体的密度；u 为流体的速度；P 为压力；t 为时间；x 为空间坐标；μ 为流体的动力黏度；S 为外部源项；i、j 为坐标轴方向分类，遵从张量中的求和约定。

对泵装置内流场的数值求解，可认为是对式（2.1）、式（2.2）的求解，即采用数值方法在计算域中求解控制方程，得到流场的速度及压力分布。

湍流由流体在流动区域内随时间和空间的波动组成，是一种三维、非稳态且具有较大规模的复杂流动现象。流体的性质对湍流的形式有很大影响，当流体的惯性力相对于黏性力不可忽略时，湍流就会发生。

湍流求解模拟方法可分为直接数值模拟（direct numerical simulation，DNS）方法和非直接数值模拟方法，非直接数值模拟方法根据所采用的近似和简化方法不同，可分为大涡模拟（large eddy simulation，LES）方法、统计平均法和雷诺平均法。湍流数值模拟方法及湍流模型的分类如图 2.1 所示。

DNS 是直接求解 N - S 方程，不需要任何湍流模型，是目前最精确的方法，其优点在于无须对湍流流动做任何简化或近似，可以得到流场内任意物理量的时间和空间的演变过程。直接求解 N - S 方程，其要求网格的尺度和最小漩涡的尺度相当，即使采用子域技术，其网格规模也是巨大的，为了解各个尺度的漩涡运动，要求每个方向上网格节点的数量与 $Re^{0.75}$ 成比例，若考虑泵装置内三维流动问题，网格节点的数量与 $Re^{2.25}$ 成比例，实

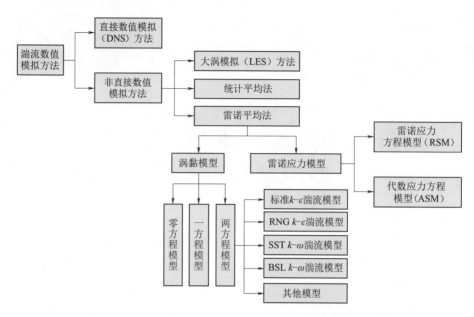

图 2.1　湍流数值模拟方法及湍流模型

际计算机的内存空间及计算速度所允许的计算网格节点数远远小于 DNS 所需的网格节点数，受计算机容量的限制。

虽然式（2.2）所示的瞬时 N－S 方程可用于描述泵装置内部三维湍流场，但因湍流具有微尺度上的高度脉动性，加之 N－S 方程的非线性，以及泵装置流动边界条件的多样性，方程不存在解析解，甚至不能用直接数值模拟（DNS）方法来描述泵装置内三维流场的全部流动细节，目前，需借助空间过滤法或时间平均法来"简化"湍流脉动，故要在式（2.2）的基础上构建新的数学模型。

1. 空间过滤法

在泵装置内部三维湍流流场中动量、质量、能量以及其他物理量的输运，主要受大尺度涡影响。大尺度涡与所求解的问题密切相关，大尺度涡在流场中是能量的主要携带者，对流动具有决定性作用，因受几何及边界条件设置的影响，不同的流场类型差异性很大，需要直接求解；小尺度涡对湍流应力的影响很小，小尺度涡几乎不受几何及边界条件设置的影响，不像大尺度涡与所求解的特定问题密切相关，又因受到分子之间黏性的影响具有相同性，适宜于模型化。只能放弃对泵装置计算区域全尺度范围内涡运动的模拟，将比网格尺寸大的湍流运动通过瞬时 N－S 方程直接计算出来，对于小尺度涡对大尺度涡运动的影响则通过建立新的模型来模拟，从而形成了大涡模拟（LES）方法。

在使用大涡模拟前，必须把大涡流场和小涡流场分开，以便对大涡流场实施模拟计算，对小涡流场建立模型。大涡流场是对实际流场进行过滤从而将小于网格尺寸的小涡过滤掉而得到的，需要先建立数学滤波函数，以便从湍流瞬时运动方程中将尺度小的涡滤掉，形成大涡流场运动方程。常用的滤波函数有：①Deardorff 的 BOX 滤波函数；②傅氏截断滤波函数；③高斯（Gauss）型滤波函数。

大涡模拟（LES）方法的基本思想可概括为：用瞬时的 N－S 方程直接模拟湍流中的

大尺度涡，不直接模拟小尺度涡，而小尺度涡对大尺度涡的影响通过近似的模型来考虑。相比时间平均法涡黏模型，LES 方法对计算机内存及 CPU 的速度要求仍比较高，但低于 DNS 方法。目前，采用 LES 方法开展泵装置内部三维流动分析的案例并不多见，为节省篇幅，对此本章不再展开阐述。

2. 雷诺平均法

时间平均法对湍流脉动在时间域上取平均值，目前雷诺平均法是最常用的处理方法，它把湍流的瞬时运动看作是由平均值和脉动值所对应的两个流动叠加而成的。在时均流场中，式（2.1）表示的连续性方程保持不变，但式（2.2）表示的瞬时 N-S 方程则为

$$\frac{\partial(\rho u_i)}{\partial t} + \frac{\partial(\rho u_i u_j)}{\partial x_j} = -\frac{\partial P}{\partial x_i} + \frac{\partial}{\partial x_j}\left(\mu\frac{\partial u_i}{\partial x_j} + \mu\frac{\partial v_i}{\partial x_i} - \rho\overline{u'_i u'_j}\right) + S_i \tag{2.3}$$

相比式（2.1），在式（2.3）中多出一项 $-\rho\overline{u'_i u'_j}$，若将其展开则对应 6 个不同的应力项，即 3 个正应力和 3 个切应力，被称作雷诺应力。因动量方程中增加了雷诺应力变量，控制方程组若封闭则需构建新的数学模型，由图 2.1 可知，若要封闭雷诺时间方程组则需构建湍流模型或雷诺应力模型。

通常，直接构建的雷诺应力模型方程是微分形式，也可简化为代数形式，分别称为雷诺微分应力方程和代数应力方程模型。通过对雷诺应力方程、时均化的连续性方程和动量方程进行求解，可获取泵装置内部三维流场的解。两种雷诺应力模型均增加了 6 个新方程，计算量也随之增加，该数学模型在泵装置三维湍流场计算中很少得到应用。

涡黏模型的主要作用就是将新未知量和平均速度梯度联系起来。在涡黏模型中，不直接处理雷诺应力项，而通过引入涡黏系数 μ_t（涡黏系数 μ_t 为空间坐标函数，取决于流动状态，而不是物理参数），然后将湍流应力项构建为 μ_t 的函数。涡黏系数 μ_t 建立了雷诺应力与平均速度梯度的关系，即

$$-\rho\overline{u'_i u'_j} = \mu_t\left(\frac{\partial u_i}{\partial x_j} + \frac{\partial u_j}{\partial x_i}\right) - \frac{2}{3}\left(\rho k + \mu_t\frac{\partial u_i}{\partial x_i}\right)\delta_{ij} \tag{2.4}$$

其中

$$k = \frac{\overline{u'_i u'_j}}{2} \tag{2.5}$$

式中：μ_t 为涡黏系数；δ_{ij} 为 Kronecker delta 函数（当 $i=j$ 时，$\delta_{ij}=1$；当 $i\neq j$ 时 $\delta_{ij}=0$）；k 为湍动能。

求解方程组的核心在于如何确定涡黏系数 μ_t，根据确定 μ_t 的微分方程的数量，涡黏模型可分为零方程模型、一方程模型和两方程模型，其中两方程湍流模型是数值模拟计算中使用频率最高的湍流模型，其在数学方程和求解精度之间，找到了一个最好的平衡点。在泵装置内部三维湍流场的数值计算中，学者们常用的湍流模型为两方程模型中的标准 $k\text{-}\varepsilon$ 湍流模型、RNG $k\text{-}\varepsilon$ 湍流模型和 SST $k\text{-}\omega$ 湍流模型，为此，本章主要对这 3 种湍流模型进行阐述。

因泵装置内部结构的复杂性兼顾计算量及耗时问题，目前大涡模拟和直接数值模拟仍很少被应用于泵装置内部湍流场的计算，更多的是通过求解时均 N-S 方程来进行数值模拟。

（1）标准 $k\text{-}\varepsilon$ 湍流模型。标准 $k\text{-}\varepsilon$ 湍流模型是英国帝国学院 Splading 教授领导的研

究小组于 1974 年提出的，适合于绝大多数的工程湍流模型。标准 k-ε 湍流模型在湍动能 k 方程的基础上，引入了湍动能耗散率 ε 的方程后形成的两方程模型，对应的输运方程为

$$\frac{\partial(\rho k)}{\partial t} + \frac{\partial(\rho k u_i)}{\partial x_i} = \frac{\partial}{\partial x_j}\left[\left(\mu + \frac{\mu_t}{\sigma_k}\right)\frac{\partial k}{\partial x_j}\right] + G_k + G_b - \rho\varepsilon - Y_M + S_k \qquad (2.6)$$

$$\frac{\partial(\rho\varepsilon)}{\partial t} + \frac{\partial(\rho\varepsilon u_i)}{\partial x_i} = \frac{\partial}{\partial x_j}\left[\left(\mu + \frac{\mu_t}{\sigma_\varepsilon}\right)\frac{\partial\varepsilon}{\partial x_j}\right] + C_{1\varepsilon}\frac{\varepsilon}{k}(G_k + C_{3\varepsilon}G_b) - C_{2\varepsilon}\frac{\varepsilon^2}{k} + S_\varepsilon \qquad (2.7)$$

式中：G_k 为由平均速度梯度引起的湍动能 k 的产生项；G_b 为由浮力引起的湍动能 k 的产生项；Y_M 为可压缩湍流中脉动扩张的贡献；$C_{1\varepsilon}$、$C_{2\varepsilon}$、$C_{3\varepsilon}$ 均为经验常数；σ_ε、σ_k 分别为与湍动能 k 和耗散率 ε 对应的 Prandtl 数；S_k、S_ε 为用户定义的源项。

标准 k-ε 湍流模型中常数的取值见表 2.1。

表 2.1　　　　　　　　　　　　　标准 k-ε 湍流模型中常数取值

$C_{1\varepsilon}$	$C_{2\varepsilon}$	$C_{3\varepsilon}$	σ_ε	σ_k
1.44	1.92	0.09	1.0	1.3

（2）RNG k-ε 湍流模型。RNG（renormalization group）k-ε 湍流模型是由 Yakhot 及 Orzag 提出的，在 RNG k-ε 湍流模型中，通过在大尺度运动和修正后的黏度项中体现小尺度的影响，而使这些小尺度运动有系统地从控制方程中去除，所得到的 k 方程和 ε 方程与标准 k-ε 湍流模型非常相似，即

$$\frac{\partial(\rho k)}{\partial t} + \frac{\partial(\rho k u_i)}{\partial x_i} = \frac{\partial}{\partial x_j}\left(\alpha_k\mu_{eff}\frac{\partial k}{\partial x_j}\right) + G_k + \rho\varepsilon \qquad (2.8)$$

$$\frac{\partial(\rho\varepsilon)}{\partial t} + \frac{\partial(\rho\varepsilon u_i)}{\partial x_i} = \frac{\partial}{\partial x_j}\left(\alpha_\varepsilon\mu_{eff}\frac{\partial\varepsilon}{\partial x_j}\right) + \frac{\varepsilon C_{1\varepsilon}^*}{k}G_k - C_{2\varepsilon}\rho\frac{\varepsilon^2}{k} \qquad (2.9)$$

式（2.8）、式（2.9）中：

$$\mu_{eff} = \mu + \mu_t;\ \mu_t = \rho C_\mu\frac{k^2}{\varepsilon};\ C_\mu = 0.0845;\ \alpha_k = \alpha_\varepsilon = 1.39;\ C_{1\varepsilon}^* = C_{1\varepsilon} - \frac{\eta(1-\eta/\eta_0)}{1+\beta\eta^3}$$

$$C_{1\varepsilon} = 1.42;\ C_{2\varepsilon} = 1.68;\ \eta = \frac{(2E_{ij}E_{ij})^{0.5}k}{\varepsilon};\ E_{ij} = \frac{1}{2}\left(\frac{\partial u_i}{\partial x_j} + \frac{\partial u_j}{\partial x_i}\right);\ \eta_0 = 4.377;\ \beta = 0.012$$

与标准 k-ε 湍流模型相比，RNG k-ε 湍流模型的变化主要表现在：①通过修正湍动黏度，考虑了平均流动中的旋转及旋流流动情况；②在 ε 方程中增加一项，从而反映了主流的时均应变率 E_{ij}，改善了计算精度，可以更好地处理高应变率及流线弯曲程度较大的流动。

（3）SST k-ω 湍流模型。在两方程涡黏性湍流模型中，k-ε 湍流模型能较好地模拟远离壁面充分发展的湍流运动，而 k-ω 模型则更为广泛地应用于各种压力梯度下的边界层问题。为集合两种湍流模型的优点，F. R. Menter 提出了 SST k-ω 两方程涡黏湍流模型，在近壁区保留了原始 k-ω 模型，在远离壁面的地方应用了 k-ε 湍流模型，采用混合功能使两种模型平稳过渡。SST k-ω 模型考虑了湍流剪切应力的传输，可以精确地预测流动的开始和负压力梯度下流体的分离量。SST k-ω 湍流模型的最大优点在于考虑了湍流剪切应力，从而不会对涡流黏度造成过度预测，其中涡流黏度 v_t、湍动能 k 方程以及湍流频率 ω 方程分别见式（2.10）～式（2.12）。

$$v_t = \frac{a_1 k}{\max(a_1 \omega; SF_2)}; \quad \text{且} \ v_t = \frac{\mu_t}{\rho} \tag{2.10}$$

$$\frac{\partial(\rho k)}{\partial t} = P_k + \frac{\partial}{\partial x_i}\left[\left(\mu + \frac{\mu_t}{\sigma_k}\right)\frac{\partial k}{\partial x_i}\right] - \frac{\partial(\rho u_i k)}{\partial t} - \beta' \rho k \omega \tag{2.11}$$

$$\frac{\partial(\rho \omega)}{\partial t} = \frac{\partial}{\partial x_i}\left[\left(\mu + \frac{\mu_t}{\sigma_{\omega 3}}\right)\frac{\partial \omega}{\partial x_i}\right] + 2(1 - F_1)\rho \frac{1}{\sigma_{\omega 2}\omega}\frac{\partial k}{\partial x_i}\frac{\partial \omega}{\partial x_i} + \alpha_3 \frac{\omega}{\rho}P_k - \beta_3 \rho \omega^3 - \frac{\partial(\rho u_i \omega)}{\partial t}$$

$$\tag{2.12}$$

式中：F_2 为一个混合函数，对于存在不合适假设的自由剪切流，此数用来约束壁面层的限制数，计算见式（2.13）；S 为应变率的一个定估算值。

$$F_2 = \tanh(\text{arg}_2^2) \tag{2.13}$$

其中

$$\text{arg}_2 = \max\left(\frac{2\sqrt{k}}{\beta'\omega y}, \ \frac{500\upsilon}{y^2\omega}\right)$$

混合函数对模型的成功起着至关重要的作用，其公式与流体变量和到壁面距离有关，F_1 的计算式见式（2.14）。

$$F_1 = \tanh(\text{arg}_1^4) \tag{2.14}$$

其中

$$\text{arg}_1 = \min\left[\max\left(\frac{\sqrt{k}}{\beta'\omega y}, \ \frac{500\upsilon}{y^2\omega}\right), \ \frac{4\rho k}{CD_{k\omega}\sigma_{\omega 2}y^2}\right]; \quad CD_{k\omega} = \max\left(2\rho \frac{1}{\sigma_{\omega 2}\omega}\nabla k \ \nabla \omega, \ 1.0 \times 10^{-10}\right)$$

式中：y 为到近壁面的距离；υ 为流体的运动黏度。

新模型系数是相应系数的线性组合，其关系式为：$\Phi_3 = F_1 \Phi_1 + (1 - F_1)\Phi_2$。式（2.11）、式（2.12）中的常数值为：$\beta' = 0.09$；$\alpha = 5/9$；$\beta_1 = 0.075$；$\sigma_{k1} = 2$；$\sigma_{\omega 1} = 2$；$\beta_2 = 0.0828$；$\sigma_{k2} = 1$；$\sigma_{\omega 2} = 1.1682$。

2.1.2　湍流流动的近壁区处理

对于有固体壁面的充分发展的湍流流动，沿壁面法线的不同距离上，可将流动划分为壁面区和核心区，对于核心区的流动，认为是完全湍流区，可采用 2.1.1 节的三维湍流场数值模拟方法和湍流模型对其处理，但在壁面区内，流体运动受壁面流动条件的影响比较明显，近壁区内的流动，Re 数较低，湍流发展并不充分。因此，需要对泵装置固体壁面的近壁区流动进行函数处理，流体在壁面处的流动模型分为无滑移和自由滑移两种。当设定为自由滑移时，流体在壁面法线方向无速度梯度，流体与壁面无相互作用。当设定为无滑移时，流体与壁面间存在相互作用，壁面函数理论就是研究无滑移条件下壁面附近流体的运动状态与性质。本章主要阐述可伸缩壁面函数（scalable wall functions）和自动壁面函数（automatic near wall treatment）。

近壁处的切向速度是与壁面剪切应力 τ_ω 成对数关系，即

$$u^+ = \frac{u_t}{u_\tau} = \frac{1}{\kappa}\ln(y^+) + C \tag{2.15}$$

其中

$$y^+ = \frac{\rho \Delta y u_\tau}{\mu}; \quad u_\tau = \left(\frac{\tau_\omega}{\rho}\right)^{0.5}$$

式中：u^+ 为近壁速度；u_τ 为摩擦速度；u_t 为距离壁面 Δy 处的壁面的切向速度；y^+ 为离

壁面最近的网格节点到壁面的距离，其为无量纲变量，此变量用来检测与壁面最近节点的位置；τ_ω 为壁面剪切应力；κ 为 Karman 常数；C 为与壁面粗糙度程度相关的对数层常数。

1. 可伸缩壁面函数

对于式（2.15），当近壁速度 u^+ 接近 0 时，此位置会发生异常，在对数区域里，在某些速度范围内，可采用 u^* 代替 u^+，见式（2.16）。

$$u^* = C_\mu^{0.25} k^{0.5} \tag{2.16}$$

在湍流区域内，k 值是不可能完全为 0，所以采用 u^* 来阻止 u_t 等于 0，通过换算可得出 u_τ 的直接方程为

$$u_\tau = \frac{u_t}{\frac{1}{\kappa}\ln(y^*) + C} \tag{2.17}$$

其中
$$y^* = (\rho u^* \Delta y)/\mu$$

壁面剪切应力 τ_ω 的绝对值可由式（2.18）得出，即

$$\tau_\omega = \rho u^* u_\tau \tag{2.18}$$

壁面函数最大的缺点在于其预测依赖于近壁面最近点的位置，因此，对壁面附近的网格非常敏感。可伸缩壁面函数的基本思想是限制对数方程中的 y^* 值，见式（2.19）。

$$\overline{y^*} = \max(y^*, 11.06) \tag{2.19}$$

其中
$$y^* = \frac{u^* \Delta n}{4v}$$

式中：Δn 为离壁面最近两个网格节点间的距离；11.06 为对数方程和线性方程的交界点，$\overline{y^*}$ 计算要求不小于这个值，则所有网格节点均在黏性亚层外侧，对于壁面网格较为精确的情况，可使用可伸缩的壁面函数来克服这个缺点。

在使用可伸缩壁面函数时，需注意以下两点：①为了能充分求解边界层，至少在边界层设置 10 个节点；②y^+ 值上限是雷诺数的函数，对于雷诺数较大的情况，如 $Re = 10^9$，y^+ 值应大于 1000；对于雷诺数较小的情况，可以使得 $y^+ = 300$。在这种情况下，近壁区网格得以细化来确保边界层有足够的节点数。

y^+ 是到离壁面最近的网格节点到壁面的距离，其为无量纲变量，以此变量检测离壁面最近网格节点的位置，其计算式见式（2.20）。

$$y^+ = \frac{\sqrt{\tau_\omega/\rho}\,\Delta n}{v} \tag{2.20}$$

对于可伸缩壁面函数，y^+ 可采用式（2.19）求得，即 $y^+ = \overline{y^*} = \max(y^*, 11.06)$。

2. 自动壁面函数

自动壁面函数是基于威尔科克斯的 $k-\omega$ 模型实现将壁面函数自动调整为低雷诺数壁面方程，其主要实现的步骤为：在对数方程和近壁方程之间调整 ω 值，使其自动根据位置调整方程以适应壁面条件。k 方程通过被人为设置为 0，动量方程通量 F_U 通过速度求得，即

$$F_U = -\rho u_\tau u^* \tag{2.21}$$

其中
$$u_\tau = \sqrt{v\left|\frac{\Delta U}{\Delta y}\right|}\;;\; u^* = \max(\sqrt{a_1 k}, u_\tau)$$

ω 方程制定了代数表达式，见式（2.22）。

$$\omega_1 = \frac{u^*}{a_1 \kappa y} = \frac{1}{a_1 \kappa v} \frac{u^{*2}}{y^+} \tag{2.22}$$

亚层相应的表示式见式（2.23）。

$$\omega_s = \frac{6v}{\beta (\Delta y)^2} \tag{2.23}$$

式中：Δy 为距离壁面最近的两个网格节点间的距离，为了能避免循环收敛行为，可以选用式（2.24）。

$$\omega_w = \omega_s \sqrt{1 + \left(\frac{\omega_1}{\omega_s}\right)^2} \tag{2.24}$$

2.1.3　离散与求解方法

采用基于有限元理论的有限体积法对雷诺时均方程进行离散，该方法对六面体网格单元采用 24 点插值，而单纯的有限体积法仅采用 6 点插值；对四面体单元采用 60 点插值，而单纯的有限体积法仅采用 4 点插值，体现了该方法在保证有限体积法的守恒特性的基础上，吸收了有限元的数值精确性。

控制方程的离散采用基于有限元的有限体积法，扩散项和压力梯度采用有限元函数表示，对流项采用高分辨率格式（high resolution scheme）。流场的求解使用全隐式多网格耦合求解技术，将动量方程和连续性方程耦合求解，该求解技术克服了传统算法需要"假设压力项—求解—修正压力项"的反复迭代过程，而同时求解动量方程和连续性方程，加上其多网格技术，从而达到计算速度和稳定性比传统方法提高了很多。

2.1.4　网格生成方法及边界条件设置

2.1.4.1　网格生成方法

网格是泵装置流体计算区域内的一系列离散的点，CFD 计算通过对控制方程的离散，使用数值方法得到网格节点上的物理量，即数值解。网格主要分为结构化网格和非结构化网格。

1. 结构化网格

结构化网格的拓扑结构具有严格的有序性，网格的定位能够用空间上的 3 个指标 i、j、k 识别，且网格单元之间的拓扑连接关系是简单的 i、j、k 递增或递减的关系，在计算过程中不需要存储它的拓扑结构。以图 2.2（a）所示的二维矩形网格来阐述结构化网格命名的固定法则，i、j 为网格节点编号方向，图 2.2（a）圆圈中的节点可表示为 $i6j6$，结构化网格区域内的所有节点都具有相同的毗邻单元。

结构化网格生成方法主要有代数生成方法和偏微分方程生成方法。代数生成方法是利用已知边界值通过差值获取计算区域网格的方法。偏微分方程生成方法主要有椭圆形微分方程方法、Thomas & Middleccoff 方法。

2. 非结构化网格生成方法

非结构化网格是一种无规则随机的网格结构，网格的定位只能用一维变量识别，网格

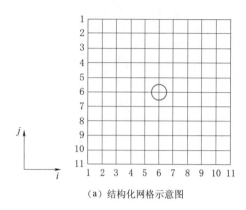
（a）结构化网格示意图

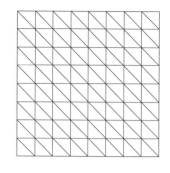
（b）非结构化网格示意图

图 2.2　网格示意图

的拓扑连接关系是无规则的，需要在网格生成过程中存储网格的拓扑结构，这意味着非结构化网格对计算存储需求量大。但利用非结构化网格易于剖分具有复杂边界的流动区域，且在计算过程中可以在流场变化剧烈的区域内随意加密网格。与结构化网格不同，非结构化网格的节点位置不能用固定的法则予以有序的命名，非结构化网格区域内节点不具有相同的毗邻单元，即与网格剖分区域内的不同内点相连的网格数目不同，二维矩形区域非结构化网格如图 2.2（b）所示。

非结构化网格生成方法可分为 3 类：①四叉树（二维）/八叉树（三维）；②Delaunay 方法；③阵面推进法（Advancing Front）。

无论哪种网格生成方法，其网格疏密侧很难过渡，通常依赖于流场的结构特点，在流场变量变化梯度较大的地方（边界层内部、激波附近区域等）需要加密网格；在流场变量较平缓的区域则可适当减小网格密度，以节省计算机资源。网格根据几何方法生成后，还必须进行光顺处理，即对畸变率较大的网格进行重新划分或调整。

对于泵装置这样几何造型复杂的三维模型而言，结构化网格生成的工作量大，但计算机的计算量小，能够较好地控制网格生成质量，保证边界层网格，计算更容易收敛；非结构化网格对模型的自适应好，网格生成的工作量小，但对计算机性能要求较高。目前，商用的工作站或服务器均能满足泵装置计算区域非结构化网格剖分的计算量。

本书研究对象为低扬程泵装置，基于 ANSYS TurboGrid 软件对叶轮及导叶进行结构化网格剖分，基于 ANSYS ICEM CFD 对进、出水流（管）道采用自适应较好的非结构化网格进行剖分，并且对泵装置内部速度梯度大的区域采用局部加密技术进行处理。

ANSYS TurboGrid 软件是一款专业的旋转机械叶栅通道网格剖分软件，提供了 4 种旋转机械的网格拓扑结构的方法，分别为 H/J/C/L-Grid、H-Grid、J-Grid、H-Grid Dominant，各网格拓扑结构的方法采用的拓扑结构网格如图 2.3 所示，根据叶片形状和使用要求选择不同的拓扑结构，并可人为调节网格质量。采用 ANSYS TurboGrid 进行网格剖分需保证剖分区域无负体积、网格的正交性和纵横比均满足相应要求。网格正交性由单元任意两个面之间的夹角来保证，最低正交性要求夹角位于 $15°\sim165°$ 之间。

ANSYS ICEM CFD 进行网格剖分时，需检查每个网格单元的最小内角，保证网格的最小内角大于 $18°$，网格质量（quality）大于 0.35。

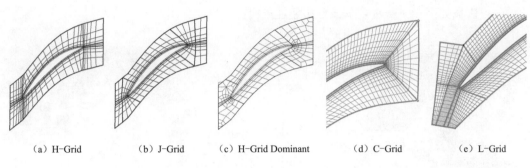

| (a) H-Grid | (b) J-Grid | (c) H-Grid Dominant | (d) C-Grid | (e) L-Grid |

图 2.3　不同的网格拓扑结构

2.1.4.2　边界条件设置

本书研究对象为泵装置，对不同泵装置的能量性能数值计算而言，边界条件设置基本相同，为此在本节中对泵装置能量性能计算的边界条件设置做统一说明，后面各章将不再赘述，若非泵装置能量性能计算将会对边界条件设置另作说明。

1. 进口边界条件

为更好地模拟泵装置内部真实流动，在进水流道前加一段进水段（类似于前池），以保证水流进入进水流道时为充分发展的湍流流动，且更接近实际的进口流场，进口边界条件设置于进水段的进口断面上，在笛卡儿坐标系下依据相应体积流量给定均匀的轴向速度，并依据计算情况设定不同的湍流强度，一般情况均采用中等湍流密度（medium intensity）5%。

2. 出口边界条件

在出水流道后部加一出水延伸段，并将计算流场的出口设置在出水延伸段的出口断面处，取平均静压出口条件，采用平均静压条件时则允许出口处局部压强和压力剖面在整个边界上发生变化，且液流方向将由计算得出，计算参考压力设置为一个标准大气压。

3. 壁面边界条件

壁面边界对于泵装置来说就是流道、叶轮、导叶的固体壁面，即流体无法流过。各固体壁面设置为无滑移边界条件，即流体在近壁处的速度为 0。若无特殊计算要求，本书对模型泵装置内部的三维湍流数值计算不考虑壁面粗糙度的影响。

4. 域交界面设置

本书对泵装置的网格剖分采用分块的网格剖分方法，对于各过流部件的连接需进行交界面的处理。交界面的连接方法（connection method）主要有 3 种：①自动网格连接方法；②1∶1 网格连接方法；③GGI 网格连接方法。对于泵装置的数值计算交界面的连接方法均采用 GGI 网格连接方法。GGI 的连接方法适用于交界面两侧网格不同的情况，即 GGI 连接处理方法允许网格节点位置、网格类型、两侧的面尺寸、面形状不同。

泵装置的三维数值计算中存在旋转区域（叶轮）及静止区域（导叶、流道）两种区域，需采用多参考坐标系进行处理，不同区域间数据的传递通过交界面进行，在参考坐标系间的交界面处发生改变。对于泵装置三维定常数值计算，动静交界面类型（interface models）有"冻结转子"（forzen rotor）和 Stage 两种交界面模型；对于非定常数值计算，动静交界面类型有"瞬态动静转子"（transient rotor stator）模型；静静交界面均采用 none 模型，当前这 4 种交界面模型在泵装置的三维内流场数值计算中均有应用，旋转区域与静止区域如图 2.4 所示，泵装置相邻过流构件交界面如图 2.5 所示。

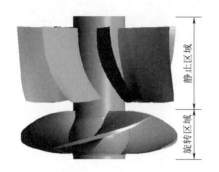

图 2.4　动静区域示意图

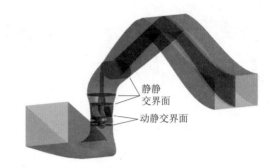

图 2.5　交界面示意图

2.2　泵装置水力特性分析方法及软件

2.2.1　泵装置水力特性分析方法

2.2.1.1　泵装置能量性能预测模型

基于泵装置三维定常数值计算的结果，对泵装置进、出口断面的各网格节点上的总压进行积分，即可得到各断面的静态总压，并按式（2.25）对泵装置扬程 H_{zz} 进行预测，对整个叶轮内叶片压力面和吸力面按式（2.26）对转轮的扭矩 T_{p} 进行预测，按式（2.27）对泵装置的效率 η_{zz} 进行预测。

泵装置扬程 H_{zz}：

$$H_{zz} = \left[\sum_{i=1}^{N_{outlet}} \frac{\left(\dfrac{P_{soutlet}}{\rho g}\right)_i}{N_{outlet}} + \sum_{i=1}^{N_{outlet}} \frac{\left(\dfrac{v_{outlet}^2}{2g}\right)_i}{N_{outlet}}\right]_{out} - \left[\sum_{i=1}^{N_{in}} \frac{\left(\dfrac{P_{sin}}{\rho g}\right)_i}{N_{in}} + \sum_{i=1}^{N_{in}} \frac{\left(\dfrac{v_{in}^2}{2g}\right)_i}{N_{in}}\right]_{in} + Z_{out} - Z_{in}$$

$$(2.25)$$

式中：P_s 为断面各节点的静压值；Z 为断面几何中心的位能；v 为断面各网格节点的绝对速度；N 为断面网格节点数总和；下标 outlet 表示出口断面；下标 in 表示进口断面。

转轮扭矩 T_p：

$$T_p = \sum_{i=1}^{N} \Delta A_i \{[\vec{r} \times (\vec{\tau} \cdot \vec{n})] \cdot e_z\} - \sum_{i=1}^{N} P \Delta A_i [(\vec{r} \times \vec{n}) \cdot \vec{e}_z]$$ （2.26）

式中：$\vec{e}_z$ 为转轴方向的单位向量；ΔA_i 为压力面或吸力面上第 i 单元的面积；$\vec{n}$ 为 ΔA_i 上的单位向量；$\vec{r}$ 为向径；$\vec{\tau}$ 为不含静压力 P 的应力张量。

泵装置效率 η_{zz}：

$$\eta_{zz} = \frac{30 \rho g Q H_{zz}}{\pi n T_p}$$ （2.27）

式中：Q 为泵装置流量；n 为叶轮转速。

2.2.1.2　进水流道的水力性能分析方法

1. 轴向速度分布均匀度

进水流道的设计应为叶轮提供均匀的流速分布和压力分布进水条件。进水流道的出口就是叶轮室的进口，其轴向速度分布均匀度 V_{u+} 反映了进水流道的设计质量，V_{u+} 越接近 100%，表明进水流道出口水流的轴向速度分布均匀度越均匀，计算式见式（2.28）。

$$V_{u+} = \left[1 - \sqrt{\sum_{i=1}^{n} (v_{ai} - v_a)^2 \Delta A_i / \sum_{i=1}^{n} \Delta A_i} / v_a \right] \times 100\% \tag{2.28}$$

式中：v_{ai} 为第 i 个网格单元的轴向速度；v_a 为过流断面的平均轴向流速；ΔA_i 为第 i 个网格单元的面积；n 为过流断面的网格单元总数。

2. 速度加权平均角

若进水流道出口有横向速度存在，将会改变水泵设计进水条件，影响叶轮的能量和汽蚀性能，为此引入速度加权平均角 $\bar{\theta}$ 来衡量。$\bar{\theta}$ 越接近 90°，出口水流越接近垂直于出口断面，叶轮的进水条件越好。计算式见式（2.29）。

$$\bar{\theta} = \frac{\sum_{i=1}^{N} \left(90° - \arctan \frac{v_{Li}}{v_{ai}} \right)}{\sum_{i=1}^{N} v_{ai}} \tag{2.29}$$

式中：v_{Li} 为流道出口断面第 i 个网格节点的横向速度。

3. 进水流道出口的平均涡角

本书引入平均涡角 $\bar{\beta}$ 对基于数值计算的叶轮进口涡角进行计算分析，平均涡角 $\bar{\beta}$ 的计算式见式（2.30）。

$$\bar{\beta} = \tan \left(\frac{\bar{v_t}}{\bar{v_a}} \right) \tag{2.30}$$

式中：$\bar{v_t}$ 为平均切向速度；$\bar{v_a}$ 为平均轴向速度。

数值计算中 3 个坐标轴 X、Y 及 Z 轴的速度与切向速度、径向速度、轴向速度间的变换见式（2.31），速度变换示意图如图 2.6 所示。此两速度值均采用 ANSYS CFX 的 CEL 语言进行编程求解。

$$\left. \begin{array}{l} v_a = v_z \\ v_r = v_x \cos a_g + v_y \sin a_g \\ v_t = v_x \sin a_g - v_y \cos a_g \end{array} \right\} \tag{2.31}$$

式中：v_x、v_y 及 v_z 分别为三个坐标轴方向的速度；a_g 为径向速度与 X 轴分速度的夹角。

2.2.1.3　出水流道水力性能的分析方法

1. 压能恢复系数

为了反映出水流道对静压的回收情况，采用出水流道压能恢复系数 ξ，计算式见式（2.32）。

$$\xi = \frac{E_{cout}}{E_{cin}} \times 100\% \tag{2.32}$$

式中：E_{cout} 为出水流道出口断面的总压；E_{cin} 为出水流道进口断面的总压。

2. 动能恢复系数

出水流道的动能恢复系数表示出水流道恢复动能的程

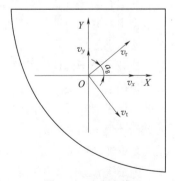

图 2.6　速度变换

度，动能恢复系数 δ 可用式（2.33）表示。

$$\delta = \frac{\bar{v}_{\text{cin}}^2/2g - (\Delta h_{\text{c}} + \bar{v}_{\text{cout}}^2/2g)}{\bar{v}_{\text{cin}}^2/2g} \tag{2.33}$$

式中：$\bar{v}_{\text{cin}}$ 为出水流道进口断面的平均速度；$\bar{v}_{\text{cout}}$ 为出水流道出口断面的平均速度；Δh_{c} 为出水流道的水力损失。

3. 水力损失计算

泵装置内各过流部件的总水力损失 Δh 计算公式均见式（2.33）。

$$\Delta h = \frac{E_{\text{in}} - E_{\text{out}}}{\rho g} \tag{2.34}$$

式中：E_{in} 为过流部件的进口断面的总压；E_{out} 为过流部件的出口断面的总压。

对于低扬程泵装置各过流部件分析的其他水力性能参数将在各自所采用的章节中作具体阐述。

2.2.1.4　泵装置内流脉动的分析方法

傅里叶变换是连接信号时域与频域的桥梁，是用平稳的正弦波作为基函数作空间投影变换来分解信号，部分信号在时间域内很难观察的现象和规律在频谱域中常可直接表现出来。当前，傅里叶变换被广泛应用于泵装置内流脉动的时频分析中。对于傅里叶变换，无论在时域或频域中表征的都是信号的整体性质，无法获取信号的局部特征，即傅里叶变换不能反映某种频率分量发生的时间，不同的时域波形图经变换后频谱图可能是相同的，这对非平稳信号分析而言是需要获知的信息，这也是傅里叶变换存在的局限性。鉴于傅里叶变换的缺陷，1946 年 Gabor 在傅里叶变换的基础上引入了短时傅里叶变换，它是研究非平稳信号最广泛使用的方法。短时傅里叶变换的基本思想是：在信号进行傅里叶分析变换前乘上一个时间有限的窗函数，并假定非平稳信号在分析窗的短时间隔内是平稳的，通过窗在时间轴上的移动从而使信号逐段进入被分析状态，得到不同时刻"局部"频谱图。对于给定的非平稳信号 $x(t) \in L^2(R)$，信号 $x(t)$ 的短时傅里叶变换定义为

$$\text{STFT}(t,\omega) = \int_{-\infty}^{+\infty} x(\tau)h(\tau - t)\text{e}^{-iwt}\text{d}\tau \tag{2.35}$$

式中：$h(\tau - t)$ 称为窗函数。短时傅里叶变换概念直接，算法简单，是研究非平稳信号十分有力的工具。

在进行频谱分析时，常采用以下 3 个步骤：首先对信号采样，变换为离散序列，然后建立数据窗，忽略数据窗前后信号波形，最后将应用到数据窗得到结果。当采用上述 3 个步骤时，必须满足以下要求：首先满足奈奎斯特采样定理（即为了不失真地恢复模拟信号，采样频率应该不小于模拟信号频谱中最高频率的 2 倍），以免引起混叠失真。其次，信号截取长度必须是信号周期的整数倍，否则将产生频谱泄漏。不同的窗函数对信号频谱的影响是不一样的，这主要是因为不同的窗函数，产生泄漏的大小不一样，频率分辨能力也不一样。信号的截断产生了能量泄漏，而用 FFT 算法计算频谱又产生了栅栏效应，从原理上讲这两种误差都是不能消除的，但是可以通过选择不同的窗函数对它们的影响进行抑制（矩形窗主瓣窄，旁瓣大，频率识别精度最高，幅值识别精度最低；布莱克曼窗主瓣宽，旁瓣小，频率识别精度最低，但幅值识别精度最高）。对于窗函数的选择，应考虑被分析信号的性质与处理

要求。如果仅要求精确读出主瓣频率，而不考虑幅值精度，则可选用主瓣宽度比较窄而便于分辨的矩形窗，例如测量物体的自振频率等；如果分析窄带信号，且有较强的干扰噪声，则应选用旁瓣幅度小的窗函数，如汉宁窗、三角窗等；对于随时间按指数衰减的函数，可采用指数窗来提高信噪比，对于泵装置内流压力脉动推荐采用 Hanning 窗函数。

小波包分解（wavelet packet decomposition）也称为小波包（wavelet packet）或子带树（subband tree）及最佳子带树结构（optimal subband tree structuring）。小波包分解是用分析树来表示小波包，即利用多次迭代的小波转换分析输入信号的细节部分。小波分析是一种窗口面积固定但其形状可改变，即时间和频率窗都可改变的时频局部化分析方法，由于它在分解的过程中只对低频信号再分解，对高频信号不再实施分解，使得它的频率分辨率随频率升高而降低。小波包分解不仅可对低频部分进行分解，也对高频部分实施分解，且小波包分解能根据信号特性和分析要求自适应地选择相应频带与信号频谱相匹配，是一种比小波分解更为精细的分解方法。

2.2.2 泵装置性能分析软件

2.2.2.1 泵装置内流特性分析软件

对于 2.2.1 节中低扬程泵装置水力性能的计算公式，采用 Matlab 软件对泵装置三维内流场计算所得结果进行可视化编程处理。低扬程泵装置流道水力性能分析程序通过批处理自动调用 CFD 软件生成的 .xls 格式文件，并进行相应的数据计算和输出最终所要的结果文件。泵装置流道水力性能计算软件界面如图 2.7 所示。

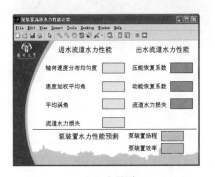

（a）主界面

（b）开始界面

（c）数据处理界面

（d）结束界面

图 2.7 泵装置流道水力性能计算软件界面

2.2.2.2　泵装置水力稳定性分析软件

为了便于开展泵装置内流脉动的分析，基于 Matlab 软件编制了泵装置内流脉动时频分析软件，该软件具有对信号进行傅里叶变换和小波包分解等功能，如图 2.8 所示。

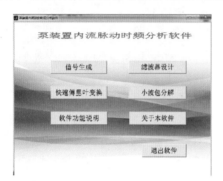

（a）主界面

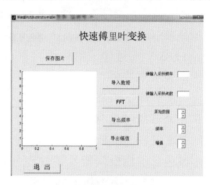

（b）快速傅里叶变换界面

（c）小波包分解界面

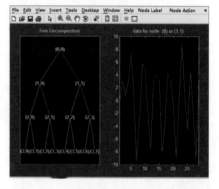

（d）小波包分解图实例

图 2.8　泵装置内流脉动时频分析软件界面

2.3　泵装置模型试验台及数据处理程序

2.3.1　泵装置模型试验台

本书的低扬程泵装置（泵段）的物理模型试验在江苏省水利动力工程重点实验室高精度水力机械试验台上进行。该试验台为立式封闭循环系统，总长度为 60.0m，管道直径分别为 0.5m 和 0.4m，试验台效率综合不确定度为 ±0.39%，符合中华人民共和国水利部行业标准《水泵模型及装置模型验收试验规程》（SL 140—2006）的精度要求。试验台的主要技术参数：流量测试范围 0.1~0.5m³/s，扬程测试范围 −6~21m，转矩测试范围 0~500N·m，转速测试范围 0~2000r/min。图 2.9 为高精度水力机械试验台示意图。

扬程的测量选用 EJA110A 差压变送器，工作范围为 0~100kPa，精度为 ±0.113%；流量的测量选用 E-mag DN400 型电磁流量计，精度为 ±0.197%；扭矩的测量选用 ZJ 型 0~200N·m 转速转矩传感器直接测量，精度为 ±0.108%，转速与转矩的二次仪表采用

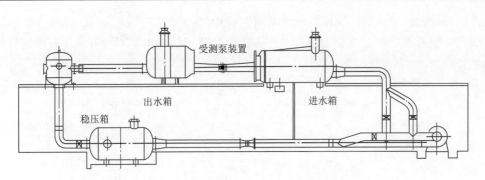

图 2.9 高精度水力机械试验台示意图

TS－800B 型数字式转矩转速演算显示仪。汽蚀余量的测量采用 EJA130A 绝对压力变送器，工作范围为 0～130kPa，精度为±0.075％。在进水箱靠近受测泵装置的进口部位安装了 0.5 级温度变送器，通过试验中水温的采集对水体密度进行修正。各试验参数的量测设备通过 GP－IB（IEEE－488）接口与 IPC610 工控机连成试验台实时数据采集和处理系统。

2.3.2 试验数据处理的程序编制

通过高精度水力机械试验台测试得到的泵装置相关性能数据文件（.dat 格式），以 Visual Fortran 程序语言和 AutoCAD 图形软件为平台，开发了泵装置性能曲线自动绘制的数据处理程序，该程序能够保存、处理数据文件，并形成直观的性能曲线供用户使用。

2.3.2.1 泵装置能量性能曲线拟合方法

基于波恩斯坦（Bernstein）原理，采用将中点分割和拐点分割相混合的 Bezier 曲线降阶方法对低扬程泵装置能量性能离散数据进行拟合，其中，Bezier 曲线的数学基础（影响曲线形状的加权系数）见式（2.36）：

$$J_{n,i}(t) = \begin{bmatrix} n_{\mathrm{d}} \\ i \end{bmatrix} t^i (1-t)^{n_{\mathrm{d}}-i}$$

其中
$$\begin{bmatrix} n_{\mathrm{d}} \\ i \end{bmatrix} = \frac{n_{\mathrm{d}}!}{i!\,(n_{\mathrm{d}}-i)!} \tag{2.36}$$

式中，n_{d} 为多项式的次数；i 为有序集（0 与 n 之间）中的某个顶点。

曲线点定义为 $P(t) = \sum_{i=0}^{n} P_i J_{n,i}(t)$（$0 \leqslant t \leqslant 1$），其中 $i=1 \sim n$，P_i 包含各个点的向量分类。

为构造 Bezier 曲线，对式（2.35）进行计算，需指定 $n_{\mathrm{d}} = m_{\mathrm{d}} - 1$，$m_{\mathrm{d}}$ 为给定的顶点个数，n_{d} 为多项式的次数。

2.3.2.2 基于 Visual Fortran 和 AutoCAD 的性能曲线自动绘制

Visual Fortran 语言具有强大的数学计算功能，AutoCAD 具有强大的图形绘制和编辑功能，本节利用 Fortran 语言编写接口子程序来调用 AutoCAD 软件中常用的基本绘图命令，即建立 Fortran 与 AutoCAD 间的接口软件，实现该两种软件间数据通信。通过 Fortran 语言编程直接读取离散控制点数据，通过对离散控制点进行曲线拟合，最后生成

AutoCAD 支持的 . dxf 格式文件，最终利用编程输出的模型在 AutoCAD 环境下显示，从而实现泵装置性能曲线的自动绘制且具有人机交互的功能，本节不再赘述。程序运行后输出结果文件如图 2.10 所示。

图 2.10　程序运行后输出结果文件

2.4　本章小结

（1）介绍了低扬程泵装置内部三维湍流场数值计算的控制方程、湍流模型及近壁区处理的方法、离散及求解方法等。针对低扬程泵装置的特点，给出了符合低扬程泵装置的分区域网格剖分、边界条件设置的方法等，建议将低扬程泵装置分为 4 个主体过流区域进行网格剖分，再选择合适的交界面方法对数据传递进行处理。

（2）为便于低扬程泵装置水力特性数值计算的数据处理，基于 Matlab 软件编制了自动读取、处理及输出结果文件的泵装置流道水力性能及泵装置内流脉动时频分析软件；为便于低扬程泵装置模型试验结果文件的处理，采用 Visual Fortran 和 AutoCAD 软件，编制了低扬程泵装置性能试验结果文件的处理程序。

第3章

立式轴流泵装置内流特性
及模型试验

3.1　引言

　　立式泵装置依据叶轮的类型可分为立式轴流泵装置和立式混流泵装置,其中立式轴流泵装置广泛应用于跨流域调水、农田和区域抗旱、城市防洪排涝、城镇供水和城市水环境改善等领域,立式轴流泵装置具有投资省、效率高、安装检修方便,国内外设计制造及运行管理经验丰富等优点,适用于低扬程、年运行时数长的泵站。

　　依据1.2节立式轴流泵装置的分类可知单向立式轴流泵装置的进、出水流道主要的组成形式,见表3.1。目前,单向立式轴流泵装置常用的两种进、出水流道组合形式是肘形进水流道配虹吸式出水流道、肘形进水流道配直管式出水流道。

表 3.1　　　　　　　　　单向立式轴流泵装置进、出水流道的常见形式

序号	进水流道形式	出水流道形式	实际应用举例
1	肘形进水流道	虹吸式出水流道	江都第四抽水站、宿迁泗阳站、新疆博斯腾湖东站、山东的邓楼泵站
2	肘形进水流道	上升式直管出水流道	连云港临洪东站、安徽驷马山泵站
3	肘形进水流道	下降式直管出水流道	山东的长沟泵站、山东的八里湾泵站
4	肘形进水流道	平直管式出水流道	淮安菱陵一站、淮安的杨庙泵站
5	肘形进水流道	屈膝式出水流道	湖北樊口泵站
6	钟形进水流道	虹吸式出水流道	湖北黄坡后湖泵站
7	钟形进水流道	直管式出水流道	安徽的双摆渡泵站,湖南坡头泵站武汉罗家路泵站
8	簸箕形进水流道	平直管式出水流道	宿迁刘老涧一站

　　选取两种典型的单向立式轴流泵装置开展内流特性的CFD数值计算和模型试验研究,以期为同类泵装置的设计和改造提供一定的理论和技术支撑。

3.2　直管式出水流道的立式轴流泵装置内流特性及模型试验

立式轴流泵装置采用肘形进水流道、上升式短直管式出水流道（简称直管式出水流道）的结构型式，叶轮与导叶体选用的是国家南水北调同台测试的 TJ04 - ZL - 23 号水力模型，该水力模型为江苏省水利动力工程重点实验室研发的 ZM3.0 叶轮配 DY330new 的导叶。数值计算和模型试验的主要参数如下：叶轮叶片数为 3 片，叶轮直径为 0.30m，轮毂直径为 0.12m，叶顶间隙设置为 0.15mm，叶片安放角为 $\theta=0°$，转速 $n=1292\text{r/min}$。导叶体的叶片数为 7 片，计算的流量范围为 180～340L/s。泵装置计算区域包括前池、肘形进水流道、叶轮、导叶体、上升式短直管出水流道及出水池。立式轴流泵装置单线图如图 3.1 所示，立式轴流泵装置三维模型如图 3.2 所示。

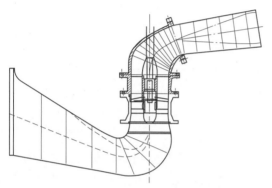

图 3.1　立式轴流泵装置单线图

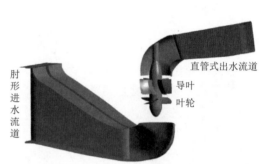

图 3.2　立式轴流泵装置三维模型图

各过流部件的网格剖分方法采用 2.1.4.1 节的方法，经立式轴流泵装置网格数量无关性分析，且在保证计算精度的前提下，避免计算资源的浪费，网格总数量为 1585576，各物理量的残差收敛精度均低于 10^{-4}，并设置监测点监测扬程的变化，该监测点采用泵装置扬程的计算公式进行设置。边界条件的设置参照 2.1.4.2 节，本节不再赘述，直管式出水流道的立式轴流泵装置的工况计算参数见表 3.2。本章中立式轴流泵装置的三维流动数值计算若无特殊说明，网格剖分方法均参照 2.1.4.1 节，边界条件设置参考 2.1.4.2 节。

表 3.2　　　　　　　　　　　　　　立式轴流泵装置计算参数

序号	流量 /(L/s)	流速 /(m/s)	序号	流量 /(L/s)	流速 /(m/s)	序号	流量 /(L/s)	流速 /(m/s)
1	180	0.132	3	260	0.191	5	320	0.235
2	220	0.162	4	280	0.206	6	340	0.250

立式轴流泵装置的数值计算结果与试验结果的对比如图 3.3 所示。预测的泵装置扬程与物理模型试验值最大相对误差为 27.66%，最小相对误差为 1.48%，而预测的效率与试验值最大相差 8.25%，最小相差 1.44%，预测值与试验值较接近的工况均处于高效区范围内，预测的扬程和效率与试验值相对误差均小于 1.5%，偏离最优工况时轴流泵内部流

态更加复杂，数值预测的准确性相对较差，在最优工况附近数值预测结果可信度及有效性更高。

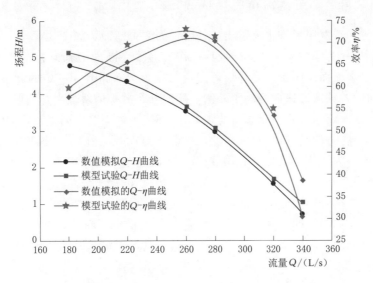

图 3.3　立式轴流泵装置的数值计算结果与试验结果的对比

通过数值模拟计算得到了立式轴流泵装置整体流场结果。图 3.4 （a）为计算得到的最优工况时立式轴流泵装置内部流线图，泵装置内的流动是复杂的三维流动，水流在肘形进水流道内收缩、转向的过程中平顺、均匀，无漩涡与回流产生，这与试验过程中观察到的现象相符合，通过叶轮旋转做功及导叶的回收环量和压能，水流成螺旋状流入出水流道，因该出水流道为上升式短直管出水流道，受水流环量和惯性的双重影响，水流在流道内作约 70°转向后，流道内左右侧的流场不对称，顺水流方向看，主流偏向流道的左侧，在出水流道内部区域，由于出水弯道的作用，流道顶部流速较大，底部流速小，在出水流道的下部易产生脱流和漩涡。

图 3.4 （b）为立式轴流泵装置的壁面静压云图，在最优工况时，进水流道压力呈有规律地逐渐降低，在肘形进水流道直线段内流速增加较小，压降也很小，但水流进入弯管段后流速增加较快，静压下降速度加快，在叶轮进口处达到最低。出水弯管段壁面顶部静

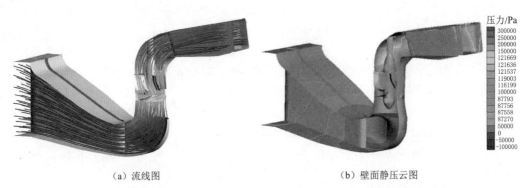

（a）流线图　　　　　　　　　　　（b）壁面静压云图

图 3.4　最优工况时立式轴流泵装置的内流线及壁面静压云图

压较大，底部静压较小，出水流道的壁面静压分布在最优工况时的差异性并不是很大。

3.2.1　轴流泵与肘形进水流道流场耦合分析

为便于分析，选取肘形进水流道出口处附近的 6 个断面，如图 3.5（g）所示。图 3.5
（a）～（f）分别为流量 $Q=280 \mathrm{L/s}$（设计工况）时 6 个断面的轴向速度分布云图。因导
水锥的存在，过水断面由圆形变为环形，流速与压力分布得到了一定的调整。从 1—1 断
面至 2—2 断面时，轴向流速内侧高于外侧，流速分布的等值线呈半月牙形，从 3—3 断面
至 4—4 断面，断面流速分布趋于总体均匀，进入 5—5 断面后，因受叶轮旋转的影响，水
流有预旋发生，越接近叶轮进口对轴向流速的影响越明显，在 6—6 断面，外侧的流速已
大于内侧的流速。为了便于比较，计算了各个断面的轴向速度分布均匀度，如图 3.6 所
示。从 1—1 断面至 6—6 断面，轴向速度分布均匀度整体趋势越来越好，仅 3—3 断面轴
向速度分布均匀度下降，因此处为圆形断面突变到环形断面，此处流场突受导水锥扰动的
影响，引起了分布均匀度的下降。随着水流在流动工程中不断的调整，4—4 断面至 6—6
断面的轴向速度分布均匀度又上升到较高的数值，满足了水泵运行对叶轮进口水流条件的
要求。

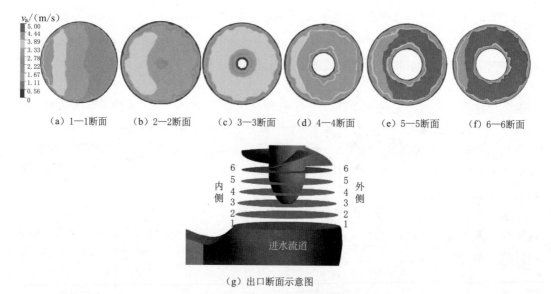

　　　（a）1—1断面　　　（b）2—2断面　　　（c）3—3断面　　　（d）4—4断面　　　（e）5—5断面　　　（f）6—6断面

（g）出口断面示意图

图 3.5　进水流道出口断面轴向速度分布图

不同流量时，肘形进水流道的水力损失如图 3.7 所示。为了便于比较，也计算了无叶
轮时的进水流道损失。由图 3.8 可知肘形进水流道的水力损失均与流量基本符合二次方关
系。肘形进水流道的水力损失与流道出口的流速分布均匀度关联较小，与环量大小正相
关。叶轮旋转引起的水流预旋增加了水流动能，故进水流道出口的能量增大，水力损失有
所减少，然而最大减少值为 2.38cm，仅占进水流道损失的 8%，其对泵装置性能的影响
可以忽略。

为进一步说明 $Q=280 \mathrm{L/s}$ 工况时叶轮旋转对进口水流即肘形进水流道出口水流的影

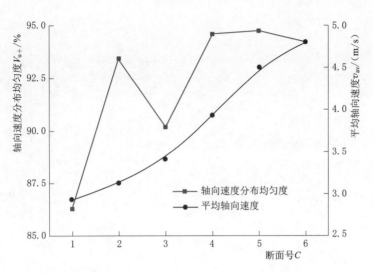

图 3.6　轴向速度分布均匀度 V_{u+} 与平均轴向速度 v_{av}

响,对无叶轮的泵装置进行了数值模拟,并与有叶轮的泵装置的计算结果比较,分析两者差异。针对图 3.5(g)中的 6 个断面,对各断面分别算出断面的轴向速度分布均匀度 V_{u+}、速度加权平均角度 $\bar{\theta}$、平均环量 $\bar{L}$,计算结果如图 3.8 所示。1—1 断面至 3—3 断面,有无叶轮时轴向速度分布均匀度数值最大相差 0.35%,速度加权平均角度最大相差 0.17°,平均环量最大差值为 0.009m²/s。4—4 断面至 6—6 断面,有叶轮时轴向速度分布均匀度相比无叶轮时已明显减小,且减小幅值逐渐变

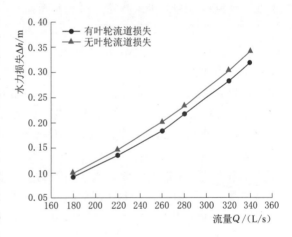

图 3.7　水力损失 Δh 与流量 Q 关系曲线

大;有叶轮时平均环量比无叶轮时增加明显,且增加幅值逐渐变大。无叶轮时 6—6 断面的轴向速度分布均匀度为 95.7%,速度加权平均角度为 88.64°,平均环量为 0.031m²/s;而有叶轮时 6—6 断面的轴向速度分布均匀度为 94.22%,相比降低了 1.48%,速度加权平均角度为 88.23°,相比降低了 0.41°,平均环量为 0.066m²/s,相比无叶轮时增加了 112.9%。

进水流道出口断面的水力性能受到两方面因素影响:①进水流道的几何形状;②叶轮的旋转对进水流道出口断面流场的影响。在设计工况时,本节已对有、无叶轮影响的肘形进水流道水力性能进行了分析,现采用理论分析的方法进一步说明各工况时叶轮旋转对进水流道水流预旋的影响,水流预旋的方向与叶轮叶片入流角 β,流经叶轮的流量 Q 以及叶轮的圆周速度 u 有关,这 3 个物理量共同决定了进水流道出口的速度三角形。

由上述分析可知,设计工况时叶轮对进水流道水力性能的影响很小,因此假设在设计

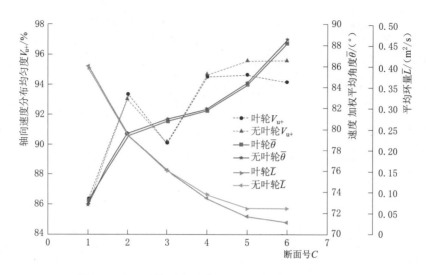

图 3.8　有无叶轮时肘形进水流道各断面计算结果对比

工况时水流以零冲角进入叶轮，即此时无预旋，绝对液角 $\alpha = 90°$，小流量工况时进水流道出口的速度三角形如图 3.9（a）所示，轴向速度 $v_a = v$。小流量工况时（假设 $Q_小 = 0.5Q_设$），绝对速度 $v_0 = 0.5v$，沿轴向流入叶轮的任何液体质点，最后都将进入叶槽，并相对于圆周速度 u 以 β 角运动，这意味着水流的绝对液角将变为 α_1，如果不想让水流发生预旋，则需水流以 $\alpha = 90°$ 流入叶片或具有冲角 $\delta_1 = \beta - \beta_1$，这样水流将突然偏向绝对液角 α_1，并在叶片之间继续以 β 角运动。实际水流的流动方向不会突然改变，因此水流将以某一中间绝对液角 α_2 流向叶轮，并以冲角 δ_2（$\delta_2 = \beta - \beta_2$）进入叶轮，小流量时水流获得预旋角为：$\alpha - \alpha_2 = 90° - \alpha_2$，绝对速度 v_2 的圆周速度分量与圆周速度 u 方向相同，水流为正预旋。当大流量工况时（假设 $Q_大 = 1.5Q_设$），图 3.9（b）为大流量工况时速度三角形，绝对速度 $v_0 = 1.5v$，大流量工况时实际水流将偏离轴向流动（$\alpha = 90°$）而成另一角 α_2，绝对速度 v_2 的圆周分速方向与圆周速度 u 方向相反，水流为负预旋。

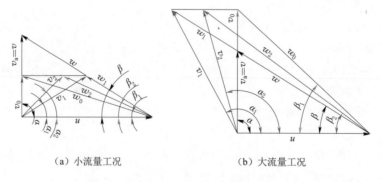

（a）小流量工况　　　　　　　　　（b）大流量工况

图 3.9　各工况进水流道出口速度三角形

通过 CFD 分析表明，设计工况时水流的预旋对进水流道出口断面轴向速度分布均匀度和平均环量的影响较大，而对速度加权平均角度和水力损失的影响很小。出口断面越接近叶轮，其受叶轮旋转的影响越大，从流场分析来看需考虑叶轮的影响。从进水流道出口速度三角形分析可知：进水流道出口的流速分布与泵装置运行工况有关，小流量工况进水流道出口断面水流受叶轮旋转影响发生正预旋，大流量工况出口断面水流发生负预旋。

3.2.2 轴流泵对直管式出水流道内流特性的影响

不同流量工况时，水流进入直管式出水流道受导叶体出口环量和自身惯性的双重影响，引起了直管式出水流道隔墩左右侧的流量分配不均匀。在小流量工况（180L/s）时，通过隔墩左侧的流量相当于右侧流量的 2.147 倍；在最优工况（260L/s）时，通过隔墩左、右侧的流量相差为总流量的 10.98%；在流量大于 260L/s 时，隔墩两侧流量的差值基本维持在 10% 左右。不同流量时直管式出水流道隔墩两侧流量分配比如图 3.10 所示，定义流量分配比例 m 为隔墩两侧流量 Q_L、Q_R 与总流量 Q 之比。在流量 $180 \sim 340$L/s 范围内，出水流道压能恢复系数越大，出水流道水头损失值越小，表明导叶出口环量越大，出水流道回

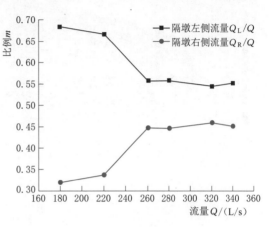

图 3.10 直管式出水流道隔墩两侧流量分配比

收的压能也越大，出水流道的水力损失并没有与流量呈二次方关系，主要原因是受导叶体出口环量的影响造成的。不同流量时直管式出水流道压能恢复系数与水力损失关系如图 3.11 所示。

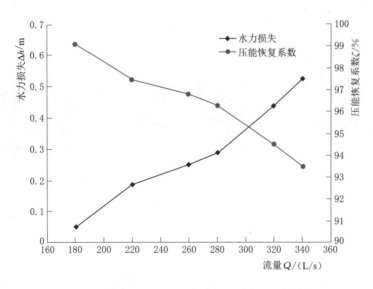

图 3.11 直管式出水流道压能恢复系数与水力损失关系

在小流量 $180 \sim 220$L/s 的工况下，隔墩左侧流道内流态良好，而右侧均出现螺旋式水流，主要原因是小流量工况时导叶出口环量较大，受导叶出口环量的影响，引起进入隔

墩右侧的顶部水流和底部水流交错形成了螺旋式流态，如图 3.12（a）所示。在大流量 260～340L/s 时，出水流道隔墩两侧流态较为平顺，无螺旋式水流的产生，如图 3.12 （b）所示。在出水流道内部区域，水流受自身惯性和转弯半径的双重作用，致使流道顶部流速较大，底部流速小，容易导致在出水流道下部产生漩涡。

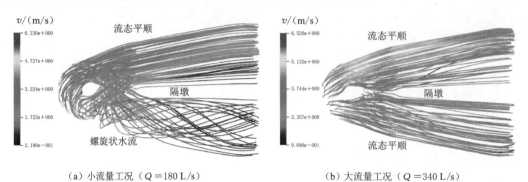

（a）小流量工况（$Q=180\,\text{L/s}$）　　　（b）大流量工况（$Q=340\,\text{L/s}$）

图 3.12　不同流量时出水流道内流线图

3.2.3　隔墩对直管式出水流道内流特性的影响

立式轴流泵装置出水结构的各部件是彼此相互影响的，为探究隔墩对出水流道及低扬程泵装置水力性能的影响，本节通过对立式轴流泵装置进行全流道的数值计算，从隔墩对立式轴流泵装置直管式出水流道水力性能的影响和对泵装置外特性的影响两方面进行分析，为低扬程轴流泵站出水流道的隔墩设计提供一定的参考价值。

有无隔墩的直管式出水流道及出水流道无隔墩的立式轴流泵装置三维模型如图 3.13 所示。除出水流道外，两套泵装置各部分的网格质量及数量均相同，有无隔墩的直管式出水流道的网格质量基本相同。

（a）无隔墩的出水流道　　　（b）有隔墩的出水流道　　　（c）出水流道无隔墩的立式轴流泵装置

图 3.13　出水流道及泵装置三维模型图

目前，《泵站设计规范》（GB/T 50265—2010）9.2.9 节从结构设计角度对隔墩的起点位置进行了规定，即当流道宽度较大时，宜设置隔水墩，其起点与机组中心线间的距离不应小于水泵出口直径的 2 倍。规范没有从水力性能角度对出水流道的隔墩起始点的位置、形状及隔墩厚度作出一定要求，出水流道的隔墩设计即满足结构设计要求即可，致使隔墩的设计仍具有一定的随意性。

若隔墩在出水流道进口向前延伸，只能把两孔的流量分配比例增大，因为导叶体出口的水流是螺旋状的，向前延伸的隔墩会使水流的分配更加不均匀，隔墩的撞击损失 Δh_z 定义为：$\Delta h_z = \zeta_1 v_t^2/2g + \zeta_2 v_a^2/2g$。其中：$\zeta_1$、$\zeta_2$ 均为水力损失系数；v_t 为切向速度；v_a 为轴向速度；g 为重力加速度。导叶体出口剩余环量越大，$v_t^2/2g$ 就越大；流量越大，$v_a^2/2g$ 越大，隔墩前伸越大，绝对速度的轴向分速度越大，$v_a^2/2g$ 越大，水流扩散还不均匀，$v_t^2/2g$ 就越大，最终导致撞击水头损失增大。隔墩后伸对左右两孔流量的分配没有影响，仅对出水流道水力损失产生影响，隔墩长度增加，流道水力损失也相应增加，相反若隔墩缩短，扩散段过流面积增加，流速变小，流速头下降，水力损失减小。有隔墩的出水流道过流面积相比无隔墩的出水流道过流面积缩减的百分比沿出流方向的变化如图 3.14 所示，设置隔墩后，除进口断面与出口断面的面积相等外，其余各过流断面面积的缩减均达到 9% 以上，过流断面面积减小，流速增大，水力损失也相对增加。若在保证隔墩支撑强度的前提下，增加隔墩的厚度，就会减小出水流道的过流面积，增加流速，必然会增加出水流道的水力损失。从设置隔墩厚度的角度出发，保证隔墩支撑强度前提下，应尽量减小隔墩的厚度。有、无隔墩的出水流道水力损失差与流量的关系如图 3.15 所示，在流量 180L/s 时，有隔墩的出水流道水力损失反而小于无隔墩的出水流道水力损失，主要因此时导叶体出口剩余环量较大，隔墩还起到了环量回收的作用，减小了水力损失，但环量回收的差别非常小，两者仅相差 0.013m，而在流量 260～340L/s 范围内，出水流道水力损失差随着流量的增加先增加而后减小，在流量 340L/s 时，水力损失差值减小，表明此时导叶体出口剩余环量小，所产生的附加水力损失也较小。

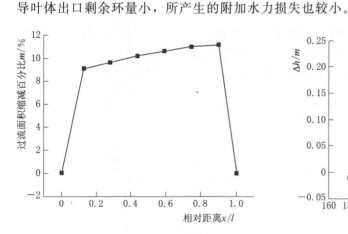

图 3.14 出水流道过流面积缩减百分比

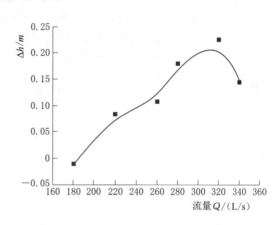

图 3.15 出水流道水力损失差与流量曲线

采用 2.2.1.1 节的方法对有、无隔墩的泵装置能量特性进行预测，预测结果如图 3.16 所示。在 6 个工况点时，两套泵装置的扭矩预测值最大差别为 0.5%，最小差别为 0.03%，可以忽略扭矩预测值对泵装置效率预测的影响。由图 3.16（b）可知，无隔墩的泵装置扬程、效率均高于有隔墩的泵装置，且流量 $Q>220$L/s 时，效率差更加明显，最优工况时，无隔墩的泵装置相比有隔墩的泵装置效率提高了 2.25%，此时扭矩的相对差为 0.099%，对于低扬程泵装置，若出水流道满足其结构要求，尽量避免设置隔墩。若泵站的出口采用普通拍门进行开停机的打开与关闭，因出水流道左右孔流量分配不均匀不但直接使左右两孔拍门开启不等，而且对其关闭时撞击力关系极大。水泵正常运行时，左右两孔流量不等，使得两孔拍门开启角度不等，直接影响水泵装置效率。

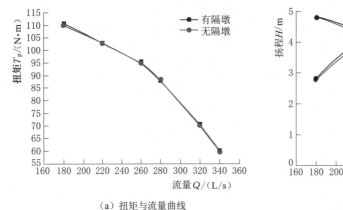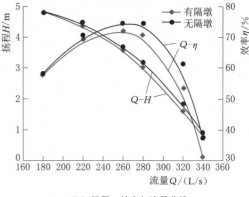

（a）扭矩与流量曲线　　　　　　　　（b）扬程、效率与流量曲线

图 3.16　泵装置性能预测结果对比

通过基于泵装置整体的三维流场计算，可知隔墩对出水流道及对泵装置能量性能的影响。为进一步说明导叶体出口剩余环量对出水流道水力性能的影响，对无环量的泵装置出水流道进行了数值模拟，分析了有、无环量对出水流道水力性能的影响。

对立式轴流泵装置（出水流道未设隔墩）导叶体出口剩余环量、流量及出水流道水力损失三者之间的关系如图 3.17 所示。在流量 $Q=260\sim280\mathrm{L/s}$ 范围内导叶体出口剩余环量在 $0.40\sim0.55\mathrm{m^2/s}$，此时立式轴流泵装置效率处于高效区范围内，相比其他计算工况，导叶体出口剩余环量较小，由导叶体出口剩余环量与流量关系曲线可知，导叶体出口剩余环量存在最小值，出水流道水力损失并未与环量呈现出某一特定的规律。

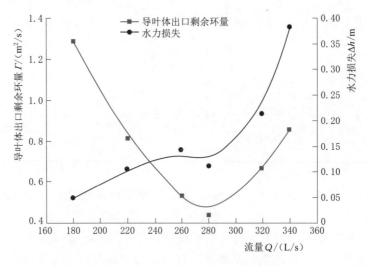

图 3.17　不同工况时导叶体出口剩余环量、
流量及水力损失关系曲线

为进一步阐述导叶体出口剩余环量对出水流道水力损失的影响，对无环量入流的出水流道进行了计算，直管式出水流道的进口断面位置如图 3.18 所示。

　　有、无环量时出水流道进口断面的静压及流线如图
3.19 所示。无环量轴向均匀流进入弯管后受离心力的
作用，出水流道纵向对称面 A—A 附近水体远离侧壁
面，流动阻力较小，依靠惯性向弯管两对称外侧流动，
再沿两侧边壁流回内侧，从而形成两个关于对称面 A—
A 对称、旋转方向相反的二次漩涡，如图 3.19（b）、
图 3.19（d）和图 3.19（f）所示。在 $Q=180L/s$ 时，
出水流道进口断面的静压呈对称分布，关于对称面 A—
A 对称的漩涡范围基本一致，随流量的增大，进口断面

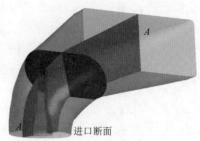

图 3.18　直管式出水流道的进口
断面位置示意图

的静压分布呈现出进口左侧的压力高于右侧，对称面 A—A 两侧的漩涡区表现为左侧的漩
涡区范围小于右侧漩涡区，出水流道进口断面底部的低压区偏向右侧，高压区偏向进口断
面的顶部左侧。

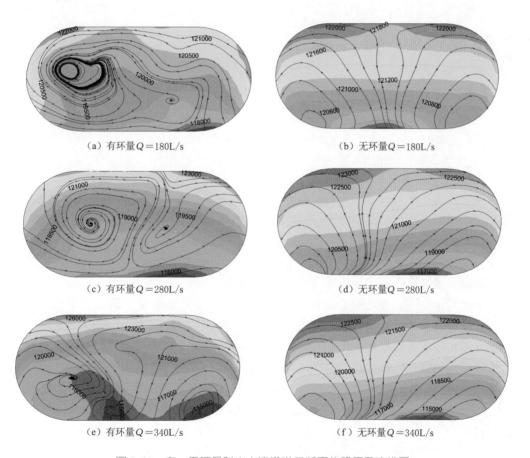

（a）有环量 $Q=180L/s$　　　　　　　　　（b）无环量 $Q=180L/s$

（c）有环量 $Q=280L/s$　　　　　　　　　（d）无环量 $Q=280L/s$

（e）有环量 $Q=340L/s$　　　　　　　　　（f）无环量 $Q=340L/s$

图 3.19　有、无环量时出水流道进口断面的静压及流线图

　　若考虑水力模型（叶轮和导叶体），则出水流道进口断面的静压及速度分布需考虑导
叶体出口剩余环量、二次流及泵轴旋转的共同影响。导叶体出口剩余环量会导致进入出水
流道内部的水流为旋转流动，在流量 $Q=180L/s$ 时，出水流道进口断面静压分布沿对称

面 A—A 已不对称，顶部的左侧出现小范围高压区，底部右侧出现小范围低压区，且左侧的漩涡强于右侧。当流量增大至 $Q=280L/s$ 时，导叶体出口环量的减小，进口断面的高压区与低压区均在对称面的右侧，当流量 $Q=340L/s$ 时，进口断面出现了 2 个低压区及 1 个高压区范围，进口断面的漩涡强度低于其他两个工况。由图 3.19 可知，进口断面的静压分布及流线受导叶体出口剩余环量及二次流的影响很大，出水流道内部流态分析应综合考虑到导叶体出口剩余环量的影响，对各运行工况时出水流道的水力性能分析需将叶轮及导叶体加入整个泵装置计算数学模型中。

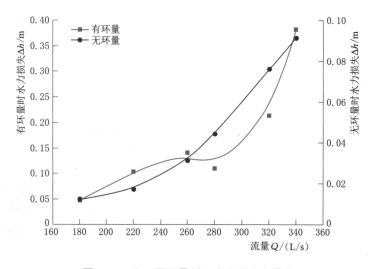

图 3.20　有、无环量时出水流道水力损失

　　对有、无环量轴向均匀入流的出水流道水力损失进行计算，结果如图 3.20 所示。无环量轴向均匀入流时，出水流道进口断面虽受弯管内二次流的影响，其水力损失与流量的二次方成正比，在计算工况范围内，无环量轴向均匀入流条件下的出水流道水力损失均小于有环量轴向均匀入流条件下的出水流道水力损失，在流量 $Q=220L/s$ 时，有环量条件时出水流道的水力损失是无环量时其水力损失的 6.018 倍，在流量 $Q=280L/s$ 时，导叶体出口剩余环量最小，有环量条件时出水流道水力损失是无环量时其水力损失的 2.471 倍。导叶体出口剩余环量的存在会增加该出水流道的水力损失。出水流道的流态非常复杂，不仅与出水流道的形状和尺寸有关，还与导叶体出流条件密切相关，实际轴流泵出水结构中因有泵轴穿过，水泵转动时水流绕过高速旋转的泵轴，必然会进一步增加出水流道内部流态的紊乱。因此对出水流道内部流态的分析需考虑泵装置所选的水力模型及其运行工况，出水流道的水力性能分析应建立在泵装置全流道数值模拟的基础上。

　　通过本节的数值计算分析了中隔墩对立式轴流泵装置能量性能的影响，结果表明：①对于低扬程轴流泵站，出水流道的隔墩对泵装置性能的影响较大，在出水流道满足结构要求的情况下尽量不设置隔墩，若设置隔墩，隔墩的起始位置离泵轴中心线不要太近，靠出水流道出口侧近。出水流道设置隔墩的泵站，隔墩两侧流量分配的不均衡直接导致两孔普通拍门开启角度的不一致，会影响泵站运行的效率，建议出水流道设置隔墩的泵站，其断流方式最好不要选择拍门。②影响出水流道隔墩两侧流量分配不均衡的原因是导叶体出流剩余速度环量未完全消除，出水流道中流量不平衡影响出水池中的流态。在出水流道中，向前延伸隔墩长度会增加出水流道的水力损失，导致两孔流量分配更加不均衡，向后延伸隔墩长度对两孔流量的分配无影响但会增加出水流道的水力损失，从而降低泵装置的水力性能。③泵装置运行工况不同时，出水流道隔墩两侧的流量比是不同的，不能依据某一工况对出水流道的水力性能进行分析，避免将出水流道独立地从泵装置系统中脱离出来进行水力性能的计算分析。

3.2.4 拍门对泵装置水力性能的影响分析

泵装置的断流方式主要有真空破坏阀、拍门、闸门（快速闸门和普通闸门）3 种形式。拍门类似于逆止阀，在出水结构中只允许水流朝一个方向流动。在泵站设计中，人们习惯采用拍门阻力系数来计算拍门阻力损失，但每个泵站拍门的实际边界条件是不相同的，人们往往忽视了此点而采用相同的拍门阻力系数，并认为拍门开启角度必须达到 60°以后，拍门水头损失才不会对泵装置效率产生较大的影响。

目前，大中型泵站常采用的整体式拍门主要有整体平衡锤式、整体油压保持式。整体油压保持式拍门的开启角度可通过油压装置进行调节，此形式最早见于日本的埃及依尔-麦克斯泵站，国内采用此拍门形式的泵站有江苏省临洪西泵站和湖北省樊口泵站等。此类拍门的开启角度大小对泵装置性能的影响究竟如何，拍门阻力损失与流量的关系如何，鉴于拍门前后的水流运动是复杂的，用水力学方法计算较困难，而采用数值计算和试验手段来解决不失为一种较好的方法，本节采用泵装置模型试验方法研究不同固定开启角度的整体式拍门对泵装置性能的影响及拍门阻力损失与流量的关系，并对拍门出口流态进行数值模拟，预测拍门阻力损失，为此类泵站的实际运行提供理论支撑。

3.2.4.1 拍门阻力损失理论分析

根据流体力学理论，水流在边界形状变化的区域，会产生局部水头损失。将带拍门的流（管）道出口损失作为局部水头损失，计算示意图如图 3.21 所示，根据能量关系，列出伯努利方程可得出流（管）道出口局部损失表达式为

$$\Delta h_{\mathrm{j}} = Z_1 - Z_2 + \frac{P_1 - P_2}{\rho g} + \frac{\gamma_1 \bar{v}_1^2 - \gamma_2 \bar{v}_2^2}{2g} \tag{3.1}$$

式中：Δh_{j} 为带拍门的出口局部损失，m；Z_1、Z_2 为相对于同一基准面的位能，m；P_1、P_2 为出水流道出口断面前后的流（管）道中心压力，Pa；$\bar{v}_1$、$\bar{v}_2$ 为出水流道出口断面前后的平均流速，m/s；γ_1、γ_2 为动能修正系数。

因出水流（管）道出口处装有拍门，局部水头损失包括出口突然扩大导致的出口水头损失和拍门引起的阻力损失，可表示为

$$\Delta h_{\mathrm{j}} = \Delta h_{\mathrm{c}} + \Delta h_{\mathrm{P}} \tag{3.2}$$

泵站出水流（管）道的出口一般均为断面突然扩大的下游河渠断面，断面突然扩大导致的出口水头损失，用公式表示为

$$\Delta h_{\mathrm{c}} = \zeta_1 \frac{(\bar{v}_1 - \bar{v}_2)^2}{2g} \tag{3.3}$$

式中：Δh_{c} 为断面扩大导致的出口水头损失，m；ζ_1 为出口断面扩大的局部水头损失

系数。

若出水流（管）道出口为容积很大的出水渠道，$\bar{v}_2 \approx 0$，则拍门的阻力损失值可用公式表示为

$$\Delta h_{\mathrm{P}} = Z_1 - Z_2 + \frac{P_1}{\rho g} - \frac{P_2}{\rho g} + \alpha_1 \frac{v_1^2}{2g} - \zeta_1 \frac{v_1^2}{2g} = \zeta_{\mathrm{P}} \frac{\bar{v}_1^2}{2g} \tag{3.4}$$

式中：Δh_{P} 为拍门的阻力损失，m；ζ_{P} 为拍门的阻力损失系数。

3.2.4.2　拍门阻力损失的试验分析

立式轴流泵装置模型拍门阻力损失试验在江苏省水利动力工程重点实验室的高精度水利机械试验台上进行，该试验台在 2.3.1 节中已有介绍，本节不再赘述。

模型泵装置由进水流道、叶轮、导叶体和出水流道组成，进水流道形式为肘形进水流道，出水流道为上升式短直管出水流道，流道断面四角均为圆弧连接。在流道内部表面进行了涂层处理，以保证流道阻力相似。图 3.22 为出水流道及出口断面尺寸图。

拍门：拍门平面尺寸为 $344\mathrm{mm} \times 340\mathrm{mm}$，拍门厚 $4\mathrm{mm}$，拍门为整体式拍门，铰型连接，开启自如，拍门安装在泵装置出口处。

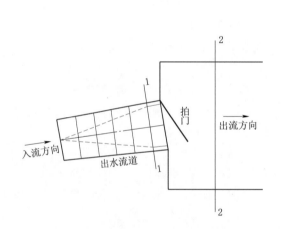

图 3.21　局部水头损失计算示意图

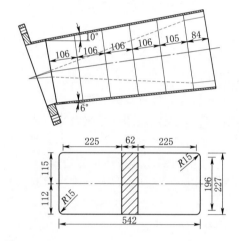

图 3.22　出水流道及出口断面尺寸图（单位：cm）

1. 试验方法

试验完全按照《水泵模型及装置模型验收试验规程》（SL 140—2006）进行。先测出未安装拍门时泵装置的能量性能，得出扬程-流量（H-Q）性能曲线，然后安装拍门，再测出泵装置在拍门不同开度下的能量性能，得出扬程-流量（H_{P}-Q_{P}）性能曲线，由于前后试验仅改变拍门的开启角度，其他条件均未作任何变化，采用相同的坐标系得出扬程-流量（H-Q）性能曲线、效率-流量（η-Q）性能曲线，那么在相同流量下，泵装置扬程的降低就是因拍门的阻力损失造成的，差值 $\Delta h = H - H_{\mathrm{P}}$，即为拍门的阻力损失，并通过式（3.4）计算出不同流量时的拍门阻力损失系数 ζ_{P}，并进行相关分析。

2. 试验结果分析

在叶片安放角为 0°工况时，先进行不安装拍门的能量试验，再依次进行拍门开启角度为 15°、20°、25°、30°及 45°共 5 种工况不同流量拍门阻力损失试验，拍门阻力损失与流

量的关系曲线如图 3.23 所示，泵装置效率下降值与流量的关系曲线如图 3.24 所示。

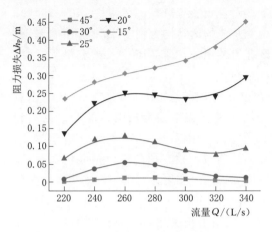

图 3.23 拍门阻力损失与流量的关系曲线

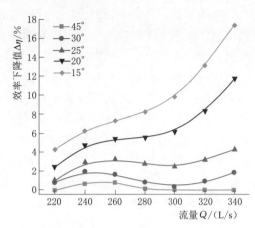

图 3.24 效率下降值与流量的关系曲线

通过对拍门阻力损失与流量关系曲线的拟合，得出了不同拍门开启角度下，阻力损失与流量的关系式如下：

拍门开启 15°时 $\Delta h_{\mathrm{P}} = 306.79977Q^3 - 251.69320Q^2 + 69.50323Q - 6.14213$

拍门开启 20°时 $\Delta h_{\mathrm{P}} = 548.43750Q^3 - 469.28720Q^2 + 133.15027Q - 12.28288$

拍门开启 25°时 $\Delta h_{\mathrm{P}} = 387.09491Q^3 - 333.83681Q^2 + 94.74208Q - 8.74029$

拍门开启 30°时

$$\Delta h_{\mathrm{P}} = -31944.44446Q^5 + 46466.83020Q^4 - 26681.61870Q^3 + 7549.43482Q^2 - 1051.41314Q + 57.63512$$

拍门开启 45°时

$$\Delta h_{\mathrm{P}} = -12594.40105Q^5 + 18143.34755Q^4 - 10358.58961Q^3 + 2926.72527Q^2 - 408.82702Q + 22.57576$$

以上各式中：Δh_{P} 为拍门阻力损失，m；Q 为流量，m^3/s。

拍门阻力损失与流量关系并不满足 $\Delta h_{\mathrm{P}} = SQ^2$ 的关系，拍门开度在 25°以下，拍门阻力损失与流量成三次方关系，开度在 30°以上，阻力损失与流量成五次方关系，主要因叶轮旋转使水流具有环量，不同工况时导叶对环量的回收程度不同，低扬程时导叶出流剩余环量小，而高扬程时导叶出口剩余环量较大，剩余环量的大小及水流自身的惯性对分配出水流道隔墩两侧的水量及内部流态会产生影响，最终致使隔墩两侧出流的平均流速与流态均不同，对拍门的冲击程度也不同。导叶出流剩余环量大时，水流以较大的偏角进入出水流道，隔墩两侧流量分配与流态差异较大，隔墩两侧水流受拍门的排挤影响也不相同，出口处水体质点间的相互碰撞和掺混较强，会产生附加的水力损失，导叶出流剩余环量小时，出水流道出流引起的附加水力损失相对较小，附加水力损失与流量的关系不定，且对拍门阻力损失公式推导所采用的伯努利能量方程中的动能项未包括环量所有的漩涡能。对此采用水力学方法计算拍门的阻力损失较困难，通过模型试验测定拍门的阻力损失不失为一种较好的方法。

拍门开度为 15°、20° 时，拍门对泵装置效率的影响，呈现出随流量增大而效率下降越大的趋势。拍门开度为 45° 时，拍门对装置性能的影响已低于 1%，在流量 240～260L/s 范围内，效率下降值较明显，主要原因是拍门两侧水流的运动均为轴向流动与环向旋转的合成流动，式（3.1）中动能项未能反映环量具有的漩涡能。泵装置进入小流量工况时，叶轮内部流动的不稳定影响了装置性能测试的稳定性。

为进一步说明，对同一流量不同拍门开启角度 a 时，拍门阻力损失与拍门开度的关系，采用比值 m 进行比较，$m = \Delta h_P / H$，式中：Δh_P 为拍门的阻力损失，H 为泵站的装置扬程。各流量时拍门阻力损失比值与拍门开度的关系曲线如图 3.25 所示。流量越大，扬程越小，拍门开度越小，拍门阻力损失占扬程的比值越大，当拍门开启角度达 30° 及以上时，拍门阻力损失占扬程的比值已经很小，比值 m 均低于 5%，对于超低扬程或低扬程的泵站，是否选用拍门作为断流方式需慎重考虑。

根据式（3.4），计算出拍门各开启角度时的拍门阻力损失系数，拍门阻力损失系数 ζ_P 与流量的关系曲线如图 3.26 所示，拍门阻力损失系数并未在某一定值附近波动，而呈现出和拍门阻力损失与流量相似的关系曲线，拍门的阻力损失系数与泵装置的运行工况相关。

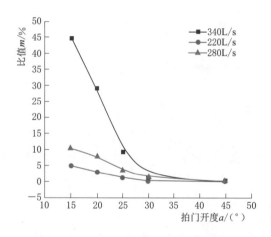

图 3.25　拍门阻力损失比值与
拍门开度的关系曲线

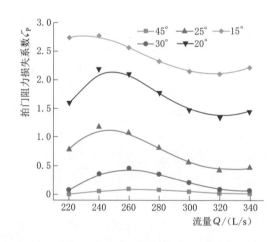

图 3.26　拍门阻力损失系数与
流量的关系曲线

3.2.4.3　拍门流态的数值模拟

数值模拟了立式轴流泵装置设计流量 $Q = 280L/s$ 时无拍门及开启角度 25° 两种情况时拍门处三维流动情况，根据 CFD 计算结果对拍门阻力损失进行计算，拍门阻力损失计算采用与试验相同的方法，即有、无拍门时泵装置的扬程差值。

拍门开度为 25°，设计工况时数值计算的拍门阻力损失与试验结果对比见表 3.3。

在设计流量时，数值模拟预测的拍门阻力损失值与试验结果较接近，数值计算结果略大于试验结果，而数值计算预测的效率下降值与试验结果相比偏小，主要因试验系统所用伯努利方程中的动能项未能反映环量所具有的漩涡能，以及计算模型出水池的尺寸与实际也有差别等原因，计算的扭矩大于试验所测扭矩。

表 3.3　　　　拍门阻力损失数值计算与模型试验结果的比较（$Q=280L/s$）

类　别	无拍门		拍门开度 $a=25°$		拍门阻力损失 /m	效率下降值 /%
	扬程/m	效率/%	扬程/m	效率/%		
数值计算	3.569	72.124	3.434	69.395	0.135	2.729
试验结果	3.701	73.818	3.572	70.609	0.129	3.209
相对误差/%	3.567	2.29	3.863	1.72	4.65	14.96

在无拍门时，出水流道为上升式短直管出水流道，出口水流以一定的冲角离开出水流道的出口，导致在出水流道出口的上方、出水池的下方均出现了漩涡，且随着出口水流流速的增大，漩涡的强度逐渐变大。在拍门开启角度为 25° 时，因拍门未完全开启，改变了出水流道的出口水流的边界条件和过流断面面积，出口水流受拍门挤压，大部分水流从拍门下面继续往前流动，少部分水流绕过拍门两侧继续往前流动，也由此在出水池后壁处产生了小漩涡，因水流自身的特性，水流既要保持原来的运动方向，又要充满整个空间，导致拍门两侧产生对称的漩涡区，如图 3.27 所示，随着水流远离流道出口，受拍门的影响逐渐降低，漩涡强度随之降低，并逐渐恢复无漩涡状态。因拍门下侧（铅垂方向）水流流速较快，上面（铅垂方向）水流流速较慢，出现了脱离边壁而不随主流前进的漩涡区，漩涡区与主流的交界面所产生的液团的交互作用，形成了反向流动。

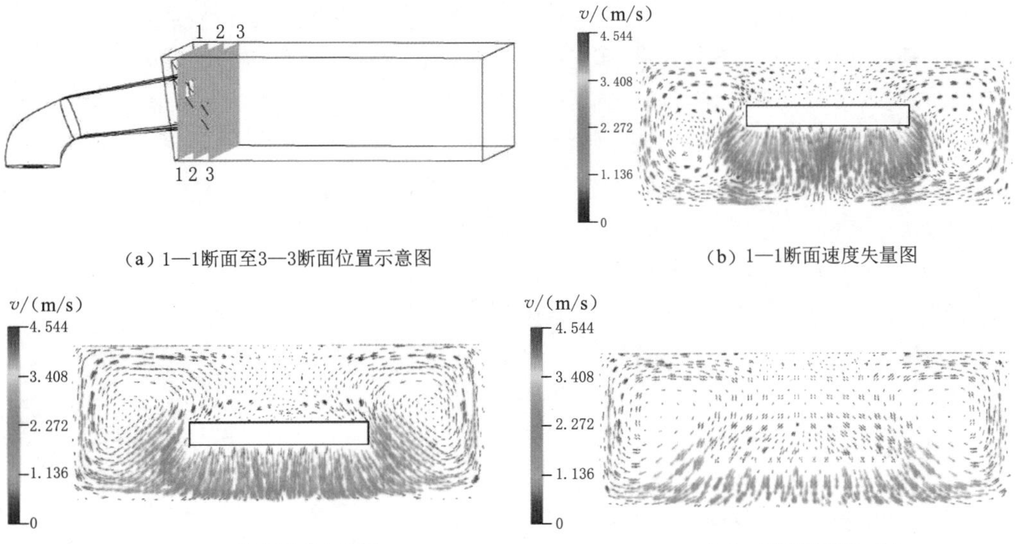

（a）1—1断面至3—3断面位置示意图　　（b）1—1断面速度失量图

（c）2—2断面速度失量图　　（d）3—3断面速度失量图

图 3.27　拍门出口处横断面流速图

3.3　虹吸式出水流道的立式轴流泵装置内流特性及模型试验

立式轴流泵装置采用肘形进水流道、虹吸式出水流道的结构型式。数值计算和模型试验的主要参数为：叶轮叶片数为 4 片，叶轮直径为 0.30m，轮毂直径为 0.12m，叶顶间隙设置为 0.15mm，叶片安放角 $\theta=0°$，转速 $n=1450r/min$。导叶体的叶片数为 7 片，共计

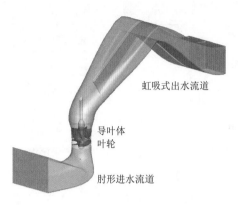

图 3.28　立式轴流泵装置三维模型

算了流量系数 K_Q 在 0.35～0.70 范围内 9 个工况点。计算区域共包括进水段、肘形进水流道、转轮、导叶体、虹吸式出水流道及出水段共 6 部分，该立式轴流泵装置三维模型如图 3.28 所示。立式轴流泵装置的肘形进水流道和虹吸式出水流道采用 ICEM CFD 进行六面体网格剖分，叶轮和导叶体采用 ANSYS Turbo‐Grid 进行六面体结构化网格剖分，轴流泵装置的网格节点数为 1902792 个，网格单元数为 2067376 个，泵装置湍流场数值计算选用 RNG k‐ε 湍流模型，近壁区采用可伸缩壁面函数（scalable wall functions）进行处理，收敛精度设置为 1.0×10^{-5}，数值计算求解器选用 CFX‐Solver Manager。模型泵转轮室采用机械精加工制造，转轮为铜制，导叶片采用薄钢板制作表面涂环氧树脂。肘形进水流道和虹吸式出水流道均采用钢板加工制作，流道断面四角均为圆弧连接。

3.3.1　轴流泵对肘形进水流道内流特性的影响

本节研究的重点是肘形进水流道，肘形进水流道由线性渐进段和弯肘段两部分组成，如图 3.29 所示。肘形进水流道的主要控制尺寸包括：上边线倾角 $\alpha=25°$，下边线倾角 $\beta=5°$，流道的水平投影长度 L，弯曲段水平长 L_X，进口断面高 H_{in}，进口断面宽 B_{in}，流道喉管高度 H_k，驼峰断面宽 B_{tf}，出口断面直径 D_{out}。以转轮公称直径 D 为基数，对其他各控制参数进行无量纲换算，则 $L=4.33D$，$L_X=1.11D$，$H_{in}=1.82D$，$B_{in}=2.37D$，$H_k=0.78D$。

为了验证立式轴流泵装置数值计算结果的有效性，按尺寸比例 1：1 制作了轴流泵装置物理模型，模型性能试验在江苏省水利动力工程重点实验室的高精度水力机械试验台上进行，立式轴流泵装置数值预测的泵装置扬程、泵装置效率与物理模型测试结果对比如图 3.30 所示。对比结果表明：预测的扬程与试验值最大相对误差为 48.33%，最小相对误差为 0.93%，预测的效率

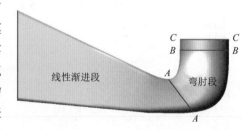

图 3.29　肘形进水流道示意图

与试验值最大相差 7.37%，最小相差 1.25%，预测的扬程、效率与试验值差异最大的均在流量系数 $K_Q=0.674$ 时，该流量系数是最优工况的 1.294 倍。预测的轴流泵装置流量‐扬程曲线、流量‐效率曲线均与试验曲线趋势相同。在流量系数 K_Q 在 0.490～0.550 范围内，预测的扬程与试验值相对误差、预测的效率与试验效率的差值均在 3% 以内，偏离最优工况时轴流泵装置内流更加复杂，致使预测精度有所降低，但整体的预测值与试验值吻合度较好，可满足数值分析要求。

选 3 个特征断面，各特征断面的位置如图 3.29 所示，分别为弯肘段进口断面 $A—A$，

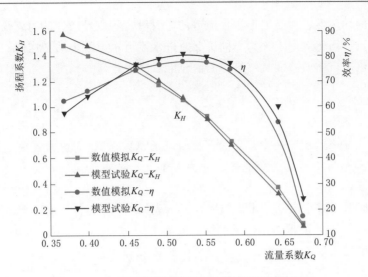

图 3.30　立式轴流泵装置数值计算结果与试验对比

弯肘段出口断面 B—B 和流道出口断面 C—C。3 个特征断面的轴向速度分布均匀度计算结果如图 3.31 所示。不同工况时，肘形进水流道各断面的轴向速度分布均匀度差异性较小，水流经肘形进水流道边界条件的约束，A—A 断面至 C—C 断面的轴向速度分布均匀度不断提高，达到了改善出流流速分布的目的，至 C—C 断面时轴向速度分布均匀度已高于 90%，可满足转轮对进水条件的要求。经计算，A—A 断面的轴向速度分布均匀度均值为 51.29%，B—B 断面的轴向速度分布均匀度均值为 85.98%，C—C 断面的轴向速度分布均匀度均值为 94.58%，从 A—A 断面至 B—B 断面的轴向速度分布均匀度提高了 34.69%，增幅达 67.63%；从 B—B 断面至 C—C 断面的轴向速度分布均匀度提高了 8.6%，增幅仅为 10%，由此可知：对于肘形进水流道结构尺寸设计及优化的关键在于弯肘段。

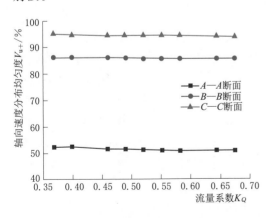

图 3.31　各特征断面的轴向速度分布均匀度

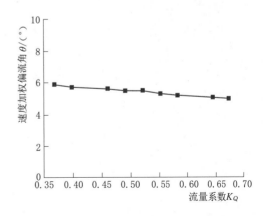

图 3.32　不同工况时流道出口速度加权偏流角

不同工况时肘形进水流道出口速度加权偏流角计算结果如图 3.32 所示。在计算工况 $K_Q=0.35\sim0.70$ 范围内，速度加权偏流角随流量的增大而略微减小，最大差值仅为 0.91°，表明了肘形进水流道出口流场的偏流角受轴流泵装置运行工况的影响较小，肘形进水流道断面的均匀性主要受肘形进水流道的弯肘段几何边界条件的约束较大。

肘形进水流道均化效率定义为不同工况时进水流道水力效率的平均值，进水流道水力效率定义为流道出口断面总能量与进口断面总能量之比，计算式为

$$\eta_{av} = \frac{\sum_{i=1}^{m} \eta_i}{n}; \quad \eta_i = \frac{E_{out}}{E_{in}} \tag{3.5}$$

式中：η_{av} 为进水流道的均化效率；m 为计算工况的总数；E_{out} 为进水流道出口断面的总能量；E_{in} 为进水流道进口断面的总能量；η_i 为各工况时进水流道的水力效率；下标 i 代表不同的计算工况，$i=1, 2, \cdots, m$。

不同工况时肘形进水流道的水力效率计算结果见表 3.4。各工况时肘形进水流道水力效率均在 98.5％以上，肘形进水流道的均化效率为 99.215％，流道的水力效率优异。

表 3.4　　　　　　　　　　　不同工况时肘形进水流道水力效率

流量系数 K_Q	流道效率/％	流量系数 K_Q	流道效率/％
0.368	99.372	0.398	99.361
0.460	99.218	0.490	99.193
0.521	99.206	0.552	99.163
0.582	99.242	0.644	99.225
0.674	98.952		

引入进水流道出口流场的静态畸变指数 D_C，静态畸变指数 D_C 是衡量进水流道出口流场水流稳定性的指标，计算式为

$$D_C = \frac{P_{max} - P_{min}}{P_{av}} \tag{3.6}$$

式中：P_{max} 为流道出口断面总压的最大值；P_{min} 为流道出口断面总压的最小值；P_{av} 为流道出口断面总压的平均值。

不同工况时肘形进水流道出口的静态畸变指数 D_C 的计算结果如图 3.33 所示，随着流量的增大，流道出口断面的静态畸变指数也不断增大。在流量系数 $K_Q = 0.52 \sim 0.59$ 范围内流道出口的静态畸变指数差异性较小，静态畸变指数 D_C 在 0.162 左右变动，进水流道出口流场水流稳定性及均匀性均较好，且该流量范围为高效区范围；在流量系数 $K_Q < 0.52$ 时，静态畸变指数逐渐减小，但降幅较大；在流量系数 $K_Q > 0.59$ 时，静态畸变指数逐渐增大，但增幅较小，在大流量工况时，进水流道出口流场水流稳定性最差。

为明确流量系数 K_Q 与静态畸变指数 D_C 的数学关系式，定义流量系数 K_Q 为自变量 x，静态畸变指数 D_C 为变量 y，则数学模型为

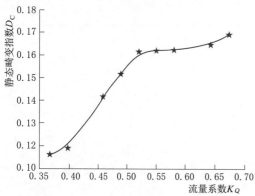

图 3.33　不同工况时流道出口的静态畸变指数

$$y = 14.179 - \frac{34.279}{x} + \frac{33.034}{x^2} - \frac{15.659}{x^3} + \frac{3.649}{x^4} - \frac{0.335}{x^5} \tag{3.7}$$

该五阶逆多项式判定系数 R^2 为 0.995，表明了通过数值分析方法获取的五阶逆多项式能较好地基于泵装置运行工况预测肘形进水流道出口断面的静态畸变，为分析进水流道出口流场水流的稳定性和均匀性提供参考。

肘形进水流道的出口断面平均流速与流量系数的关系如图 3.34 所示。流道出口断面平均流速与流量满足线性关系，表明了不同流量时，流道出口断面的流速大小受转轮旋转的影响非常小，对进水流道的水力性能及流速场的分析可忽略转轮旋转的影响。

肘形进水流道线性渐进段的静压比定义为 δ_1，弯肘段的静压比定义为 δ_2，流道的静压比 δ 的计算式为

$$\delta = \frac{P_{\text{out}}}{P_{\text{in}}} \tag{3.8}$$

式中：P_{in} 为流道段进口面的静压；P_{out} 为流道段出口面的静压。

不同工况时，肘形进水流道各段的静压比计算结果如图 3.35 所示。不同工况时，线性渐进段的静压比值均高于弯肘段，线性渐进段的平均静压比为 0.943，弯肘段的平均静压比为 0.826。在肘形进水流道线性渐进段，动能与压能的转换率较小，而在弯肘段时，压能与动能的转换率较高，表明了在弯肘段时水力损失也较大。

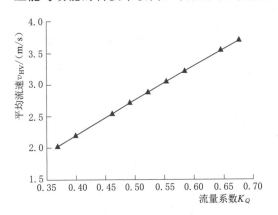

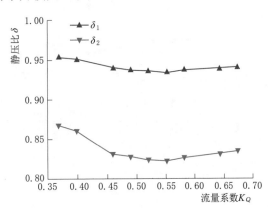

图 3.34　不同工况时肘形进水流道出口断面　　　　图 3.35　不同工况时肘形进水流道
平均流速与流量系数的关系　　　　　　　　　各段的静压比

空化分析可根据进水流道壁面上的压力分布进行，采用无量纲压力系数 C_P 对肘形进水流道内壁面上的压力分布进行量化，压力系数 C_P 的计算式为

$$C_P = \frac{P - P_{\text{ref}}}{0.5\rho v_0^2} \tag{3.9}$$

式中：P 为流道内壁面上的压力；P_{ref} 为参考压力；ρ 为水密度；v_0 为距流道进口一段距离的来流速度。

选取 3 个特征工况开展肘形进水流道纵断面上、下壁面的压力系数分析，3 个工况为小流量工况 $K_Q = 0.398$，高效工况 $K_Q = 0.521$，大流量工况 $K_Q = 0.582$，不同工况时流道纵断面的压力系数分布如图 3.36 所示。在 3 个不同工况时，肘形进水流道纵断面的压

力系数变化趋势相同。无量纲距离 l^* 在 $0.0 \sim 0.9$ 之间时，下壁面的压力系数均低于上壁面，上壁面的压力变化幅值均高于下壁面，当 $l^* > 0.9$ 时，下壁面的压力变化幅度小于上壁面。

为分析各工况时进水流道内壁面是否有空化现象出现，引入临界空化压力系数 C_{cav}，临界空化压力系数 C_{cav} 的计算式为

$$C_{cav} = \frac{P_{cav} - P_{ref}}{0.5\rho v_0^2} \tag{3.10}$$

式中：P_{cav} 为临界空化压力。

轴流泵装置内流介质为常温 25℃ 时的清水，依据《水泵模型及装置模型验收试验规程》(SL 140—2006) 中该温度时水的空化压力 P_{cav} 为 3175.39Pa，并选取小流量工况和大流量工况为分析工况计算临界空化压力系数，在小流量工况 ($K_Q = 0.398$) 时临界空化压力对应的临界空化压力系数 C_{cav} 为 -178.42，在大流量工况 ($K_Q = 0.582$) 时临界空化压力对应的临界空化压力系数 C_{cav} 为 -150.14，由计算可知，不同工况时肘形进水流道内均未有空化产生。

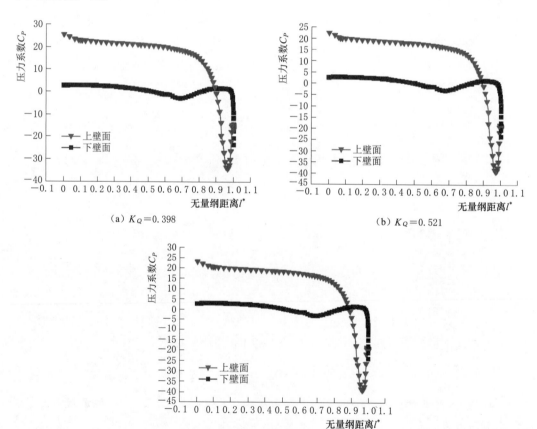

(a) $K_Q = 0.398$　　(b) $K_Q = 0.521$

(c) $K_Q = 0.582$

图 3.36　不同工况时流道纵断面的压力系数分布

肘形进水流道为单向收缩性进水流动，线性渐缩段内各过流断面均匀收缩，水流平顺，压力和速度变化均匀，当水流经线性渐缩段后进入弯肘段，在弯肘段内实现由水平变为铅垂流动，在离心力作用下，弯肘内侧压力低、流速高，弯肘外侧压力高、流速低，主流集中于弯肘段内侧，在弯肘内圆侧易产生流动分离现象。

流动分离会严重影响进水流道的流动性能，进水流道设计过程要尽量避免流动分离现象。流道壁面上发生流动分离时，涡漩往往也相伴而生，流动分离越严重的区域涡漩往往也越明显。为分析该肘形进水流道内部流动分离的情况，以纵断面为例，3 个特征工况时肘形进水流道纵断面的流线如图 3.37 所示，3 个工况时在弯肘段出口处水流的流速方向并未全部垂直于转轮进口断面，在小流量工况时水流的偏角较大，这与流道出口速度加权偏流角分析结果相同。不同工况时，肘形进水流道内部流态较好，流线平顺，无漩涡、脱流等不良流态出现，主要是因为流道弯肘段形线过渡平顺。

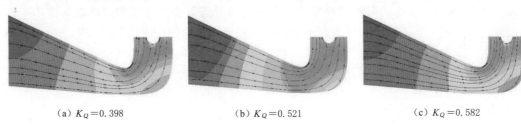

(a) K_Q=0.398　　　　　(b) K_Q=0.521　　　　　(c) K_Q=0.582

图 3.37　不同工况时肘形进水流道纵断面的流线图

3.3.2　轴流泵对虹吸式出水流道内流特性的影响

本节研究的重点是虹吸式出水流道，出水流道由扩散段、弯管段、上升段、驼峰段、下降段和出口段 6 个部分组成，如图 3.38 所示。虹吸式出水流道的主要控制尺寸包括：上升角 α=37°，驼峰段夹角 β=50°，平面扩散角 φ=9.5°，流道的水平投影长度 L，驼峰断面高 H_{tf}，驼峰断面宽 B_{tf}，进口断面直径 D_{in}，出口断面宽 B_{out}，出口断面高 H_{out}。以叶轮公称直径 D 为基数，对其他各控制参数进行无量纲换算，则 L=10.09D，H_{tf}=0.82D，B_{tf}=0.13D，D_{in}=1.28D，B_{out}=2.45D，H_{out}=1.06D。

水流在虹吸式出水流道内部共有 3 次流动方向的转变，其中有两次流动方向的改变较大，同时因虹吸式出水流道内部流态从进口的圆形沿流动方向逐渐演变为矩形出口断面，水流在流道内部需做横向和纵向的扩散，因此虹吸式出水流道的内部流态较为复杂，且随扩散断面面积的增大，断面平均流速也在逐渐减小。虹吸式出水流道左、右纵断面距虹吸式出水流道中轴线的距离均为

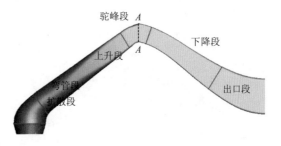

图 3.38　虹吸式出水流道

0.343 倍的叶轮公称直径 D，纵断面的位置示意如图 3.39 所示。3 个特征工况（小流量工况、最优工况和大流量工况）时虹吸式出水流道的左、右纵断面流线图如图 3.40 所示。

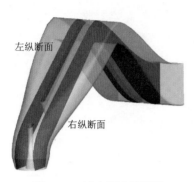

图 3.39　出水流道纵断面
图位置示意图

在小流量工况（$K_Q=0.398$）时，导叶体出口水流环量较大，且具有较大环量的水流进入虹吸式出水流道内部受流道扩散段内壁面的约束从而产生了回流，如图 3.40（b）所示虹吸式出水流道右纵断面的进口处出现了两处回流区，水流经扩散段后进入弯管段、上升段、驼峰段、下降段至出口段，水流扩散均匀，均未有不良流态产生。在最优工况（$K_Q=0.521$）时，导叶体出口水流环量较小，但进口断面的水流平均流速增大，在出水流道左纵断面的上升段的上壁面出现了漩涡区［图 3.40（c）］，在出水流道右纵断面上升段的下壁面有漩涡形成的趋势。在大流量工况（$K_Q=0.582$）时，虹吸式出水流道进口断面的平均流速已达 $3.337\mathrm{m/s}$，水流越过驼峰后，在惯性力和流道下降段壁面的约束双重作用下水流的流速和流向来不及调整，导致在出水流道右纵断面出口段的下壁面出现了小范围的漩涡区。各工况时，水流在虹吸式出水流道的上升段下壁面均出现了水流的贴壁效应，即水流在环量和惯性力的作用下紧贴流道上升段的下壁面流动。

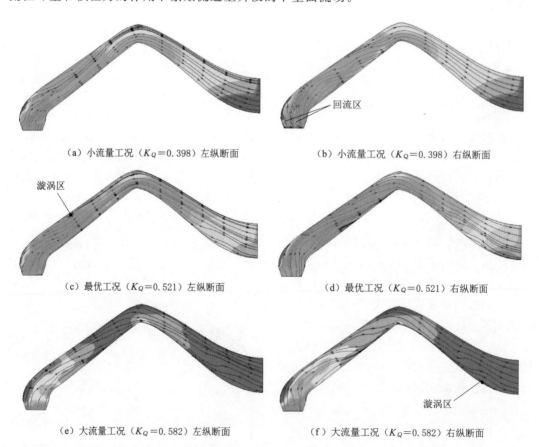

（a）小流量工况（$K_Q=0.398$）左纵断面　　　　（b）小流量工况（$K_Q=0.398$）右纵断面

（c）最优工况（$K_Q=0.521$）左纵断面　　　　（d）最优工况（$K_Q=0.521$）右纵断面

（e）大流量工况（$K_Q=0.582$）左纵断面　　　　（f）大流量工况（$K_Q=0.582$）右纵断面

图 3.40　虹吸式出水流道的左、右纵断面流线图

驼峰段对虹吸式出水流道水力性能具有重要的影响，驼峰断面处的平均流速对虹吸形成及流道的水力损失都有影响，各工况时驼峰断面处的平均流速如图 3.41 所示，驼峰断面平均流速为

$$v = \frac{Q}{A} \tag{3.11}$$

式中：Q 为泵装置流量；A 为驼峰断面的总过流面积。

在流量系数 $K_Q = 0.46 \sim 0.56$ 范围内时，驼峰断面处的平均流速在《泵站设计规范》（GB 50265—2010）给出的虹吸式出水流道驼峰断面处的参考平均流速 2.0~2.5m/s 范围内。

为了分析驼峰断面的流态，采用轴向速度分布均匀度和速度加权平均角对驼峰断面的水力性能进行分析。对虹吸式出水流道驼峰断面的速度分布情况进行定量分析，计算结果如图 3.42 所示。各工况时虹吸式出水流道驼峰断面的速度加权平均角的均值为 52.34°，不同工况时驼峰断面的速度加权平均角略有变化，但变化范围仅在 0.1°~2.3° 之间。轴向速度分布均匀度则随流量系数的增大而逐渐增大，大流量工况时导叶出口速度环量较小，水流在驼峰处主要受惯性力和流道壁面的双重作用，轴向速度分布相对均

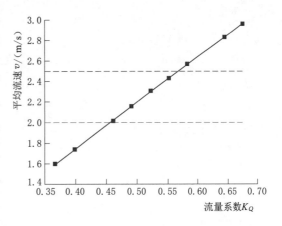

图 3.41 不同工况时驼峰断面平均流速

匀，小流量工况时导叶体出口环量较大，水流在驼峰处受环量、惯性力和流道壁面的多重作用，流量小驼峰断面处的平均流速小，水流易受环量的影响，导致轴向速度分布均匀度的降低。

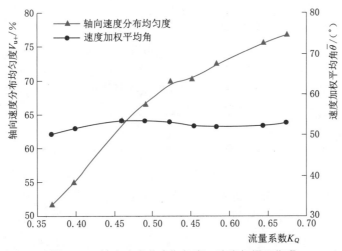

图 3.42 轴向速度分布均匀度、速度加权平均角
与流量系数的关系曲线（驼峰断面）

　　虹吸式出水流道以驼峰断面为分界面，分界线如图 3.38 所示的驼峰段的虚线 $A—A$，将扩散段、弯管段、上升段及虚线 $A—A$ 前的驼峰段定义为虹吸式出水流道的流道段 1，将虚线 $A—A$ 后的驼峰段、下降段和出口段定义为虹吸式出水流道的流道段 2，各流道段的水力损失为

$$\Delta h = z_{in} + \frac{v_{in}^2}{2g} + \frac{P_{sin}}{\rho g} - z_{out} - \frac{v_{out}^2}{2g} - \frac{P_{sout}}{\rho g} \tag{3.12}$$

式中：P_s 为进、出口断面的静压；z 为进、出断面中心处的位能；v 为进、出口断面的平均流速；g 为重力加速度；ρ 为流体的密度。下标 in、out 分别表示流道段的进、出口断面。

　　流道段 1 的水力损失占整个虹吸式出水流道水力损失的百分比为

$$r = \frac{\Delta h_1}{\Delta h} \times 100\% \tag{3.13}$$

式中：Δh_1 为流道段 1 的水力损失；Δh 为虹吸式出水流道的水力损失。

　　计算结果如图 3.43 所示。各工况时，流道段 1 的水力损失占整个出水流道水力损失

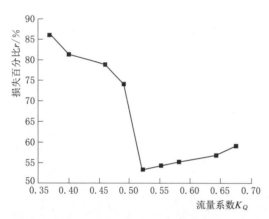

图 3.43　虹吸式出水流道分段水力损失比例

的 50% 以上，表明了虹吸式出水流道的水力损失主要集中于驼峰断面前的过流通道，对于虹吸式出水流道的设计优化应集中于驼峰断面前的过流通道型线。在流量系数 $K_Q = 0.35\sim0.52$ 范围内时，随流量系数的减小，流道段 1 占虹吸式出水流道的水力损失逐渐增加，导叶体出口剩余环量对流道段 1 的切向水流的水力损失影响较大；在流量系数 $K_Q = 0.52\sim0.68$ 范围内时，随流量系数的增大，流道段 1 的水力损失逐渐增大，流量大时，各断面的平均流速较大且导叶体出口剩余环量小，其横向流动损失较小，流量引起的水力损失占的比重较大。

　　不同工况时导叶体出口剩余环量与虹吸式流道水力损失的关系如图 3.44 所示。高效工况附近时导叶体出口剩余环量值和水力损失均较小，流量系数 K_Q 从高效工况向小流量工况偏移时，导叶体出口剩余环量值和水力损失均逐渐增大，主要当导叶体出口剩余环量导致的切向动能损失大于环量改善出水流道内部流态减小的水力损失，则出水流道的水力损失表现出增加的趋势。当流量系数 K_Q 从高效工况向大流量工况偏移时，导叶体出口剩余环量值与水力损失均增大，出水流道的水力损失主要由流量决定。

　　相比流量系数 K_Q 向大流量工况偏移，流量系数 K_Q 从高效工况向小流量工况偏移时导叶体出口剩余环量的增幅较大。相比 K_Q 向小流量工况偏移，流量系数 K_Q 从高效工况向大流量工况偏移时水力损失的增幅较大。出水流道的水力损失的原因包括环量引起的间接水力损失和流量造成的直接水力损失，在小流量工况 $K_Q = 0.398$ 时，导叶体出口剩余环量较大，切向动能的损失较大，同时因为过大导叶体出口剩余环量引起了出水流道进口断面内水流质点的相互碰撞和掺混，导致了进口回流的出现，如图 3.40（b）所示。在高效工况 $K_Q = 0.521$ 时，导叶体出口剩余环量较小，水流在环量和离心力的作用下产生较

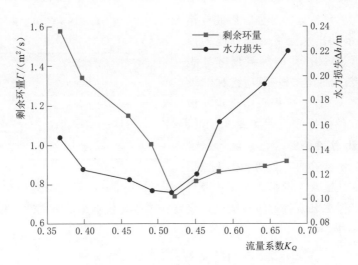

图 3.44　不同工况时导叶体出口剩余环量
与虹吸式流道水力损失的关系

强的沿流道断面周向的旋转运动，在左侧纵断面上升段的上壁面出现了局部的漩涡区。

为了给出导叶体出口剩余环量 Γ 和流量 Q 对虹吸式出水流道水力损失 Δh 的定量数学表达关系式，定义导叶体出口剩余环量 Γ 为自变量 x_1，流量 Q 为自变量 x_2，水力损失 Δh 为目标值 y，则三者的多元非线性回归数学模型为

$$y = 22.587 - 290.205x_1 + 1212.645x_1^2 - 2208.178x_1^3$$
$$+ 1486.374x_1^4 + \frac{9.59}{x_2} - \frac{9.771}{x_2^2} + \frac{3.167}{x_2^3}$$

该非线性回归方程的判定系数 R^2 为 0.988，表明了通过数值分析方法获取的非线性回归方程能较好的基于导叶体出口剩余环量和流量对虹吸式出水流道的水力损失进行预测，也表明了在导叶体出口剩余环量和流量的双重作用时虹吸式出水流道内部流态复杂，出水流道的水力损失与流量未成二次方关系。

3.4　出水流道的综合性能评价模型

出水流道是低扬程泵装置重要的过流结构，主要作用是将导叶体出口的高速水流进一步扩散，回收旋转动能，出水流道水力性能直接影响低扬程泵装置能量效率的高低，泵装置的扬程越低，出水流道对泵装置能量效率的影响越大，基于此，提出了一种基于投影寻踪出水流道综合性能的评价方法。该方法基于泵装置的 CFD 三维定常数值计算结果，求解出水流道的相对水力损失、出水流道的压力恢复系数、出水流道出口的轴向速度分布均匀度、出水流道出口的相对平均速度，确定出水流道内部回流区域的数量。根据出水流道的设计方案，计算出水流道的当量扩散角，确定出水流道结构的复杂程度，出水流道的断流方式及检查孔的设置、确定出水流道各断面面积沿程的变化情况。通过基于泵装置 CFD 三维定常数值计算确定的出水流道的 5 个水力性能的子项评价指标和基于泵装置出水流道三维设计的 4 个结构的子项评价指标，共确定出水流道 9 个子项评价指标的分割点以及出

水流道综合性能的评价等级划分，以此构建了基于 PPE 模型的出水流道综合性能的评价方法。出水流道综合性能等级划分见表3.5。出水流道综合性能的各子项指标的隶属度分割点见表 3.6。低扬程泵站出水流道综合性能评价软件的操作流程如图 3.45 所示。基于 Matlab 软件编制了出水流道综合性能评价软件，该软件的一级功能模块包括

表 3.5　出水流道的综合性能等级划分表

评判标准	评判等级
$y > 0.9$	优
$0.9 \geq y > 0.8$	良
$0.8 \geq y > 0.7$	中
$0.7 \geq y$	差

数据预处理、参数输入、投影寻踪评价及等级评价 4 部分，其各部分模块框架如图 3.46 所示，该软件可根据泵装置的实际情况，交互式修改评价指标的隶属度。该软件的主要运行界面如图 3.47 所示。

表 3.6　出水流道综合性能的各子项指标的隶属度分割点

评价指标	各评价指标隶属度的分割点									
	1	0.9	0.8	0.7	0.6	0.5	0.4	0.3	0.2	0.1
出水流道的相对水力损失	0.1	0.2	0.3	0.5	1	1.5	2	3	4	5
出水流道内部回流区域的数量	0	1	2	3	4	5	6	7	8	9
出水流道的压力恢复系数	100	90	80	70	60	50	40	30	20	10
出水流道出口的轴向速度分布均匀度	100	90	80	70	60	50	40	30	20	10
出水流道出口的相对平均速度	1	0.9	0.8	0.7	0.6	0.5	0.4	0.3	0.2	0.1
出水流道结构的复杂程度	75	67.5	60	52.5	45	37.5	30	22.5	15	7.5
出水流道的当量扩散角	1	0.88	0.75	0.63	0.5	0.38	0.25	0.15	0.05	0.03
出水流道的断流方式及检查孔的设置	10	9	8	7	6	5	4	3	2	1
出水流道型线平顺，各断面面积沿程变化	100	95	90	85	80	75	70	65	60	50

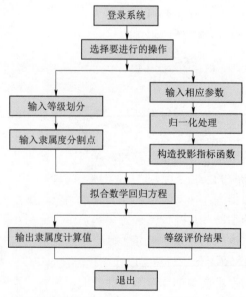

图 3.45　低扬程泵站出水流道综合性能评价软件的操作流程图

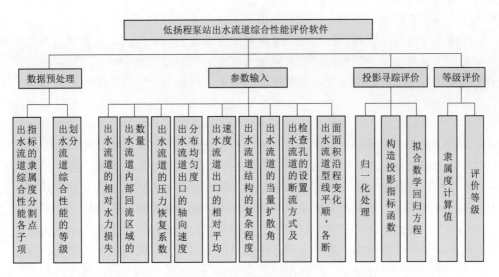

图 3.46　低扬程泵站出水流道综合性能评价的模块框架

图 3.47　低扬程泵站出水流道综合评价软件主要运行界面

3.5　本章小结

（1）采用理论分析、数值计算及模型试验相结合的方法对两套典型的单向立式轴流泵装置内流特性进行了分析，重点分析了轴流泵和进水流道、轴流泵和出水流道的内流相互耦合作用；探析了整体式拍门对低扬程泵装置水力性能的影响；构建了基于 PPE 的出水流道综合性能的评价模型。

（2）不同工况时，肘形进水流道各断面的轴向速度分布均匀度差异性较小，流道轴向速度分布均匀度增幅较大的阶段在弯肘段，对于肘形进水流道结构尺寸设计及优化的关键在于弯肘段。肘形进水流道的均化效率为 99.215%，流道的水力效率优异。引入静态畸变指数评价进水流道出口流场水流稳定性及均匀性，在高效工况范围内进水流道出口流场水流稳定性及均匀性较好，在大流量工况时进水流道出口流场水流稳定性及均匀性较差。在肘形进水流道线性渐进段，动能与压能的转换率较小，而在弯肘段时，压能与动能的转换率较高，弯肘段占肘形进水流道的水力损失较大。不同工况时流道纵断面的压力系数变化趋势相同，无量纲距离 l^* 为 0.0～0.9 时，下壁面的压力系数低于上壁面，上壁面的压力变化幅值高于下壁面，不同工况时肘形进水流道未有空化产生。

（3）出水流道的隔墩对低扬程轴流泵装置水力性能的影响较大，在出水流道满足结构要求的前提下尽量不设置隔墩，若设置隔墩，隔墩的起始位置离泵轴中心线不宜太近，宜靠出水流道出口侧较近。出水流道设置隔墩的泵站，隔墩两侧流量分配的不均衡直接导致两孔普通拍门开启角度的不一致，会影响泵站运行的效率，出水流道设置隔墩的泵站，其断流方式不宜选用拍门。影响隔墩两侧流量分配不均衡的原因是导叶体出流剩余速度环量未完全消除，流道中流量不平衡会影响出水池中水流流态。在出水流道中，进一步向前延伸隔墩长度会增加出水流道的水力损失，导致两孔流量分配更加不均衡，进一步向后延伸隔墩长度对两孔流量的分配无影响但同样会增加出水流道的水力损失，从而降低泵装置的水力性能。运行工况不同时，泵装置出水流道隔墩两侧的流量比是不同的。

（4）当立式轴流泵装置弯管进口为无环量轴向均匀入流时，出水流道的水力损失与流量是二次方关系，流道水力损失均小于有环量轴向均匀入流时流道的水力损失。降低出水流道的水力损失应尽可能减小导叶体出口剩余环量。出水流道的水力性能受导叶体出口环量的影响，导叶体与叶轮存在一定的匹配关系，不同工况时各水力模型导叶体出口剩余环量值也不相同，因此出水流道的数值分析应综合考虑所选的水力模型及泵装置运行工况。

（5）对于相同的拍门开启角度（小于 25° 时），流量越大，效率下降值越明显，当拍门开启角度大于 25° 时，效率的下降值并没有因流量大而效率下降明显，拍门开启角度达 45° 时，拍门对泵装置效率的影响就很小。拍门阻力损失受泵段出口环量的影响，拍门在一定的开启角度下，不再满足 $\Delta h_P = SQ^2$ 的关系，拍门阻力损失系数与装置的运行工况有关，可参照模型试验的拍门阻力损失拟合公式来估算各工况时拍门的阻力损失。在拍门开启 25° 的情况时，出口水流受拍门挤压的作用，在出水流道出口两侧产生了对称的漩涡区，影响了出水流道的出流流态和水力损失，在设计工况时预测的拍门阻力损失与试验的结果较接近，表明该方法可用于预测拍门的阻力损失。

（6）立式轴流泵装置虹吸式出水流道内部流态较为复杂，不同工况时虹吸式出水流道内部流态差异性较大。以驼峰断面为界，驼峰断面前的过流通道占整个虹吸式出水流道水力损失的 50% 以上，设计优化应集中于考虑驼峰断面前的过流通道型线。各工况时虹吸式出水流道驼峰断面的速度加权平均角的均值为 52.34°，不同工况时速度加权平均角变化范围仅在 0.1°～2.3° 之间。轴向速度分布均匀度则随流量系数的增大而逐渐增大。随流量系数的增大，导叶体出口剩余环量先减小后增大，在高效工况范围内导叶体出口剩余环量存在最小值。导叶体出口剩余环量通过影响虹吸式出水流道内部流态而对出水流道水力损失产生影响，虹吸式出水流道的水力损失与流量未呈二次方关系。

（7）提出了一种基于 PPE 模型的低扬程泵站出水流道综合评价的方法，给出了兼顾水力性能和结构设计的 9 个指标参数及各子项指标参数的隶属度。采用 Matlab 软件编制了低扬程泵站出水流道的综合评价软件。

第4章

S 形轴伸贯流泵装置内流特性及水力稳定性

S 形轴伸贯流泵装置于 20 世纪 80 年代初在我国广东省斗门县西安泵站首次应用，但 S 形轴伸贯流泵装置的内流特性及水力稳定性仍缺乏深入研究，装置结构型式未得到进一步发展及补充，通过数值计算结合泵装置物理模型试验开展 S 形轴伸贯流泵装置内部流动机理及运行稳定性的研究分析。

4.1 S 形轴伸贯流泵装置结构及网格剖分

S 形轴伸贯流泵装置包括进水流道、叶轮、导叶体及出水流道四部分，水力模型选用南水北调工程同台测试的 TJ04 - ZL - 23 号轴流泵，叶轮的叶片数为 3，叶片安放角为 0°，导叶体的叶片数为 7，叶轮直径为 300mm。TJ04 - ZL - 23 号轴流泵综合特性曲线如图 4.1 所示，TJ04 - ZL - 23 号轴流泵的三维模型如图 4.2 所示，各叶片安放角时最优工况参数见表 4.1。

表 4.1　　　　　TJ04 - ZL - 23 号轴流泵水力模型最优工况点参数

叶片安放角/(°)	流量/(L/s)	扬程/m	效率/%
-4	262.16	4.343	86.18
-2	290.90	4.349	86.02
0	322.52	4.492	85.80
+2	344.98	4.511	84.67
+4	373.45	4.581	83.70

S 形轴伸贯流泵装置结构如图 4.3 所示。若叶轮与电机间选择直接传动，则需将电机布置于出水流道下部；若选择间接传动（皮带传动或齿轮传动），则需将电机布置在出水流道外侧。

S 形贯流泵装置的叶轮和导叶体分别采用 TurboGrid 软件中 H/J/L - Grid 和 H - Grid 拓扑结构进行结构化网格剖分，进、出水流道采用 ICEM CFD 软件进行结构化网格剖分，S 形轴伸贯流泵装置的网格节点总数为 1628407，网格单元总数为 1516416，各过流部件

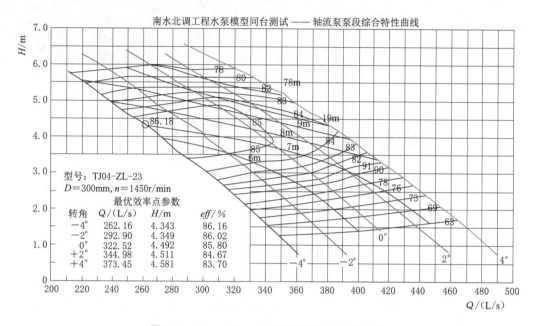

图 4.1 TJ04 - ZL - 23 号轴流泵综合特性曲线

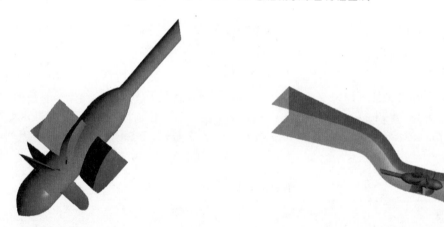

图 4.2 TJ04 - ZL - 23 号轴流泵三维模型   图 4.3 S 形轴伸贯流泵装置结构图

的网格数据见表 4.2，各过流部件的网格如图 4.4 所示。S 形轴伸贯流泵装置的叶轮叶片数为 3，轮毂比为 0.4，叶片安放角为 0°，叶顶间隙设置为 0.15mm，导叶体的叶片数为 7，转速为 1450r/min，流量系数 K_Q 范围为 0.30～0.70。计算区域包括进水延伸段、进水流道、转轮、导叶体、出水流道及出水延伸段共 6 部分。

表 4.2 S 形泵装置各过流部件的网格数据

过流部件	网格类型	节点数 (nodes)	单元数 (cells)	剖分工具	网格质量 (quality)	最小角度 /(°)	最大角度 /(°)
进水流道	六面体	366352	352520	ICEM CFD	0.65	36	144
出水流道	六面体	250071	239044	ICEM CFD	0.55	27	153

过流部件	网格类型	节点数 (nodes)	单元数 (cells)	剖分工具	网格质量 (quality)	最小角度 /(°)	最大角度 /(°)
叶　轮	六面体	450738	415812	TurboGrid		17	162
导　叶	六面体	561246	509040	TurboGrid		19	160
S形轴伸贯流泵装置		1628407	1516416		—		

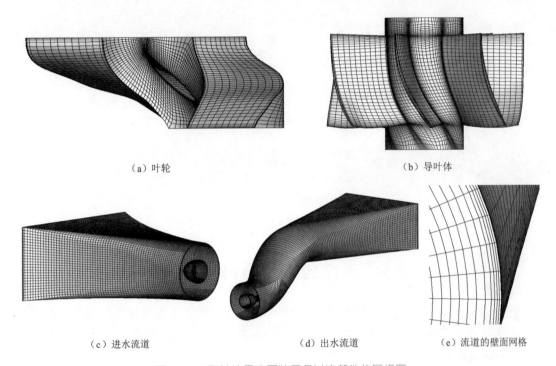

（a）叶轮　　　　　　　　　　　　　　　　　（b）导叶体

（c）进水流道　　　　　　（d）出水流道　　　　　　（e）流道的壁面网格

图 4.4　S形轴伸贯流泵装置各过流部件的网格图

　　为验证数值计算结果的有效性，在江苏省水利动力工程重点实验室的高精度水力机械试验台上进行泵装置的能量性能试验，S形轴伸贯流泵装置物理模型试验按照《水泵模型及装置模型验收试验规程》（SL 140—2006）中 6.1 节的能量试验要求进行测试，试验过程中共采集 15 个以上的不同流量点。加工制作与数值模拟同尺寸的物理模型装置，模型泵装置如图 4.5 所示，试验的额定转速为 1450r/min，叶片安放角为 0°。基于 S形轴伸贯流泵装置的数值计算结果，对该泵装置的能量性能进行了预测。为更好地对比分析数值预测与模型试验结果，采用流量系数 K_Q 和扬程系数 K_H 进行对比分析，数值计算预测结果和模型试验结果对比如图 4.6 所示。

　　预测的泵装置 K_Q-K_H、K_Q-η 曲线与物理

图 4.5　S形轴伸贯流泵装置物理模型

模型试验所得曲线趋势基本一致，预测的泵装置效率超过 80% 的流量系数 K_Q 范围为 0.460～0.521，泵装置物理模型试验获得效率超过 80% 的流量系数 K_Q 范围为 0.463～ 0.508，预测的泵装置效率超过 80% 的流量系数范围与物理模型试验所得结果基本吻合。

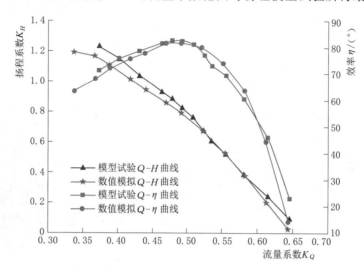

图 4.6　S 形轴伸贯流泵装置数值计算预测结果与模型试验结果对比

4.2　定转速 S 形轴伸贯流泵装置的内流特性

通过 S 形轴伸贯流泵装置三维定常数值计算，最优工况时 S 形轴伸贯流泵装置内部流线如图 4.7 所示。进水流道内部流线平顺，水流在立面和平面两个方向均匀收缩，无回流等不良流态出现，水流经叶轮旋转做功后进入导叶体内，水流在出水流道弯管段后半部交叉形成螺旋状进入出水流道的直扩段，并经直扩段的进一步扩散，至直扩段的后半部水流基本平顺，通过泵装置整体流场的分析，再次验证了出水流道对水流剩余环量的回收和水流扩散具有很好的作用。

4.2.1　进水流道的内流特性

为分析不同工况时进水流道内轴向流速分布，选取 3 个典型工况：小流量工况 $K_Q=$ 0.368$(0.75Q_{bep})$、最优工况 $K_Q=0.490(1.00Q_{bep})$ 及大流量工况 $K_Q=0.613(1.25Q_{bep})$，截取进水流道中心的纵断面及横断面图，3 种不同工况时特征断面的轴向流速分布云图如图 4.8 所示。各工况时，进水流道的进口至出口的断面轴向流速逐渐增大，且流速的均匀性得到了不断调整，在进水流道出口断面轴向流速分布已达到均匀，横断面的轴向流速沿叶轮水平中心线对称。在流道的中心纵断面，在流道进口处轴向流速分布并不沿叶轮水平中心线对称，但经流道的不断调整后，水流在出口断面附近基本沿叶轮水平中心线对称，从图 4.7 可知进水流道内部流态良好。

进水流道水力性能的计算结果如图 4.9 所示。进水流道的轴向速度分布均匀度与速度

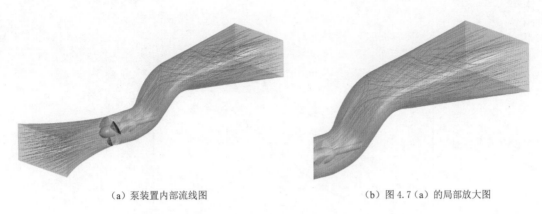

（a）泵装置内部流线图　　　　　　　　　　（b）图4.7（a）的局部放大图

图4.7　S形轴伸贯流泵装置内部流线图（最优工况 K_Q）

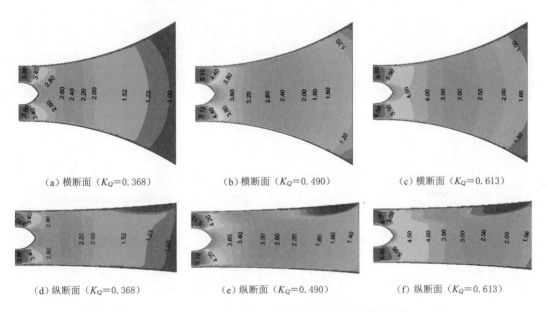

（a）横断面（$K_Q=0.368$）　　　（b）横断面（$K_Q=0.490$）　　　（c）横断面（$K_Q=0.613$）

（d）纵断面（$K_Q=0.368$）　　　（e）纵断面（$K_Q=0.490$）　　　（f）纵断面（$K_Q=0.613$）

图4.8　不同工况时进水流道特征断面的轴向流速云图（单位：m/s）

加权平均角随着流量系数 K_Q 的增大而增大，在 $K_Q>0.460$ 时，轴向速度分布均匀度高于97％，在 $K_Q>0.429$ 时，速度加权平均角高于88°。水力损失与流量成二次方关系，在最优工况 $K_Q=0.490$ 时，速度加权平均角为88.8°，轴向速度分布均匀度为97.51％，水力损失为3.89cm。从进水流道定量的水力性能计算也再次验证了进水流道优异的水力性能。

4.2.2　叶轮的内流特性

3种特征工况时叶片在不同展向位置的静压分布如图4.10所示。在3种工况时，叶片表面的静压分布是不均匀的，在弦向位置 $x/l=0.2\sim0.8$ 时静压分布比较平坦，压力面的静压值整体大于吸力面的静压，叶片进口边吸力面为低压区，易发生汽蚀，若降低转轮的进口总压，很容易引起转轮外缘吸力面的进口边及弦向位置前部分（$x/l=0\sim0.2$）发

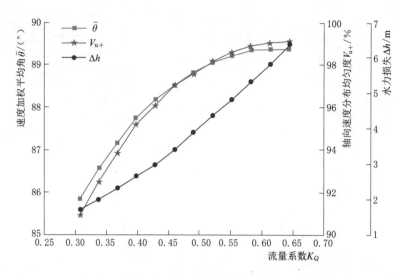

图 4.9　进水流道的水力性能

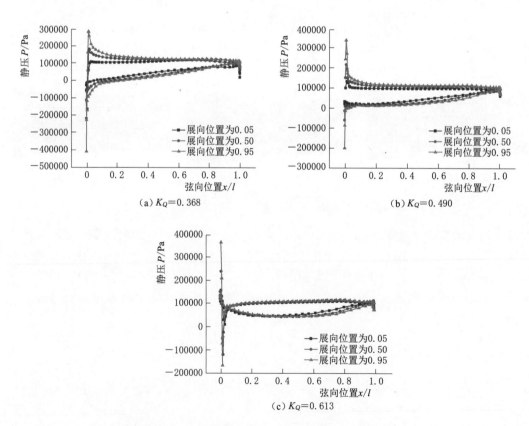

图 4.10　不同工况时叶片在不同展向位置的静压分布

生汽蚀，从而降低泵装置的效率。从轮毂至轮缘，轮缘侧的压力面静压值较大，吸力面的静压值在轮毂侧较大，轮缘侧较小，且随着展向位置（span）的增大，压力面与吸力面的压差是逐渐递增的，说明转轮的做功能力是沿径向逐渐增大的。

在大流量工况 $K_Q=0.613$ 时，压力面与吸力面的静压差沿径向增加不大，主要因叶片的通流能力是定量的，超过叶片的固有通流能力时，随流量的增加反而会导致转轮的水力损失增加。

3 种工况时叶片表面的静压及摩擦力线如图 4.11 所示。在最优工况（$K_Q=0.490$）及大流量工况（$K_Q=0.613$）时，叶片的压力面及吸力面的表面摩擦力线均匀，无扭曲，而在小流量工况时，叶片吸力面与压力面的轮毂处均出现了摩擦力线扭曲，说明小流量工况时轮毂附近出现了二次流现象。在大流量工况时，叶片进口为正冲角，在叶片的压力面进口区域形成了低压区，吸力面进口区域形成了极小范围的高压区，而在小流量工况及最优工况时，叶片进口均为负冲角，压力面的进口轮缘侧形成了高压区，吸力面的进口轮缘侧形成了低压区。

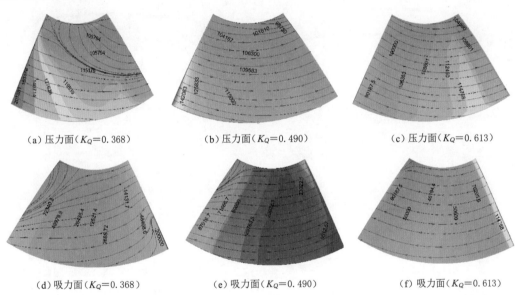

（a）压力面（$K_Q=0.368$）　　　（b）压力面（$K_Q=0.490$）　　　（c）压力面（$K_Q=0.613$）

（d）吸力面（$K_Q=0.368$）　　　（e）吸力面（$K_Q=0.490$）　　　（f）吸力面（$K_Q=0.613$）

图 4.11　不同工况时叶片表面的静压及摩擦力线（单位：Pa）

定义无量纲半径 r^*，其计算式见式（4.1）：

$$r^* = \frac{r - r_h}{r_y - r_h} \tag{4.1}$$

式中：r 为测量点至轮毂的半径；r_h 为轮毂半径；r_y 为叶轮的外缘。

图 4.12 为叶轮内轴向位置的表示，图中 a 表示轴向；r 表示径向。0 表示叶轮的进口边，即 0% 的轴向弦长位置；1 表示出口边即 100% 的轴向弦长位置；0.5 表示 50% 的叶片轴向弦长位置。图 4.13 为 3 种工况时在叶轮的进口边、50% 轴向弦长位置及叶轮出口边的轴向速度沿径向分布，水流受到轮毂壁面的液体黏滞力影响，导致轮毂壁面附近轴向速度减小，因叶顶间隙泄漏的原因，造成轮缘侧轴向速度也突然下降，速度梯度较大，而

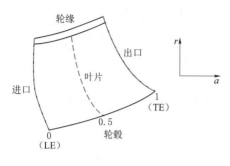

图 4.12　轴向位置示意图

在轮毂与轮缘的中间区域轴向速度基本为等值分布,3 种工况时叶轮进口边的轴向速度分布呈倒 U 形分布。在小流量工况($K_Q=0.368$)时,叶轮出口边及 50％轴向弦长处的轴向速度在叶根附近均出现了负值,表明了叶轮的轮毂附近出现了二次流,这与图 4.11（a）、（d）分析的结果相同。负方向的轴向速度最大值随轴向弦长的增大而增大,速度梯度则随轴向弦长的增大而降低,此区域内流动方向与叶槽内主流方向相反,表明了叶根处的回流返回转轮阻碍了水流速度的轴向增加,在小流量工况时,叶轮出口边水流呈现出往轮缘侧偏离的特征。

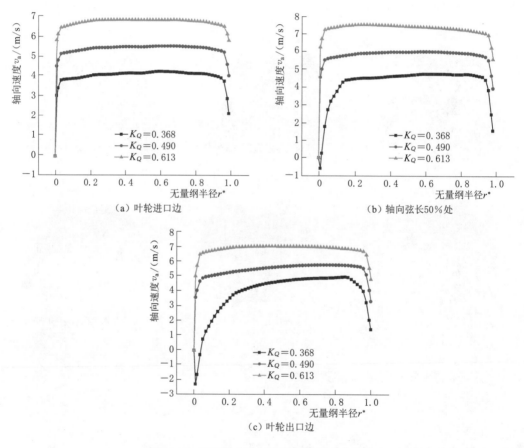

（a）叶轮进口边

（b）轴向弦长 50％处

（c）叶轮出口边

图 4.13　不同轴向弦长位置的轴向速度分布

4.2.3　导叶体的内流特性

3 种工况时导叶体的叶片及轮毂的静压分布如图 4.14 所示,在小流量($K_Q=0.368$)和最优工况($K_Q=0.490$)时,导叶体固壁的静压分布趋势基本相同,从导叶体进口至出口，导叶体的静压值逐渐增大。各工况时7张导叶片的静压分布呈现非轴对称，这是因叶轮出口水流环量及导叶体自身固壁对水流约束的双重作用，导叶体中各叶片静压分析随其在导叶体中的相对位置不同而改变。

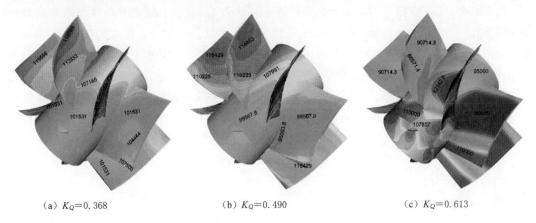

(a) $K_Q=0.368$　　　　　(b) $K_Q=0.490$　　　　　(c) $K_Q=0.613$

图 4.14　不同工况时导叶体静压分布云图（单位：Pa）

为进一步分析导叶体内部流态，截取导叶体中心纵断面，获取断面的流线及静压如图4.15所示，在小流量工况，导叶体内部出现了较大范围的漩涡运动，严重影响了导叶体回收环量的效果，增加了导叶体的水力损失。在大流量工况时，导叶体出口边有漩涡出现，相比小流量工况，其漩涡范围及强度均较低，对泵装置整体水力性能的影响要低于小流量工况。最优工况时，导叶体内流态良好，无漩涡等不良流态出现。

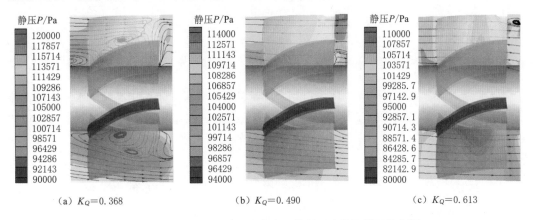

(a) $K_Q=0.368$　　　　　(b) $K_Q=0.490$　　　　　(c) $K_Q=0.613$

图 4.15　不同工况时导叶体的中心纵断面流线及静压分布图

为进一步分析导叶体回收环量的效果，采用周向速度压头与轴向速度压头的比值来考察导叶体的回收环量效果，定义周向速度压头为 H_{uc}，轴向速度压头为 H_{va}，两者的比值定义为 C_H，C_H 值越大，表明导叶体对环量的回收效果越差，导叶体出口的旋转损失动能越大，整流性能越差，其计算公式如下：

$$H_{uc}=\frac{u_c^2}{2g}; \ H_{va}=\frac{v_{ac}^2}{2g}; \ C_H=\frac{H_{uc}}{H_{vc}}=\frac{u_c^2}{v_{ac}^2} \tag{4.2}$$

式中：u_c、v_{ac} 分别为导叶体出口断面周向平均速度、轴向平均速度。

图 4.16 为不同工况时导叶体的回收环量比值，在最优工况 $K_Q=0.490$ 时，比值 C_H 最小，仅为 0.031，表明在最优工况时导叶体对环量的回收效果最好。在流量系数 $K_Q=0.307$ 时，比值 $C_H=0.459$，周向速度压头已经接近了轴向速度压头的 50%，流量系数 K_Q 在 $0.307\sim0.490$ 范围内，随着流量的减小，比值 C_H 越大，表明导叶体回收环量的效果越来越差，流量越小其导叶出口的环量相对越大。流量系数 K_Q 在 $0.307\sim0.644$ 范围内，随着流量的增大，导叶体回收环量的效果也越来越差，大流量工况时导叶体出口环量较小且轴向速度较大而表现出回收环量的效果优于小流量工况。不同工况时导叶体的水力损失如图 4.17 所示，在最优工况 $K_Q=0.490$ 时，导叶体的水力损失最小，这与导叶体对环量回收的比值曲线相对应。在最优工况两侧，随着流量的减小和增大，水力损失均呈增大趋势，且大流量工况时水力损失的增大幅度高于小流量工况。

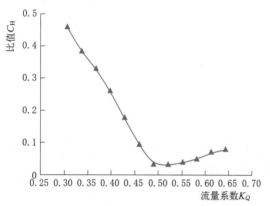

图 4.16　不同工况时导叶体回收环量比值

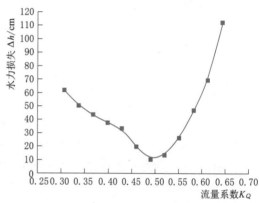

图 4.17　不同工况时导叶体的水力损失

4.2.4　出水流道的内流特性

出水流道内部的流态受导叶体出口剩余环量的影响较大，不同工况时出水流道内部流态究竟如何，图 4.18 给出了 3 种工况时出水流道内的三维流线图。流速随着出水流道的断面面积的增大而逐渐减小，水流在距出口断面的流道长度的 $0.25\sim0.45$ 时，流态开始恢复平顺，导叶体出口环量对流道的影响因水流的不断扩散而逐渐减弱。在大流量工况时，出水流道的弯管段上侧出现了小范围的漩涡。

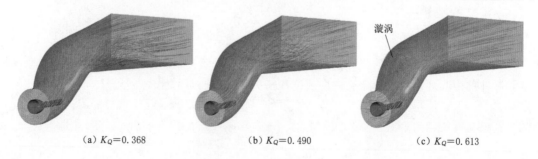

(a) $K_Q=0.368$　　　　(b) $K_Q=0.490$　　　　(c) $K_Q=0.613$

图 4.18　不同工况时出水流道内的三维流线图

3 种工况时出水流道的中心纵断面静压云图如图 4.19 所示,从导叶体出口处至出水流道出口处,各工况时静压分布逐渐均匀,水流经出水流道进一步回收周向速度及扩散,水流在出水流道出口处达到分布均匀状态。在弯管段的水泵轴下侧出现了局部高压区,上侧出现了局部低压区,但高、低压区的范围很小,两者差值随流量的增加而逐渐增大。

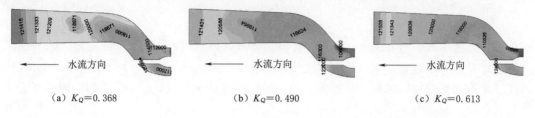

（a）K_Q=0.368   （b）K_Q=0.490   （c）K_Q=0.613

图 4.19   不同工况时出水流道的中心纵断面静压云图（单位:Pa）

各工况时出水流道的动能恢复系数如图 4.20 所示,在最优工况（K_Q=0.490）附近动能恢复系数最小,出水流道的动能恢复系数并没与流量呈现规律性变化,主要因动能恢复系数的计算式的分子中含有出水流道的水力损失项。在运行工况范围内,出水流道的出口断面平均流速如图 4.21 所示,出口断面的最大速度为 1.429m/s,其满足中华人民共和国《泵站设计规范》（GB 50265—2010）对出水流道出口流速不宜大于 1.5m/s 的要求。

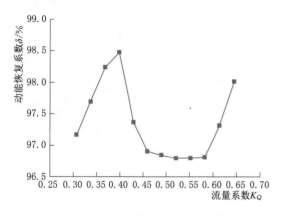

图 4.20   出水流道的动能恢复系数

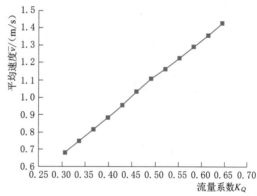

图 4.21   出水流道出口断面平均流速

4.3   不同转速 S 形轴伸贯流泵装置的内流特性

低扬程泵装置的能量性能受流道内流特性的影响较大,但流道内流特性受转速变化的影响如何现在尚不明确。在实际泵站运行中常采用变速调节方式,那么当转速变化时低扬程泵装置的进、出水流道水力性能参数的变化规律是研判变速后低扬程泵装置能量性能的关键因素之一,为明晰该问题,采用三维数值计算方法研究分析了转速对 S 形轴伸贯流泵装置流道水力性能参数的影响规律,共计算 5 个不同转速时贯流泵装置的能量性能,5 个转速分别为额定转速的 1.0 倍（1450r/min）、0.9 倍（1305r/min）、0.8 倍（1160r/min）、0.7 倍（1015r/min）和 0.6 倍（870r/min）。

4.3.1　转速对进水流道内流特性的影响

为了分析转速对流道水力损失的影响规律，引入流道水力损失比 β_j，其为流道水力损失与泵装置扬程的比值，计算式为

$$\beta_j = \frac{\Delta h}{H} \times 100\% \tag{4.3}$$

式中：β_j 为进水流道水力损失比；Δh 为流道水力损失；H 为泵装置扬程。

通过计算可知转速对进水流道水力损失比 β 的影响曲线如图 4.22 所示。不同转速时，进水流道水力损失比与流量系数的关系曲线变化趋势基本相同；相同转速时，进水流道水力损失比随流量系数的增大而增大，当流量系数 $K_Q > 0.55$ 时，进水流道水力损失比增加明显，主要因流量系数大于 0.55 时泵装置处于大流量工况运行范围，随流量系数增加，泵装置扬程逐渐减小，进水流道水力损失与流量的二次方呈线性关系，进水流道水力损失增幅大且泵装置扬程逐渐减小，由式（4.3）可知进水流道水力损失比的增加较大。流量系数 K_Q 在 0.40~0.65 范围时，相同流量系数时进水流道的水力损失比随转速的增加而减小；流量系数 $K_Q < 0.40$ 时，转速对进水流道水力损失比的影响较小。叶轮旋转引起水流预旋增加了水流动能，相同工况时转速越大则水流动能增加越多，故转速越大时进水流道的水力损失比有所减小。

为进一步分析进水流道的能量转换效率，采用流道的均化效率进行计算，不同转速时进水流道水力效率与流量系数的关系曲线如图 4.23 所示。

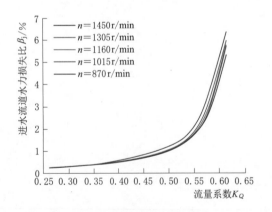

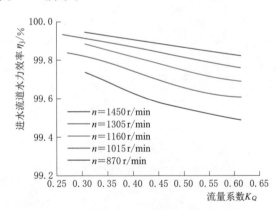

图 4.22　不同转速对进水流道
水力损失比的影响曲线

图 4.23　不同转速时进水流道水力效率
与流量系数的关系曲线

$$\eta_{av} = \frac{\sum_{i=1}^{m} \eta_i}{m}, \quad \eta_i = \frac{E_{out}}{E_{in}} \times 100\% \tag{4.4}$$

式中：η_{av} 为流道的均化效率；m 为计算工况总数；E_{out} 为流道出口面总能量；E_{in} 为流道进口面总能量；η_i 为各工况时进水流道水力效率；下标 i 为不同的计算工况，$i=1$，2，$\cdots$，m。

相同转速时，进水流道水力效率随流量系数的增大而逐渐减小，但减小幅度很小，流

量系数 K_Q 在 0.25～0.64 范围内，进水流道水力效率的极差为 0.264%，表明了转速的改变对进水流道水力效率的影响很小。进水流道的均化效率随转速的降低而增大，转速 $n=$ 870r/min 时进水流道的均化效率为 99.88%，相比转速 $n=1450$r/min 时进水流道的均化效率增加了约 0.29%。

不同转速时进水流道出口的平均环量与流量系数的关系曲线如图 4.24（a）所示。相同转速时，进水流道出口环量均随流量系数的增大先减小后增大，在计算工况范围内平均环量的极差仅为 0.084m²/s，差值较小。相同流量系数时，进水流道出口面的平均环量随转速的增加而增加，叶轮的旋转对进水流道出口面的切向速度具有一定的影响，在计算工况范围内相同流量系数时平均环量的极差仅为 0.087m²/s，在稳定工况运行时转速的改变对进水流道出口水力性能的影响较小。

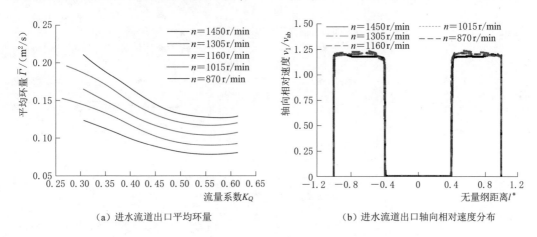

（a）进水流道出口平均环量　　　　　　　（b）进水流道出口轴向相对速度分布

图 4.24　不同转速时进水流道出口平均环量及轴向速度分布

为定量分析转速对进水流道出口速度场的影响，选择进水流道出口面 x 方向（x、y、z 坐标方向定义如图 4.3 所示，z 轴为泵轴方向，x 轴为水平方向，y 轴为铅垂方向）水平中心线上轴向速度分布为研究对象，定义无量纲距离 l^* 为

$$l^* = \frac{l_q}{l_b} \tag{4.5}$$

式中：l^* 为无量纲距离；l_q 为各测点至测线中点的距离；l_b 为 0.5 倍的测线总长；q 为测点的编号。

不同转速相同流量系数 $K_Q=0.50$ 时进水流道出口面 x 轴方向测线的轴向相对速度分布如图 4.24（b）所示，图 4.24 中轴向速度为各点轴向速度与平均速度的比值 v_i/v_{av}。不同转速时进水流道出口面水平中心测线上的轴向相对速度分布趋势基本相同，速度分布均匀，无回流等不良流态出现，表明了转速的改变对进水流道出口流场的影响很小。

4.3.2　转速对出水流道内流特性的影响

不同转速时出水流道入流涡角相对值与流量系数的关系曲线如图 4.25 所示，其中出水流道入流涡角相对值 α 定义为

$$\alpha = \frac{\theta_i}{\theta_{\min}}, \quad \theta = \mathrm{actan} \frac{v_t}{v_z} \tag{4.6}$$

式中：α 为出水流道入流涡角相对值；$\theta_{\min}$ 为计算工况中入流涡角最小值；v_t 为平均切向速度；v_z 为平均轴向速度；下标 i 为不同的计算工况，$i = 1, 2, \cdots, m$。

不同转速时，随流量系数的增大入流涡角相对值均先减小后增大，入流涡角相对值与流量系数间的关系为一开口向上的曲线，流量系数 K_Q 在 $0.48 \sim 0.52$ 范围时，入流涡角相对值存在最小值，表明在叶轮转速不变时，出水流道的入流在某工况时存在最小入流涡角，主要因导叶体的设计是依据某单一工况条件。出水流道进口的入流涡角受导叶体出口剩余环量和出水流道进口边界条件等因素共同约束，出水流道进口流场分布复杂，以致相同流量系数时，入流涡角相对值未与转速呈某一特定规律。

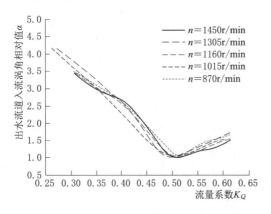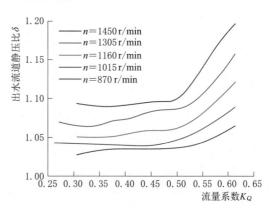

图 4.25　不同转速时出水流道入流涡角　　　　图 4.26　不同转速时出水流道静压比
　　相对值与流量系数的关系曲线

采用静压比 δ 对不同转速时出水流道内部静压变化进行分析，静压比的计算式为

$$\delta = \frac{P_{\mathrm{out}}}{P_{\mathrm{in}}} \tag{4.7}$$

式中：δ 为静压比；P_{in} 为流道进口面的静压；P_{out} 为流道出口面的静压。

不同转速时，出水流道的静压比计算结果如图 4.26 所示。在流量系数 $K_Q > 0.52$ 时，出水流道的静压比的增幅较大；在流量系数小于 0.52 时，出水流道的静压比变化范围相对较小，在计算工况范围内，出水流道的静压比极差为 0.107，在相同流量系数时，出水流道的静压比随转速的增加略有提高，随转速的增加，出水流道的静压比也增加，在转速 n 从 $870\mathrm{r/min}$ 增加至 $1450\mathrm{r/min}$ 时，静压比均值仅增大了 0.069，转速的变化对出水流道静压比的影响较小。

不同转速时相同流量系数 $K_Q = 0.50$，出水流道进口面的偏流角分布如图 4.27 所示，偏流角为

$$\gamma = \arctan \left| \frac{u_{\mathrm{tj}}}{u_{\mathrm{aj}}} \right| \tag{4.8}$$

式中：γ 为出水流道进口面的偏流角；u_{aj} 为出水流道进口面各单元轴向速度；u_{tj} 为出水流

道进口面各单元横向速度。

相同流量系数时出水流道进口面的偏流角分布基本相同，靠近后导水帽环形出口处存在若干偏流角较大的小区域，但各区域面积并不相同，进口面各水流质点的偏流角未成对称分布，水流未按某一固定偏流角进入出水流道，偏流角 γ 在 $6° \sim 10°$ 的分布区域较大，出水流道进口面偏流角的分布受导叶体出口剩余环量的影响，采用进口给定相同的偏流角边界条件计算出水流道内流场易导致出水流道内流场出现偏差，且与实际情况有较大差别。

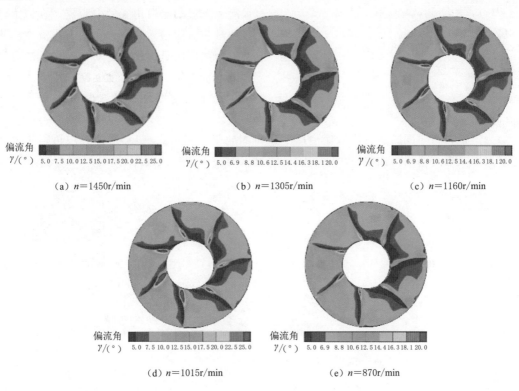

偏流角
$\gamma/(°)$ 5.0 7.5 10.0 12.5 15.0 17.5 20.0 22.5 25.0   偏流角
$\gamma/(°)$ 5.0 6.9 8.8 10.6 12.5 14.4 16.3 18.1 20.0   偏流角
$\gamma/(°)$ 5.0 6.9 8.8 10.6 12.5 14.4 16.3 18.1 20.0

(a) $n=1450\text{r/min}$ (b) $n=1305\text{r/min}$ (c) $n=1160\text{r/min}$

偏流角
$\gamma/(°)$ 5.0 7.5 10.0 12.5 15.0 17.5 20.0 22.5 25.0   偏流角
$\gamma/(°)$ 5.0 6.9 8.8 10.6 12.5 14.4 16.3 18.1 20.0

(d) $n=1015\text{r/min}$ (e) $n=870\text{r/min}$

图 4.27 不同转速时出水流道进口偏流角分布

不同转速时，出水流道水力损失比与流量系数的关系曲线如图 4.28 所示。在流量系数 $K_Q < 0.50$，不同转速运行时出水流道的水力损失比与流量系数的关系变化曲线差异明显，出水流道的水力损失比随转速的变化关系未成某一特定规律；在流量系数 $K_Q > 0.50$ 时，不同转速下出水流道的水力损失比与流量系数的变化趋势近似相同；流量系数 K_Q 在 $0.50 \sim 0.60$ 范围内，相同流量系数时出水流道的水力损失比随转速的增加而减小；当流量系数 $K_Q > 0.58$ 时出水流道的水力损失比已超过 30%。在不同工况运行时，出水流道水力损失的主导因素在横向流速和轴向流速导致的水力损失之间互相交替，大流量时出水流道的水力损失由轴向流速主导，小流量时出水流道的水力损失由横向流速主导，此时导叶体出口剩余环量较大，相比进水流道的水力损失比变化规律，出水流道的水力损失随流量系数的变化规律更为复杂，表明了出水流道的水力损失与流速的二次方不满足线性的函数关系。

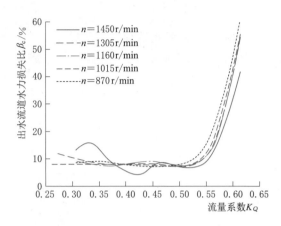

图 4.28　不同转速时出水流道水力损失比与流量系数的关系曲线

在不同转速、相同流量系数 $K_Q = 0.50$ 时出水流道内部流线如图 4.29 所示。不同转速时，在出水流道进口断面各液体质点均具有一定的切向速度，对称水流质点的速度方向具有交错性，水流紧贴流道壁面以旋转运动进入出水流道，导致出水流道内流场的不对称。从图 4.29 中可知不同转速时在出水流道入流初始段均未发生脱流，在流道进口环量和流道壁面的联合作用下水流在出水流道弯曲段内呈螺旋状运动，随水流的逐渐扩散，水流质点切向速度逐渐减小，水流运动至出水流道线性扩散段时流态开始逐渐平顺。

为定量分析不同转速时出水流道速度分布的规律，采用式（4.5）的方法可得不同转速时出水流道进、出口面水平中心线的速度分布如图 4.30 所示。

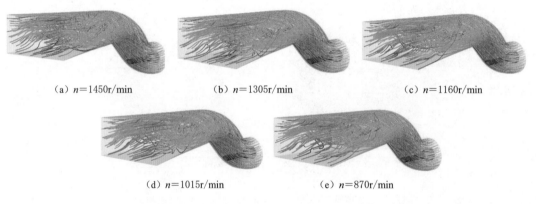

（a）$n = 1450$r/min　　　　　（b）$n = 1305$r/min　　　　　（c）$n = 1160$r/min

（d）$n = 1015$r/min　　　　　（e）$n = 870$r/min

图 4.29　不同转速、相同流量系数时出水流道内部流线（$K_Q = 0.50$）

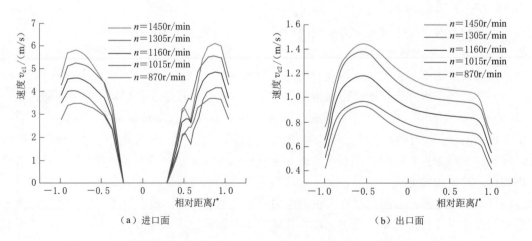

（a）进口面　　　　　　　　　　　　　（b）出口面

图 4.30　不同转速时出水流道进、出口面水平中心线的速度分布（$K_Q = 0.50$）

相同流量系数 $K_Q=0.50$ 时，相对距离 l^* 在 $-1.0\sim0$ 范围，不同转速时出水流道进口面中心线上速度分布趋势基本相同，l^* 在 $0.2\sim0.8$ 范围时出水流道进口速度分布略有差异，出水流道进口面测线上的速度大小也未与转速的变化成比例。出水流道出口面中心线的速度分布整体趋势相同，不同转速时流量偏向出水流道的一侧，表明不同转速相同流量系数时出水流道进口切向速度略有差异，影响了出水流道进口速度分布，经出水流道内部水流的充分扩散及流态调整，至出水流道出口处流速分布趋势相同。

为了进一步分析相同流量系数不同转速时出水流道进口切向速度的差异性，引入切向速度比值 m，其计算式为

$$m=\frac{v_{ti}}{v_{t1}} \qquad (4.9)$$

式中：v_t 为切向速度，m/s；$i=2$，3，4，5；$i=2$ 表示转速 1305r/min，$i=3$ 表示转速 1160r/min，$i=4$ 表示 1015r/min，$i=5$ 表示转速 870r/min；v_{t1} 为转速 1450r/min 时出水流道进口的切向速度，m/s。

切向速度比值 m 与转速的关系如图 4.31 所示。相同流量系数时，出水流道进口切向速度随转速的增加而增加，切向速度和转速

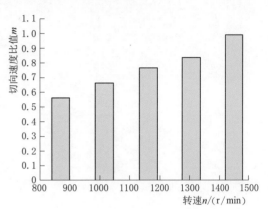

图 4.31　不同转速时出水流道进口切向速度比值 m 与转速的关系

为非线性变化关系，表明出水流道进口切向速度不仅与转速相关，还与导叶体的叶片数及泵装置流量等均有关系。对出水流道的优化，应结合泵装置的运行工况进行，若泵装置具有多个特征工况，那么出水流道的优化应寻求多特征工况的最优水力性能。

4.4　S形轴伸贯流泵装置的水力稳定性

低扬程泵装置的运行稳定性是目前工程上大中型泵装置流动分析的重要研究课题。伴随着计算流体动力学（CFD）的发展，三维非定常湍流数值计算是泵装置数值计算研究的一个重要发展方向，其结果可以预测泵装置的水力脉动和涡流的稳定等重要现象，对泵装置的稳定性研究具有非常重要的意义。S形轴伸贯流泵装置在运行中会出现水压力脉动问题，产生水压力脉动的原因主要因叶轮与导叶间的相对运动、偏离最优工况时吸水室水流圆周运动、局部空化及二次流等因素，这些因素都可能导致泵装置内部水流压力随时间不断快速变化。本节通过数值计算重点分析了对 S 形轴伸贯流泵装置噪声和振动影响较大的压力脉动，并结合物理模型试验对大叶片安放角时 S 形轴伸贯流泵装置的振动特性进行了试验分析。

S形轴伸贯流泵装置的三维定常计算中动静交界面类型选用 Stage 界面，瞬态计算中动静交界面选用 Transient Rotor - Stator 界面，非定常数值计算是以定常数值计算结果为初始条件。叶轮每转过 1°为一时间步，其时间步长取 $\Delta t=1.14942\times10^{-4}$ s，总时间 $t=0.3310345$ s，即叶轮旋转 8 圈，叶轮每旋转 3°压力监控点采样 1 次，选择第 7 个周期的计算结果对 S 形贯流泵装置水力模型的非定常水动力特性进行分析。

4.4.1　S 形轴伸贯流泵装置过流部件的压力脉动

为分析 S 形轴伸贯流泵装置各过流部件的压力脉动特性，在 S 形轴伸贯流泵装置内部共布置 36 个监测点，进水流道内部布置了 11 个监测点，叶轮与导叶间布置了 8 个监测点，导叶体内布置了 4 个监测点，导叶体出口布置了 6 个监测点，出水流道内布置了 7 个监测点。以此来分析 S 形立面轴伸贯流泵装置的脉动特性，监测点布置如图 4.32 所示。

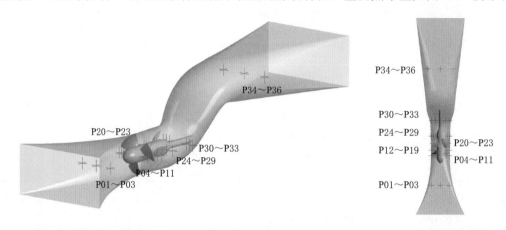

图 4.32　S 形轴伸贯流泵装置内部脉动监测点布置

当前，对水力脉动的分析主要有数理统计分析法和频谱分析法。数理统计分析法主要分析脉动压力波形图的频率 f 和振幅 A；频谱分析法是将水力脉动压力过程视为各态历经的平稳随机过程，将测得不规则的压力脉动分解成许多振幅不等、频率不等、相位不等的简谐波叠加的结果，频谱分析法克服了统计方法中的随意性，本节采用频谱分析法对数值计算的脉动结果进行频谱分析。S 形轴伸贯流泵装置的转频为 $f_z = n/60 = 1450/60 = 24.17\text{Hz}$，叶频为 $f_y = 3f_z = 3 \times 24.17 = 72.5\text{Hz}$。对不同工况时各监测点的脉动信号进行快速傅里叶变换（FFT），给出其主频（F1）、次频（F2、F3）的频率和压力系数 C_P。FFT 是离散傅里叶变换的快速算法，可分为时间抽取和频率抽取的两种算法，前者是将时域信号序列按偶奇分排，后者是将频域信号序列按偶奇分排，本节采用时间抽取的方法对脉动时域数据进行 FFT 变换。

4.4.1.1　进水流道的压力脉动

对进水流道内部脉动分析主要从进水流道中部和进水流道出口断面进行分析，在进水流道中部对称选取 3 个监测 P01、P02 及 P03；在进水流道出口侧对称选取 8 个监测点 P04 与 P11，将对不同位置监测点的脉动特性分别给予分析。

各工况监测点 P01～P03 的脉动频谱图、各工况时监测点 P02 的脉动主频及相应幅值如图 4.33 所示。相同工况时，3 个监测点的脉动主频（F1）及次频（F2、F3）均相同，即小流量工况 $K_Q = 0.368$ 时，脉动主频 F1 为转频的 0.187 倍，次频 F2 为转频的 3 倍，次频 F3 为转频的 2.625 倍；流量系数 $K_Q = 0.460$ 时，脉动主频 F1 为转频的 3 倍，次频 F2 为转频的 3.94 倍，次频 F3 为转频的 5.81 倍；流量系数 $K_Q = 0.552$ 时，脉动主频 F1 为转频的 4.06 倍，次频 F2 为转频的 8.12 倍，次频 F3 为转频的 7.06 倍。相同工况时，3

个监测点的脉动主频 F1 及次频（F2、F3）对应的脉动幅值均相同。不同工况时，相同监测点的脉动主频（F1）及次频（F2、F3）均不相同，随着流量的增大，脉动幅值逐渐增大。流量系数从 $K_Q=0.368$ 增大至 $K_Q=0.460$ 时，监测点 P01、P02 及 P03 的脉动幅值均增大了 1.130 倍，流量系数增大至 $K_Q=0.552$ 时，监测点 P01、P02 及 P03 的脉动幅值均增大了 1.348 倍，脉动主频及幅值的变化过程表明了进水流道中部水流脉动随着 S形轴伸贯流泵装置流量的增大其脉动幅值逐渐增大，且脉动主频向高频方向移动。由图 4.33（a）、（b）及（c）可知，进水流道内部的水流脉动主频主要为低频脉动。

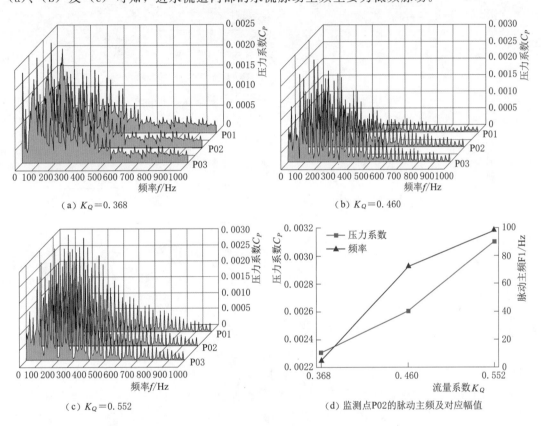

(a) $K_Q=0.368$

(b) $K_Q=0.460$

(c) $K_Q=0.552$

(d) 监测点P02的脉动主频及对应幅值

图 4.33　不同工况时进水流道中部监测点 P01～P03 的频谱图及幅值

图 4.34 给出了流量系数 $K_Q=0.368$ 时进水流道出口 8 个监测点的时域图和频谱图。在流量系数 $K_Q=0.368$ 时，监测点 P04～P07，监测点 P11～P08 压力脉动幅值逐渐减小，即压力脉动幅值从轮缘侧向轮毂侧逐渐减小。监测点 P04 的脉动幅值是 P07 的 1.381 倍，监测点 P11 的脉动幅值是 P08 的 1.379 倍。P04～P07 与 P08～P11 以进水流道水平中心线成轴对称分布，P04 与 P011 的脉动幅值相对误差为 2.49%，P05 与 P10 的脉动幅值相对误差为 2.35%，P06 与 P019 的脉动幅值相对误差为 2.08%，P07 与 P08 的脉动幅值相对误差为 2.30%，从对称点的脉动幅值相对误差分析可知最大值仅为 2.35%，表明对称点的脉动情况基本一致，进水流道出口处的水流呈对称分布，与图 4.8（a）、（d）的轴向流速分布相符。从图 4.34（b）、（d）可知进水流道出口的水流压力脉动主频为 72.50Hz，即为 3 倍的转频。

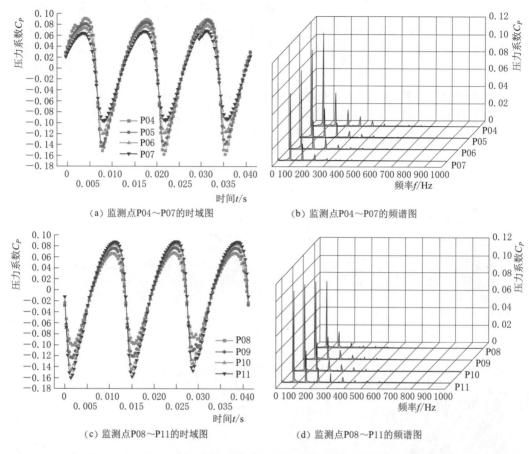

（a）监测点 P04～P07 的时域图　　　　　（b）监测点 P04～P07 的频谱图

（c）监测点 P08～P11 的时域图　　　　　（d）监测点 P08～P11 的频谱图

图 4.34　进水流道出口处各监测点的脉动时域及频谱图（$K_Q = 0.368$）

　　图 4.35 给出了流量系数 $K_Q = 0.460$ 时进水流道出口 8 个监测点的压力系数时域图和频谱图，P04～P07 与 P08～P11 以进水流道水平中心线成轴对称分布。在 $K_Q = 0.460$ 时，监测点 P04 的脉动系数幅值是 P07 的 1.405 倍，监测点 P11 的脉动系数幅值是 P08 的 1.410 倍。P04 与 P11 的脉动系数幅值相对差值为 2.30%，P05 与 P10 的脉动系数幅值相对差值为 2.12%，P06 与 P09 的脉动系数幅值相对差值为 2.02%，P07 与 P08 的脉动系数幅值相对差值为 1.94%，对称点的脉动系数幅值相对差值从轮缘侧向轮毂侧逐渐减小，对称点的最大脉动系数幅值相对差值仅为 2.30%，对称测点的脉动系数幅值相对差值均在 3% 以内，表明对称点的脉动规律基本一致，进水流道出口的水流沿泵轴线呈对称分布。从图 4.35（b）、（d）可知高效工况是各测点脉动主频为 72.5Hz，其值与叶片通过频率相一致，即为转频的 3 倍。

　　图 4.36 给出了流量系数 $K_Q = 0.552$ 时进水流道出口 8 个监测点的时域图和频谱图。在流量系数 $K_Q = 0.552$ 时，监测点 P04 的脉动幅值是 P07 的 1.348 倍，监测点 P11 的脉动幅值是 P08 的 1.352 倍。P04 与 P11 的脉动幅值相对误差为 2.64%，P05 与 P10 的脉动幅值相对误差为 2.79%，P06 与 P09 的脉动幅值相对误差为 2.64%，P07 与 P08 的脉动幅值相对误差为 2.28%，从对称点的脉动幅值相对误差分析可知最大值仅为 2.79%，

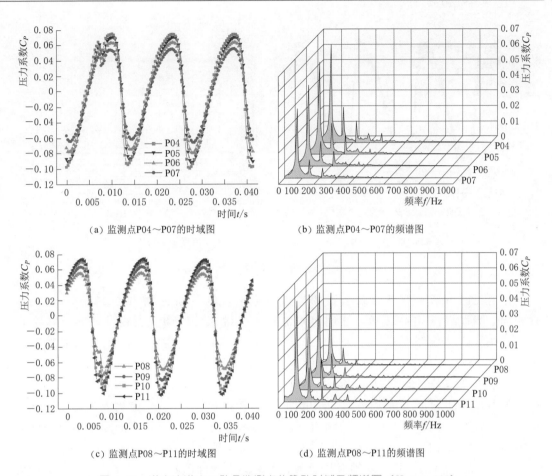

（a）监测点P04～P07的时域图   （b）监测点P04～P07的频谱图

（c）监测点P08～P11的时域图   （d）监测点P08～P11的频谱图

图4.35 进水流道出口处各监测点的脉动时域及频谱图（$K_Q = 0.460$）

对称测点的脉动幅值相对误差均在3％以内，表明进水流道出口处的水流呈对称分布。从图4.36（b）、（d）可知各测点的脉动主频72.5Hz，正好与叶片通过频率相一致，即为转频的3倍。

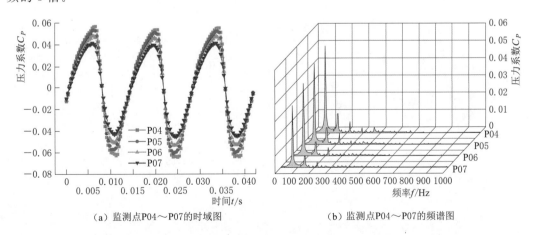

（a）监测点P04～P07的时域图   （b）监测点P04～P07的频谱图

图4.36（一） 进水流道出口处各监测点的脉动时域及频谱图（$K_Q = 0.552$）

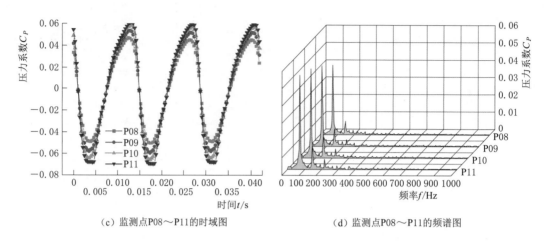

（c）监测点P08～P11的时域图　　　　　（d）监测点P08～P11的频谱图

图 4.36（二）　进水流道出口处各监测点的脉动时域及频谱图（$K_Q = 0.552$）

各工况时 S 形轴伸贯流泵装置的进水流道出口的脉动主频均为 72.5Hz，与叶频相同，且均为 3 倍的转频，表明进水流道出口的水流脉动主要由叶轮转动频率和叶片数决定。当流量系数 K_Q 从 0.368 增加到 0.552 时，各测点的压力幅值则随之减小。

4.4.1.2　叶轮与导叶体间的压力脉动

图 4.37 给出了流量系数 $K_Q = 0.368$ 时，叶轮与导叶体间 8 个监测点的脉动时域与频谱图。监测点 P12～P15 的脉动幅值逐渐减小，监测点 P16～P19 的脉动幅值先增大后减小，监测点 P12 的脉动幅值是 P15 的 1.51 倍，监测点 P18 的脉动幅值是 P16 的 1.44 倍。监测点 P12～P19 成轴对称布置，但对称点的脉动幅值相对差值较大，最小也为 7.47%，最大为 19.35%，表明叶轮出口的水流不具有对称性。由图 4.37（b）、（d）可知，叶轮与导叶间水力脉动的主频依然为 72.5Hz，脉动主频仍受到叶轮的转频和叶片数的影响。

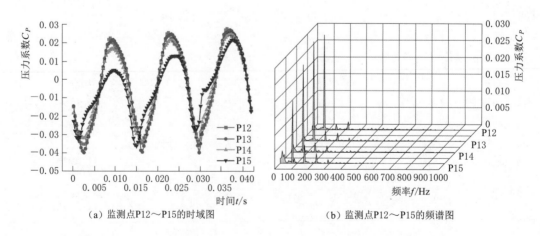

（a）监测点P12～P15的时域图　　　　　（b）监测点P12～P15的频谱图

图 4.37（一）　叶轮与导叶体间各监测点的脉动时域及频谱图（$K_Q = 0.368$）

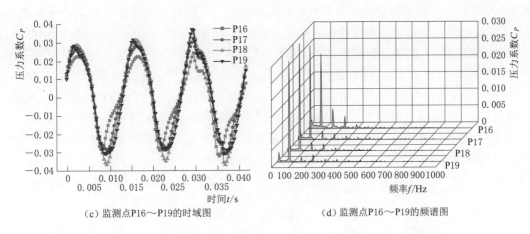

（c）监测点P16～P19的时域图　　　　　　（d）监测点P16～P19的频谱图

图 4.37（二）　叶轮与导叶体间各监测点的脉动时域及频谱图（$K_Q=0.368$）

图 4.38 给出了流量系数 $K_Q=0.460$ 时，叶轮与导叶体间 8 个监测点的脉动时域与频谱图。监测点 P12～P15 的脉动幅值逐渐减小，监测点 P16～P19 的脉动幅值逐渐增大，监测点 P12 的脉动幅值是 P15 的 1.93 倍，监测点 P19 的脉动幅值是 P16 的 1.77 倍。监测点 P12～P19 成轴对称布置，但对称点的脉动幅值相对差值较大，最小值为 11.76%，

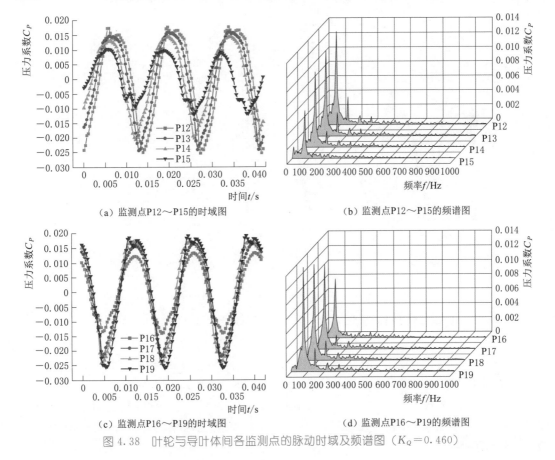

（a）监测点P12～P15的时域图　　　　　　（b）监测点P12～P15的频谱图

（c）监测点P16～P19的时域图　　　　　　（d）监测点P16～P19的频谱图

图 4.38　叶轮与导叶体间各监测点的脉动时域及频谱图（$K_Q=0.460$）

最大为 22.39%，表明叶轮出口的水流不具有对称性。叶轮与导叶间水力脉动的主频依然为 72.5Hz，脉动主频仍受到叶轮的转频和叶片数的影响。

图 4.39 给出了流量系数 $K_Q=0.552$ 时，叶轮与导叶体间 8 个监测点的脉动时域与频谱图。监测点 P12～P15 的脉动幅值逐渐减小，监测点 P16～P19 的脉动幅值逐渐增大，监测点 P12 的脉动幅值是 P15 的 1.829 倍，监测点 P19 的脉动幅值是 P16 的 1.826 倍。监测点 P12～P19 成轴对称布置，但对称点的脉动幅值相对差值较大，最小值为 11.81%，最大为 14.56%，表明叶轮出口的水流不具有对称性。叶轮与导叶间水力脉动的主频依然为 72.5Hz，脉动主频仍受到叶轮的转频和叶片数的影响。

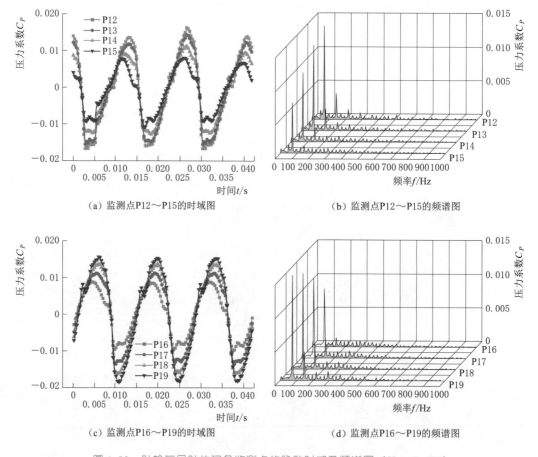

（a）监测点 P12～P15 的时域图　　　　（b）监测点 P12～P15 的频谱图

（c）监测点 P16～P19 的时域图　　　　（d）监测点 P16～P19 的频谱图

图 4.39　叶轮与导叶体间各监测点的脉动时域及频谱图（$K_Q=0.552$）

叶轮与导叶体间脉动监测点 P12～P19 的脉动主频均为 72.5Hz，导叶体对水流脉动频率没有影响。脉动幅值随着流量系数的增大呈现先减小后增大的趋势，表明最优工况附近叶轮与导叶体间的脉动最小。$K_Q=0.368$ 时各监测点的压力系数平均为 2.44 倍的 $K_Q=0.460$ 时各监测点压力系数；$K_Q=0.552$ 时各监测点的压力系数平均为 1.06 倍的 $K_Q=0.460$ 时各监测点压力系数。相同工况时叶轮进口前的脉动幅值比叶轮出口的脉动幅值要大，叶轮进、出口的脉动主频均与叶频相同，即为叶片数与转频的乘积。

4.4.1.3　导叶体的压力脉动

各工况时导叶体内监测点 P20～P23 的频谱图和一个物理周期内的时域图如图 4.40 所示。在流量系数 $K_Q = 0.368$ 时，各监测点的脉动主频（F1）为 13.59Hz，次频（F2）为 72.50Hz；在流量系数 $K_Q = 0.460$ 时，监测点 P20 的脉动主频（F1）为 72.50Hz、次

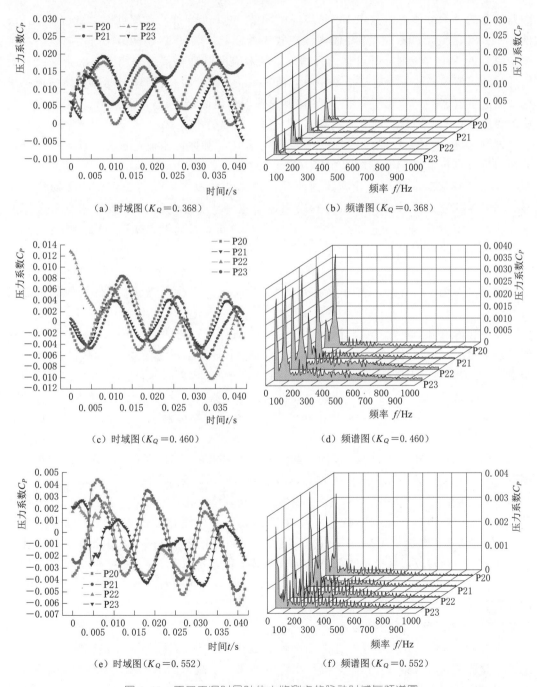

（a）时域图（$K_Q = 0.368$）　　　（b）频谱图（$K_Q = 0.368$）

（c）时域图（$K_Q = 0.460$）　　　（d）频谱图（$K_Q = 0.460$）

（e）时域图（$K_Q = 0.552$）　　　（f）频谱图（$K_Q = 0.552$）

图 4.40　不同工况时导叶体内监测点的脉动时域与频谱图

频（F2）为 66.46Hz，监测点 P21 的脉动主频（F1）为 66.46Hz，次频（F2）为 72.5Hz；监测点 P22 和 P23 的脉动主频（F1）为 72.50Hz，次频（F2）为 12.08Hz；在流量系数 $K_Q=0.552$ 时，监测点 P20 和 P21 的脉动主频（F1）为 72.50Hz、次频（F2）为 8.53Hz，监测点 P22 和 P23 的脉动主频（F1）为 4.26Hz，次频（F2）为 72.50Hz。

流量系数 $K_Q=0.368$ 时导叶体内靠近轮毂监测点 P21 和 P22 的脉动幅值高于外壳侧两监测点的脉动幅值，监测点 P21 的幅值为 P20 的 1.338 倍，监测点 P22 的幅值为 P23 的 1.477 倍，表明了该工况导叶体内流态较为紊乱，这与图 4.15（a）分析结果相一致。流量系数 $K_Q=0.460$ 时，导叶体内各测点主频对应的脉动幅值基本相同，次频（F2）对应的脉动幅值差异性也相对较小，相对差值最大为 8.83%，表明该工况导叶体内流态较好。流量系数 $K_Q=0.552$ 时，监测点 P21 的脉动幅值高于 P22，P22 与 P23 主频对应的脉动幅值相差不大，监测点 P22 次频（F2）对应的幅值小于 P23。

导叶体内不同测点的脉动频谱分析可知，虽然导叶体内水流已远离叶轮，但是叶片旋转对导叶体内脉动仍有影响，主频（F1）或次频（F2）依然为 72.5Hz，脉动频率成分依然以低频脉动占主导，导叶体内的脉动规律性并没有叶轮进、出口的脉动特征明显。随着水流进入导叶体内，压力脉动幅值也进一步减小，主要因导叶体对水流环量的吸收及整流的作用。以监测点 P12～P19 所在的断面及监测点 P20～P23 所在断面的平均脉动幅值进行分析，流量系数 $K_Q=0.368$ 时，平均脉动幅值降幅为 16.98%；流量系数 $K_Q=0.368$ 时，平均脉动幅值降幅为 65.40%；流量系数 $K_Q=0.368$ 时，平均脉动幅值降幅为 70.89%，表明了导叶体对最优工况附近及大流量工况时回收环量效果较好。

在导叶体出口侧布置 6 点监测点 P24～P29，各监测点的脉动频谱如图 4.41 所示。在流量系数 $K_Q=0.368$ 时，导叶体出口监测点 P24～P26 的脉动主频为 1.125 倍的转频；监测点 P27、P28 的脉动主频为 0.375 倍的转频，监测点 P29 的脉动主频为 0.563 倍的转频，导叶体出口各监测点的脉动情况差异较大，各监测点间脉动幅值的最大相差 0.0072，最小相差为 0.0002，反映了导叶体出口流态较为紊乱，整体脉动幅值变化表现为双峰曲线。在流量系数 $K_Q=0.460$ 时，导叶体出口监测点 P24～P26 的脉动主频为 0.563 倍的转频；监测点 P27 的脉动主频为 3 倍的转频，监测点 P28 的脉动主频为 0.75 倍的转频，监测点 P28 的脉动主频为 0.188 倍的转频，各监测点间脉动幅值的最大相差 0.0029，最小相差为 0，相比工况 $K_Q=0.368$ 时导叶体出口脉动幅值变化相对较小，这与导叶体内部脉动分析结果相一致。在流量系数 $K_Q=0.552$ 时，导叶体出口监测点 P24 的脉动主频为 0.882 倍的转频；监测点 P25～P28 的脉动主频为 0.176 倍的转频，监测点 P29 的脉动主频为 0.353 倍的转频，各监测点间脉动幅值的最大相差 0.001，最小相差为 0.0001，相比工况 $K_Q=0.368$ 和 $K_Q=0.460$ 时导叶体出口脉动幅值变化相对就更小。各工况时不同监测点的次频（F2 及 F3）均为低频脉动。

4.4.1.4　出水流道的压力脉动

在出水流道内部设置了 7 个监测点，其中出水流道进口侧设置了 4 个监测点，出水流道中部设置了 3 个监测点，以此来分析水流脉动在出水流道内部的变化规律及频谱特征，图 4.42 为出水流道进口 4 个监测点的脉动频谱图。

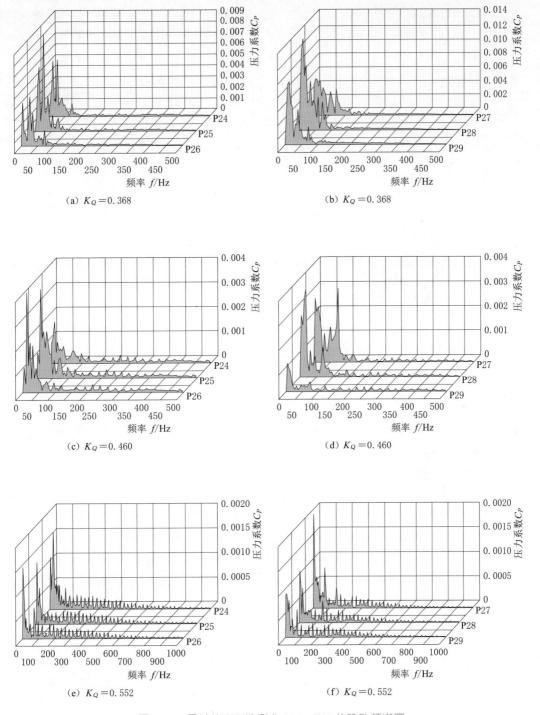

图 4.41　导叶体出口监测点 P24～P29 的脉动频谱图

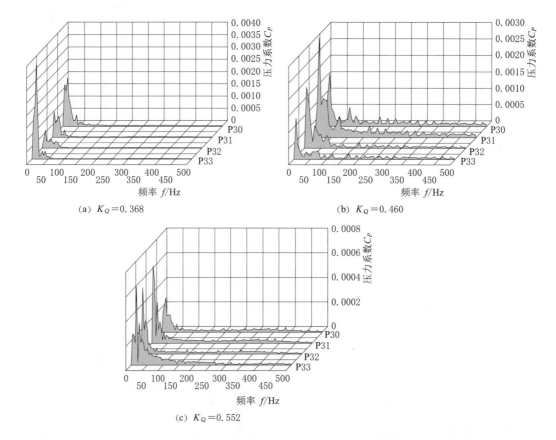

(a) $K_Q = 0.368$　　(b) $K_Q = 0.460$

(c) $K_Q = 0.552$

图 4.42　各工况时出水流道进口监测点的脉动频谱图

各工况时出水流道进口处各监测点的脉动主频及次频仍以低频为主，在工况 $K_Q =$ 0.552 时各监测点的脉动幅值最小，各监测点的脉动主频以低频为主。小流量工况 $K_Q =$ 0.368 时，各监测点的脉动主频均不相同，脉动幅值最大相差 0.0031，最小相差 0.0003，表明了该工况时出水流道内的水流紊动较大；工况 $K_Q = 0.460$ 时，监测点 P30～P31 的脉动主频均为 12.08Hz，监测点 P32～P33 的脉动主频为 6.04Hz，脉动幅值最大相差 0.017，最小相差 0.0003，其脉动幅值变化相比小流量工况略小；工况 $K_Q = 0.552$ 时，各监测点的脉动幅值均较小且差值最大仅为 0.0003。不同工况时各监测点的脉动幅值未呈现一定规律性，从频谱分析和流场分析均表明对出水流道的优化需考虑导叶体出口环量的影响。

在出水流道中部设置 3 个脉动监测点 P34～P36，所得脉动频谱图如图 4.43 所示。流量系数 $K_Q = 0.368$ 和 $K_Q = 0.460$ 时，各监测点的脉动主频均为 4.53Hz，$K_Q = 0.552$ 时，各监测点的脉动主频各异。出水流道进口的平均脉动幅值与流道中部的平均脉动幅值相差不大，最大仅为 0.0005，水流经导叶体回收环量及整流后进入出水流道内的不稳定性较低，引发的压力脉动很小。

通过对 S 形轴伸贯流泵装置各过流部件压力脉动的时域及频谱分析可知，从进水流道至叶轮，水力脉动幅值逐渐增大；从叶轮至导叶体，压力脉动幅值逐渐减小且减小幅度

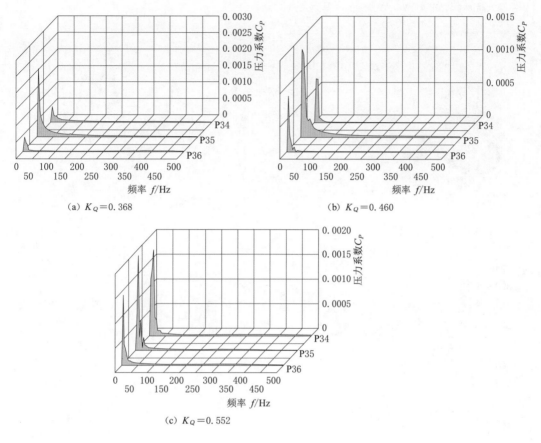

图 4.43　各工况时出水流道出口监测点的脉动频谱图

较大；从导叶体至出水流道，水力脉动幅值的变化幅度较小，泵装置内部最大水力脉动出现在叶轮进口前（进水流道出口处），因此进水流道出口流态对 S 形轴伸贯流泵装置整体运行稳定性的影响最大。

4.4.2　叶轮受力及扭矩的非定常特性

定义旋转区域内空间固定坐标系 $0-xyz$，其中 z 轴与来流方向一致，y 轴垂直向上，x 轴水平指向右侧，如图 4.44（a）所示，在固定坐标系 $0-xyz$ 内将径向力 F_R 分解为 X 方向和 Y 方向两个分量，分别定义为 F_{Rx} 和 F_{Ry}，M_x，M_y，M_z 分别为各方向的扭矩。图 4.44（b）～（d）分别给出了 3 个特征工况时叶轮所受的径向力 F_R 和轴向力 F_z 在叶轮 1 个旋转物理周期内的时域图。轴向力和径向力随叶轮的旋转而发生改变，在流量系数 $K_Q=0.368$ 时，轴向力的最大差值与平均值的比值为 2.97%，径向力的最大差值与平均值的比值为 205.93%；流量系数 $K_Q=0.460$ 时，轴向力的最大差值与平均值的比值为 4.88%，径向力的最大差值与平均值的比值为 158.01%；流量系数 $K_Q=0.552$ 时，轴向力的最大差值与平均值的比值为 7.48%，径向力的最大差值与平均值的比值为 121.60%。径向力的变幅最大，其中小流量工况时最明显，这种交变的轴向力和径向力会引起叶片的疲劳破坏和叶片的微颤，从而影响叶轮的使用寿命。

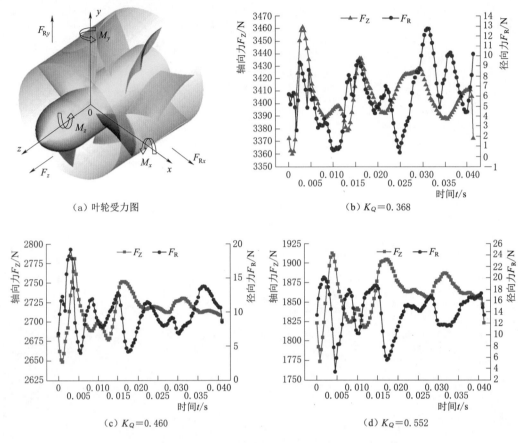

图 4.44　叶轮受力图及不同工况时叶轮径向力和轴向力的时域图

径向力的波动主要因叶轮的非轴对称结构及叶轮出口的压力分布不均性而引起的。具体地说，即为从叶轮流出水流的动反力对叶轮的作用，叶轮室的固壁对水流流出叶轮起阻碍作用造成叶轮出口压力分布的不均匀。因叶轮室内壁的压力呈非轴对称分布，水流流出叶轮的速度也非轴对称，压力大的地方流速小，压力小的地方流速大。

对 3 个工况时叶轮的轴向力及径向力的时域数据进行 FFT 变换可知，非定常脉动轴向力 F_Z 主频（F1）与轴频没有关系，其次主频（F2）均等于叶频 72.5Hz，在流量系数 $K_Q=0.368$ 时其幅值仅占主频幅值的 0.35%；$K_Q=0.460$ 时，其幅值仅占主频幅值的 0.6%；$K_Q=0.552$ 时其幅值仅占主频幅值的 0.35%，其值相比非常小，表明轴频对非定常脉动轴向力的影响是很小的，非定常脉动轴向力主要取决于叶轮自身的结构特点及运行工况。

在流量系数 $K_Q=0.368$ 时，非定常脉动径向力 F_R 的脉动次主频（F2）为叶频 72.5Hz，次主频 F2 对应的脉动幅值占主频幅值的 0.397；在流量系数 $K_Q=0.460$ 时，非定常脉动径向力 F_R 的脉动次主频（F2）为叶频 24.17Hz，次主频 F2 对应的脉动幅值占主频幅值的 0.172；在流量系数 $K_Q=0.552$ 时，非定常脉动径向力 F_R 的脉动次主频（F2）为叶频 72.5Hz，次主频 F2 对应的脉动幅值占主频幅值的 0.208。通过上述分析，可知径向力 F_R 的脉动次主频 f_2 与轴频成整倍数关系，径向力的脉动频率主要为低频。

在相同转速时，影响不同叶轮所受轴向力和径向力大小的因素主要是叶轮的结构特点、进口的速度分布及后置导叶与其的动静耦合作用。图 4.45 所示为不同工况时径向力 F_R 分量随叶轮旋转的变化曲线，表示不同流量时随着叶轮旋转径向力 F_R 的分量 F_{Rx}、F_{Ry} 在大小和方向上的变化。径向力在叶轮的一个物理周期内呈现出不稳定性，叶轮旋转一周所承受的径向力分量近似呈蝶形分布，随流量的增大，径向力的平均值也逐渐增大。

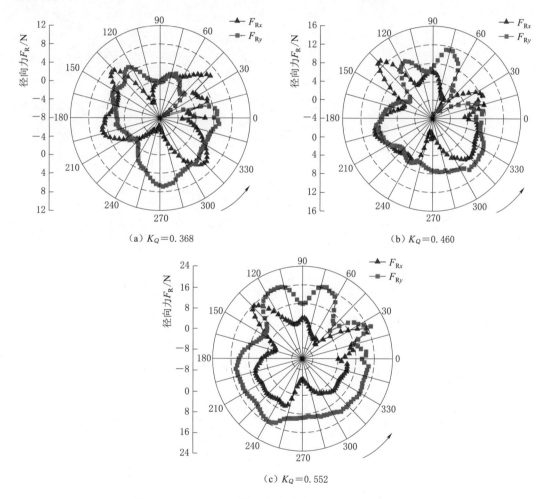

(a) $K_Q=0.368$　　　(b) $K_Q=0.460$

(c) $K_Q=0.552$

图 4.45　不同工况时径向力分量随叶轮旋转的变化曲线

各工况时叶轮所受扭矩如图 4.46 所示，对 3 个工况时叶轮所受时变扭矩进行统计平均分析，流量系数 $K_Q=0.368$ 时，平均值 $M_x=1.291\text{N}\cdot\text{m}$，$M_y=0.838\text{N}\cdot\text{m}$，$M_z=126.608\text{N}\cdot\text{m}$；在流量系数 $K_Q=0.460$ 时，平均值 $M_x=2.709\text{N}\cdot\text{m}$，$M_y=1.810\text{N}\cdot\text{m}$，$M_z=111.674\text{N}\cdot\text{m}$；在流量系数 $K_Q=0.552$ 时，平均值 $M_x=2.221\text{N}\cdot\text{m}$，$M_y=3.131\text{N}\cdot\text{m}$，

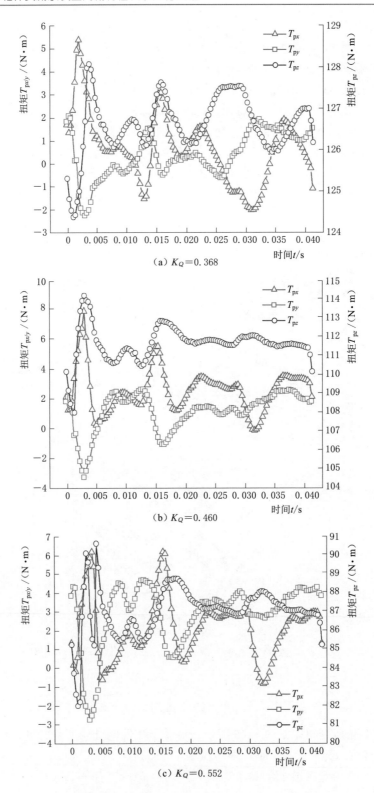

（a）$K_Q=0.368$

（b）$K_Q=0.460$

（c）$K_Q=0.552$

图 4.46　不同工况时叶轮所受扭矩的时域图

$M_z = 87.045\mathrm{N} \cdot \mathrm{m}$；随着流量系数的增大，绕 Z 轴方向的扭矩逐渐减小，这与泵装置三维定常计算预测结果相一致，但绕 X 与 Y 轴方向的扭矩未呈现出一定规律性。采用定量分析对三维定常和三维非定常数值计算预测的 M_z 进行比较，在 $K_Q = 0.368$ 时扭矩 M_z 相对差值为 4.75%；在 $K_Q = 0.460$ 时扭矩 M_z 相对差值为 0.63%，在 $K_Q = 0.552$ 时扭矩 M_z 相对差值 1.67%，在最优工况附近时，三维定常预测结果与三维非定常预测结果最为接近。当叶轮的作用力中心不变时或认为变化可忽略，则可认为 3 个方向的力矩脉动频率与 3 个方向力的脉动频率是相同的，因此这里不再对扭矩的频谱进行分析。

4.4.3　叶片水压力脉动特性

叶片在交变荷载的不断作用，容易产生超高周疲劳现象的产生，导致叶片疲劳破坏，而叶片疲劳寿命计算的重要条件之一便是获取周期水动力荷载谱，获取该荷载谱需对叶轮在工作状态下进行非定常数值计算。为研究叶片疲劳可靠性，将叶轮的叶片和导叶片表面的最大和最小静压值的 4 个点设为监测点，并对其进行水压力脉动特性分析。

4.4.3.1　叶轮叶片表面的各监测点的脉动分析

根据 4.2.2 节 S形轴伸贯流泵装置三维定常数值计算结果，将叶轮叶片上静压值最大和最小的两点作为叶片表面脉动分析的监测点，其中最大静压值监测点记为 P01，最小静压值监测点记为 P02，对监测点 P01 和 P02 的脉动时域数据进行快速傅里叶变化获取其频谱图，如图 4.47（a）～（c）所示。

在流量系数 $K_Q = 0.368$ 时，监测点 P01 的脉动主频 F1 为 24.17Hz，脉动幅值为 0.0023；次主频 F2 为 72.5Hz，脉动幅值为 0.0022；监测点 P02 的脉动主频 F1 为 72.5Hz，脉动幅值为 0.031，次主频 F2 为 145Hz，脉动幅值为 0.026。流量系数 $K_Q = 0.460$ 时，监测点 P01 的脉动主频 F1 为 4.03Hz，脉动幅值为 0.0068；次主频 F2 为 32.22Hz，脉动幅值为 0.0057；监测点 P02 的脉动主频 F1 为 72.5Hz，脉动幅值为 0.124，次主频 F2 为 145Hz，脉动幅值为 0.097。流量系数 $K_Q = 0.552$ 时，监测点 P01 的脉动主频 F1 为 72.5Hz，脉动幅值为 0.015；次主频 F2 为 96.67Hz，脉动幅值为 0.011；监测点 P02 的脉动主频 F1 为 72.5Hz，脉动幅值为 0.08，次主频 F2 为 145Hz，脉动幅值为 0.063。各工况时监测点 P01 和 P02 的脉动主频 F1 及脉动幅值如图 4.47（d）所示，随流量系数的增加，监测点 P01 的脉动主频 F1 也发生变化，但其值仍为轴频的倍数，对应的脉动幅值则随之增加；监测点 P02 的脉动主频 F1 均为转频，各主频对应的脉动幅值未呈现一定规律性。

4.4.3.2　导叶体叶片表面的各监测点的压力脉动

采用上述方法将导叶片上静压值最大和最小的两点作为叶片表面脉动分析的监测点，其中最大静压值监测点记为 P03，最小静压值监测点记为 P04，对监测点 P03 和 P04 的脉动时域数据进行快速傅里叶变化获取其频谱图，如图 4.48（a）～（c）所示。

在流量系数 $K_Q = 0.368$ 时，监测点 P03 的脉动主频 F1 为 84.58Hz，脉动幅值为 0.0036；次主频 F2 为 138.96Hz，脉动幅值为 0.0031；监测点 P04 的脉动主频 F1 为 84.58Hz，脉动幅值为 0.016，次主频 F2 为 138.96Hz，脉动幅值为 0.099。流量系数 $K_Q = 0.460$ 时，监测点 P03 的脉动主频 F1 为 145Hz，脉动幅值为 0.0041；次主频 F2 为

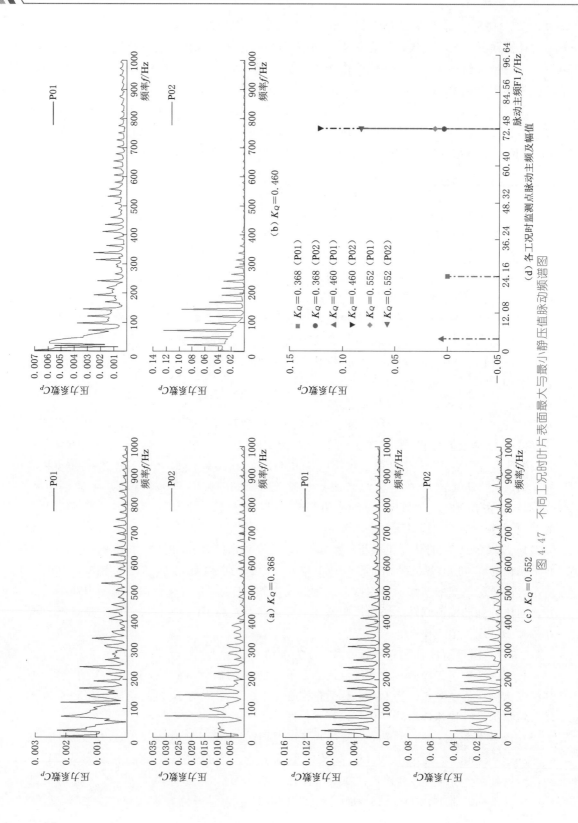

图 4.47　不同工况时的叶片表面最大与最小静压值脉动频谱图

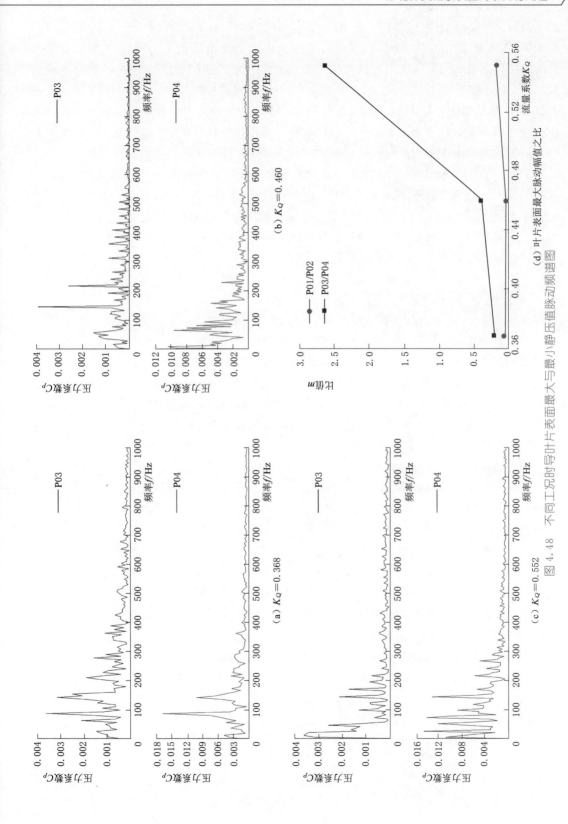

图 4.48　不同工况时导叶片表面最大与最小静压值脉动幅值频谱图

217.5Hz，脉动幅值为 0.0027；监测点 P04 的脉动主频 F1 为 8.06Hz，脉动幅值为 0.010，次主频 F2 为 64.44Hz，脉动幅值为 0.0095。流量系数 $K_Q = 0.552$ 时，监测点 P03 的脉动主频 F1 为 9.67Hz，脉动幅值为 0.037；次主频 F2 为 14.50Hz，脉动幅值为 0.036；监测点 P04 的脉动主频 F1 为 24.17Hz，脉动幅值为 0.014，次主频 F2 为 72.5Hz，脉动幅值为 0.013。3 种工况时导叶片表面的监测点 P03 和 P04 的脉动主频随工况的变化而改变，仅呈现出与轴频的倍数关系。导叶片的脉动频率依然为低频，脉动主频对应的脉动幅值也未呈现出某一特定规律，表明导叶片受转频的影响较小。

3 种工况时监测点 P01 与 P02、导叶片上监测点 P03 与 P04 的各自主频 F1 对应压力系数的比 m 值与运行工况的关系如图 4.48（d）所示，随流量系数的增大，导叶片的脉动比值 m 也增大，而叶轮叶片的脉动比值在最优工况附近时其值小于大流量和小流量工况，也表明了偏离最优工况运行时，叶片受周期性水动荷载的影响较大，提高叶轮的疲劳可靠性应尽量减小叶轮在非最优工况区域运行。

4.5　S 形轴伸贯流泵装置的振动特性

振动是低扬程泵装置安全稳定运行的一个重要的评价指标。低扬程泵装置在运行中产生轻微的振动和噪声是不可避免的，若机组在运行中产生剧烈的振动，则会降低低扬程泵装置效率，引起零部件或整台机组损坏、甚至会引起泵站建筑物的振动，乃至被迫停机。开展低扬程泵装置振动的研究，对分析振动产生的原因，探讨消除或减轻泵装置振动危害的技术措施，促进泵站技术改造，提高低扬程泵装置效率和运行的安全性、经济性等均具有重要的意义。

对于复杂的结构，由抽象化的力学模型分析得到的结果，往往不能完全反映实际情况，在研究分析动力机械系统振动规律时，必须对系统直接进行测试，通过实验结果验证现有理论分析的可靠程度，同时在测试的过程中，得到新的动力学参数，以建立更加符合实际的简化模型，所以振动测试在工程领域中具有重要的意义。振动测量和信号分析是实验科学的一个重要组成部分，利用现代测试方法对工程复杂结构进行振动测量，对测量的信号进行分析，研究结构的动态特性，为工程设计和科学研究提供可靠的依据。

因低扬程泵装置自身结构和设计的原因，水流经过低扬程泵装置各过流部件时，必然产生不平衡的压力脉动，从而引发水力振动。低扬程泵装置运行工况的不同，水力振动的强度也不相同。

振动参数的测量主要有 3 种方法：机械测试法、电测法和光测法。目前，振动测试手段主要依靠电测法，其得益于电子技术的飞速发展。传感器采用 B&K Vibro 德国申克的振动速度传感器 VS - 080，该传感器属于电动式传感器，VS - 080 传感器的灵敏度为 75mV/(mm/s)，输入阻抗大于 1MΩ 时；灵敏度误差不大于 5%，最大振动位移为 ±1mm，频率范围为 20～2kHz。测振设备及数据处理设备为北京英华达 EN900 便携式旋转机械振动采集仪及配套分析系统。传感器安装及布置如图 4.49（a）所示，X 方向代表横向，Y 方向代表垂直方向，Z 方向代表轴向方向。对于模型泵装置，其进、出水流道分别与进、出水箱固结在一起，在顺水流方向上泵装置振动位移可忽略不计，那么模型泵装置则具有 4 个自由度，泵装置振动位移较大的位置为导叶体进口处，故在导叶体进口处沿泵装置的铅垂与径向分别布置两个振动传感器，以便分析两个叶片安放角下各工况时 S 形轴伸贯流泵装置在各方向的振动幅值及振动频率。S 形轴伸贯流泵装置模型如图 4.49 （b）所示。

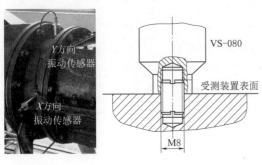

（a）传感器安装及布置   （b）泵装置模型

图 4.49   泵装置物理模型及传感器安装示意图

选择两个叶片安放角 $+4°$ 与 $-4°$，开展 S 形轴伸贯流泵装置的能量特性试振动验，分析泵装置在 X 与 Y 方向的振幅，X 方向的测点记为 P1，Y 方向的监测点记为 P2，测试结果如图 4.50 所示。在叶片安放角 $+4°$ 时，泵装置在 Y 方向的振幅峰峰值 $A_{\text{p-p}}$ 随泵装置扬程的增加呈现先减小后增大的趋势，其最大振幅峰峰值 $A_{\text{p-p}}$ 为 27.579μm，最大差值为 13.817m；在 X 方向的振幅峰峰值 $A_{\text{p-p}}$ 随泵装置扬程的增加呈现整体增加的趋势，其最大振幅峰峰值 $A_{\text{p-p}}$ 为 74.526μm，最大差值为 30.026μm，泵装置在 Y 方向的振幅峰峰值 $A_{\text{p-p}}$ 平均为 3.05 倍的 X 方向振幅峰峰值，最大倍数则为 3.35。叶片安放角 $-4°$ 时，泵装置在 Y 方向的振幅峰峰值随泵装置扬程的增加呈现先减小后增大的趋势，其最大振幅峰峰值为 23.700μm，最大差值为 7.200μm；在 X 方向的振幅峰峰值随泵装置扬程的增加呈现出波动的趋势，但整体变化范围并不大，最大变动差值仅为 7.960μm，泵装置在 Y 方向的振幅峰峰值 $A_{\text{p-p}}$ 平均为 2.31 倍的 X 方向振幅峰峰值，最大倍数则为 2.52。不同叶片安放角时，通过对叶片安放角 $+4°$ 与 $-4°$ 的泵装置能量性能的振动测试结果分析，在叶片安放角 $-4°$ 时泵装置的振动强度小于叶片安放角 $+4°$ 时泵装置的振动强度，相同泵装置扬程时，负角度时的泵装置流量小于正角度的泵装置，装置内部的水流流速较小，其诱发的水力振动均较小。

选取 3 个特征工况，工况 1 时泵装置扬程 $H=2.85m$，工况 2 时泵装置扬程 $H=3.53m$，工况 3 时泵装置扬程 $H=4.61m$，3 个特征工况时两测点的振幅 $A_{\text{p-p}}$ 值如图 4.51 所示，对于相同工况不同叶片安放角时，泵装置的振动情况不相同；对于相同叶片安放角不同工况时，泵装置的振动情况也不相同；两类情况时泵装置振幅 $A_{\text{p-p}}$ 均不相同的主因是叶轮与导叶间的动静干涉作用不同引起的水力激振不同所致，定义 m 为不同叶片安放角时相同工况下测点的振幅 $A_{\text{p-p}}$ 值的比值，即 $m=|1-(A_{\text{p-p}})_i/(A_{\text{p-p}})_j|$，式中：$i$，$j$ 分别为 $+4°$、$-4°$ 的叶片安放角。为区分两个方向的测试，定义 b_x 表示径向方向，定义 b_y 表示铅垂方向，计算结果如图 4.52 所示。在选取的 3 个特征工况下，

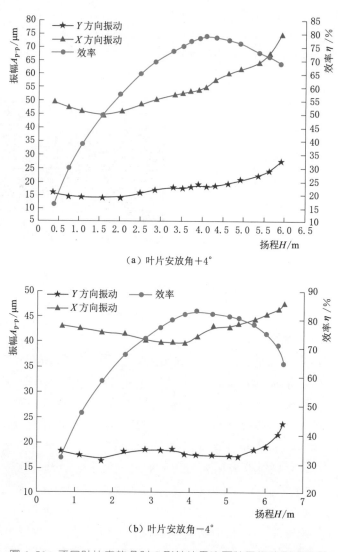

（a）叶片安放角＋4°

（b）叶片安放角－4°

图 4.50　不同叶片安放角时 S 形轴伸贯流泵装置振动测试结果

不同叶片安放角时泵装置在 X 方向的振幅比值 b_x 均处于 0.45 以下，最大值仅为 0.401，振幅比值 b_x 呈随扬程增加而不断增大的趋势；在 Y 方向的振幅比值 b_y 呈随扬程的增加先减小后增大的趋势，最大值为 0.101，最小值为 0.075，表明叶片安放角对泵装置在 Y 方向的振动影响较小，因该泵装置在铅垂方向上受到两个固定支撑构件的约束，由图 4.49（a）可知。

　　将本节对模型泵装置振动试验的测试结果与文献 [27] 提供的泵径向振幅（峰峰值）允许值进行比较，比较结果见表 4.3。在两个叶片安放角＋4°与－4°时，泵装置的垂直与径向振动峰峰值均小于文献 [27] 中给出的泵径向振幅允许值，泵装置各过流部件之间的耦合较好，装置内部流态平顺。三个特征工况时，各监测点的振动幅值的时域图如图 4.53 所示。不同工况时，泵装置的振动幅值均呈现出周期性波动，叶片安放角－4°时，单位周期内两测点的振动幅值变化大于＋4°时，但振幅峰峰值仍为叶片安放角＋4°时较大。

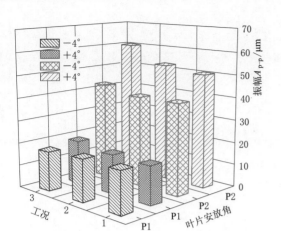

图 4.51　相同工况时各测点振幅 $A_{\text{p-p}}$ 比较

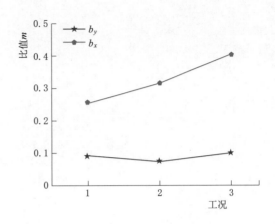

图 4.52　相同工况时振幅比值 m

表 4.3　　　　　　　　　　各监测点最大振幅测试结果分析

叶片安放角	测试方向	监测点	（最大值）振幅 $A_{\text{p-p}}/\mu m$	文献［27］泵的径向振幅允许值/μm（转速 $n>1000\text{r/min}$）
+4°	Y 方向	P1	27.579	80
	X 方向	P2	74.526	
−4°	Y 方向	P1	23.700	
	X 方向	P2	47.400	

　　对同一泵装置进行振动测试分析，泵装置的进出水流道、导叶、叶轮的制造安装及动力机械系统均相同，测试改变的是转轮的叶片安放角度，因叶片调节的误差，无法确保每张叶片的安放角度完全一致，那么离开转轮的水流具有不对称性且具有很大的环量，导叶无法将环量全部回收，引起导叶出口的流场不均匀，水流运动为非轴对称的流动，出现不平衡的水压力，这一不平衡的水压力周期性变化的分量诱发水力激振，从而引起机组的振动变化。相同工况时，各测点的振动主次频见表 4.4。在叶片安放角 +4° 时，监测点 P1、P2 振动的主频均为 1 倍的转频，次频为 2 倍的转频；在叶片安放角 −4° 时，监测点 P1、P2 振动的主频均为 2 倍的转频，次频均为 1 倍的转频。各工况时的主次频均与转频成整数关系。正叶片安放角时监测点 P1 和 P2 的振动主频均为 22.5 Hz，该值与转频相同，表明叶片安放角为 +4° 时，导叶体进口处的振动主频由转频决定。叶片安放角为 −4° 时两测点的振动主频与转频、叶频均不相同，泵装置振动的主频是引发振动多方面因素共同作用的结果，从振动主频角度分析也表明正叶片安放角时泵装置振动幅值较大。

　　定义不平衡振动频率 f 概念，不平衡振动频率 f 与转频成倍数函数关系，即

$$f=\frac{knm}{60} \tag{4.10}$$

式中：f 为不平衡振动频率；k 为自然数；n 为转轮转速；m 为叶片数。

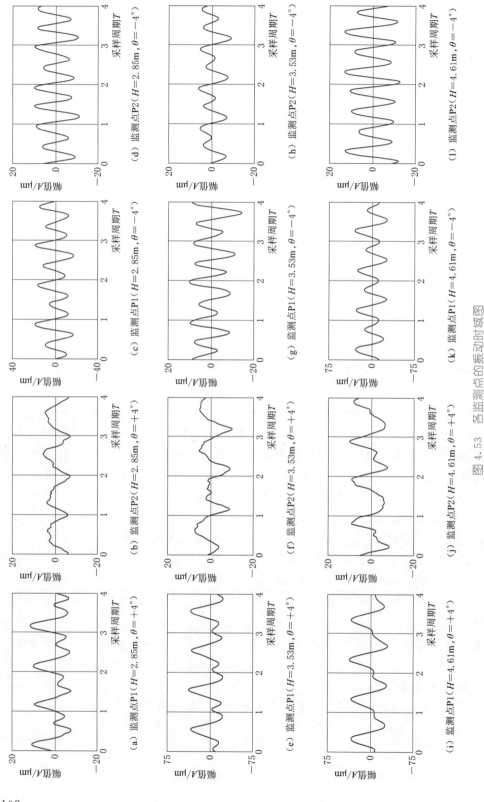

图 4.53　各监测点的振动时域图

表 4.4　　　　　　　　　不同叶片安放角时振动频谱及幅值分析

叶片安放角	工况	监测点	主频 /Hz	次主频 /Hz	幅值/μm	
					主频	次主频
+4°	1	P1	22.5	45	24	19
	2		22.5	45	28	17
	3		22.5	45	49	24
	1	P2	22.5	45	9	3
	2		22.5	45	11	3
	3		22.5	45	13	3
-4°	1	P1	45	22.5	26	8
	2		45	22.5	33	23
	3		45	22.5	29	18
	1	P2	45	22.5	17	4
	2		45	22.5	15	7
	3		45	22.5	16	5

注　工况 1 时扬程 $H=2.85$m，工况 2 时扬程 $H=3.53$m，工况 3 时扬程 $H=4.61$m。

在叶片安放角＋4°时，不平衡振动频率以 1 倍的转频为主，2 倍的转频为辅，叶片角度的调节基本满足一致性，略有差异，水力激振诱发的振动主频主要为转频，监测点 P1和 P2 的不平衡振动主频均为 1/3 倍的叶片数与转频的乘积，次主频均为 2/3 倍的叶片数与转频的乘积；在叶片安放角＋4°时，不平衡振动频率以 2 倍的转频为主，1 倍的转频为辅，监测点 P1 和 P2 的不平衡振动主频为 2/3 倍的叶片数与转频的乘积，次主频为 1/3 倍的叶片数与转频的乘积，主要因 2 张叶片安放角度的差异性较大，引起的水力不平衡现象明显，加剧了导叶出口流场压力分布的不均匀性。通过分析表明，在两个叶片安放角时泵装置各运行工况条件下监测点 P1 和 P2 的振动主、次频均未与叶频成整倍数关系，且其值均小于叶频，若泵装置固有的振动主频与叶频相同，泵装置的振动将会剧烈，严重影响泵装置机组的安全稳定运行。

4.6　S形轴伸贯流泵装置的相关性能试验

效率、空化及稳定性是低扬程泵装置水力性能的三大重要指标，其中泵装置效率关系到电能的消耗，是否符合当前《国家中长期科学和技术发展规划纲要（2006—2020）》所确定的"节能"优化主题，是否满足国家《泵站设计规范》（GB 50265—2010）对泵装置效率的要求；空化关系到叶轮的使用寿命，稳定性则关系到机组乃至泵装置能否正常运行。在 4.4 和 4.5 节，针对泵装置的运行稳定性问题开展了相关研究，分析了 S 形轴伸贯流泵装置内部的压力脉动特性及机组的振动特性。在本节中，针对泵装置的另外两个重要指标进行 S 形轴伸贯流泵装置模型试验研究，模型试验在江苏省水利动力工程重点实验室的高精度水力机械试验台上进行。

4.6.1　S 形轴伸贯流泵装置能量性能试验

模型泵装置能量试验参照《水泵模型及装置模型验收试验规程》（SL 140—2006）中 6.1 节的测试要求进行能量性能试验，试验测试了 5 个叶片安放角的能量性能（$\theta = -4°$、$-2°$、$0°$、$+2°$及$+4°$），各叶片安放角时 S 形轴伸贯流泵装置最优工况性能数据见表 4.5，表 4.6 为叶片安放角$-2°$时的 S 形轴伸贯流泵装置性能测试数据。

表 4.5　　　　　　各叶片安放角时 S 形轴伸贯流泵装置最优工况性能数据

叶片安放角	流量 $Q/(\text{L/s})$	扬程 H/m	轴功率 P_w/kW	效率 $\eta/\%$
$-4°$	269.014	4.217	13.323	83.26
$-2°$	289.280	4.438	15.021	83.55
$0°$	312.054	4.755	17.577	82.57
$+2°$	339.883	4.629	19.311	79.66
$+4°$	360.231	4.824	21.652	78.48

表 4.6　　　　　叶片安放角$-2°$时 S 形轴伸贯流泵装置性能测试数据

序号	流量 $Q/(\text{L/s})$	扬程 H/m	轴功率 P_w/kW	效率 $\eta/\%$
1	178.50	6.732	18.781	62.55
2	199.67	6.644	18.880	68.70
3	210.45	6.597	19.610	69.21
4	222.26	6.426	19.149	72.92
5	237.19	6.041	18.150	77.18
6	260.98	5.265	16.554	81.14
7	268.37	5.003	16.030	81.89
8	279.68	4.725	15.499	83.35
9	289.28	4.438	15.021	83.55
10	302.80	3.994	14.255	82.94
11	310.87	3.655	13.787	80.57
12	321.39	3.153	13.093	75.68
13	329.39	2.817	12.499	72.58
14	341.60	2.301	11.456	67.07
15	359.96	1.589	9.807	57.03
16	380.39	0.800	8.143	36.52
17	397.26	0.029	6.442	1.75
18	399.43	-0.054	6.231	-3.36

S 形轴伸贯流泵装置的最高效率为 83.55%，此时叶片安放角为$-2°$，装置扬程为 4.438m，流量为 289.28L/s。为分析泵装置与泵段的水力性能差异，参阅文献［109］中 TJ04-ZL-23 号水力模型的最优工况数据，将泵段与泵装置的最优工况性能数据进行对

比如图 4.54 所示。在 4 个叶片安放角（-2°，0°，+2°，+4°）时，泵装置最优工况点相
比泵段的最优工况点整体向左上方偏移，在叶片安放角为-4°时，泵装置的最优工况点相
比泵段略微向右下方偏移。泵装置的最高效率相比泵段最大下降值为 5.22%，此时叶片
安放角为+4°，最小下降值为 2.47%，此时叶片安放角为-2°；最优工况时泵段与泵装置
的扬程变化最大值为 0.263m，此时叶片安放角为 0°，最优工况时扬程最小差值为
0.089m，此时叶片安放角为-2°，表明了泵装置的最优工况已较接近泵段的最优工况，
也间接表明了 S形轴伸贯流泵装置的进、出水流道水力性能的优异性。

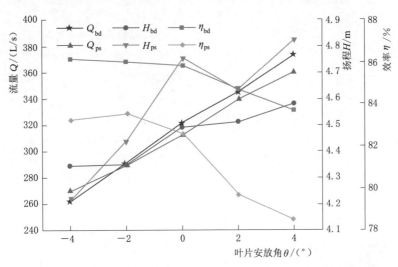

图 4.54　泵段与泵装置的最优工况性能数据

对于相同水力模型的泵段与泵装置，其水力性能的差异
主要取决于进、出水流道的差异性，文献［109］给出了
TJ04-ZL-23 号水力模型测试的模型图，如图 4.55 所示，
由图 4.55 可知，泵段水力性能的测试段中包括了等半径直管
进水流道段、60°弯管段及等半径的直管出水流道，而泵装置
水力性能测试包含了水力模型、进水流道和出水流道。对于
相同水力模型的泵段及泵装置，其水力性能的差异性主要体
现在进、出水流道结构的差异性。根据泵段及泵装置效率的
计算式，引入名义流道效率 η^* 的概念对泵段及泵装置的水力
性能进行分析，其计算式为

$$\eta^* = \frac{\eta_{zz}}{\eta_{bd}} = \frac{\eta_{yl}\eta_{zj}\eta_{zc}}{\eta_{yl}\eta_{bj}\eta_{bc}} = \frac{\eta_{zj}\eta_{zc}}{\eta_{bj}\eta_{bc}} = \frac{\eta_{zl}}{\eta_{bl}} \quad (4.11)$$

图 4.55　泵段测试模型[109]

其中

$$\frac{\eta_{zz}}{\eta_{bd}} = \frac{H_y - \Delta h_{zz}}{H_y} \cdot \frac{H_y}{H_y - \Delta h_{bd}} = \frac{H_y - \Delta h_{zz}}{H_y - \Delta h_{bd}} = \frac{\eta_{zl}}{\eta_{bl}}$$

式中：η_{zz} 为泵装置的效率；η_{bd} 为泵装置的效率；η_{yl} 为水力模型（叶轮及导叶）的效率；

η_{zj} 为泵装置进水流道效率；η_{zc} 为泵装置出水流道的效率；η_{zl} 为泵装置流道的总效率；η_{bj} 为泵段进水流道效率；η_{bc} 为泵段出水流道的效率；η_{bl} 为泵段流道的总效率。

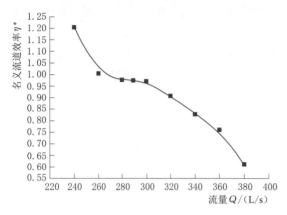

图 4.56　名义流道效率曲线

相比泵装置的流道结构型式，泵段流道的形式简单（等半径圆管），水力损失小，由式（4.11）可知，名义流道效率 η^* 应小于 1，仅当泵装置的流道总效率高于泵段的流道总效率，名义流道效率 η^* 才大于 1。以叶片安放角为 $-2°$ 时泵装置及泵段的性能数据为基础对名义流道效率 η^* 进行计算，叶片安放角为 $-2°$ 时泵段的性能数据参阅文献 [109]，计算结果如图 4.56所示。

在 S 形轴伸贯流泵装置最优工况 $Q=289.28\mathrm{L/s}$ 时，名义流道效率 $\eta^*=0.974$，

在流量 $Q=260\mathrm{L/s}$ 时，名义流道效率 $\eta^*=1.005$，其值已经超过 1，表明该工况时泵装置的整体水力损失 Δh_{zz} 小于泵段的 Δh_{bd}，因泵段与泵装置的水力模型相同，也间接表明了泵装置的流道水力损失小于泵段的流道水力损失。随着流量的进一步减小（$Q<260\mathrm{L/s}$），名义流道效率逐渐增大；随着流量的进一步增大（$Q>260\mathrm{L/s}$），名义流道效率则逐渐减小，表明了该泵装置出水流道对导叶体剩余环量的吸收要优于泵段的等直径出水流道，螺旋状水流在泵装置出水流道内更易扩散恢复均匀。从名义流道效率分析可知，当其值大于 1 时，泵装置的效率就会高于泵段的效率，因此对进、出水流道进行优化设计，降低其水力损失可使泵装置的效率超过泵段效率成为可能，也再次表明了该套泵装置的进、出水流道优异的水力性能。

4.6.2　S 形轴伸贯流泵装置汽蚀性能试验

S 形轴伸贯流泵装置物理模型汽蚀试验参照《水泵模型及装置模型验收试验规程》（SL 140—2006）中 6.2 节的测试要求进行泵装置汽蚀性能试验，取水泵效率较其性能点低 1% 的汽蚀余量作为必需汽蚀余量 $NPSH_{re}$（以叶轮中心为基准）。汽蚀试验测试了每个叶片安放角的 3 个特征工况，测试结果见表 4.7，不同叶片安放角时测试工况的汽蚀比转速与流量关系曲线如图 4.57 所示。汽蚀比转速越大，必需汽蚀余量越小，泵装置的汽蚀特性也越好，在叶片安放角从 $-2°$ 变至 $+4°$ 时，相同流量，叶片安放角越往负角度偏转，其汽蚀性能越好；相同汽蚀比转速时，叶片安放角越往

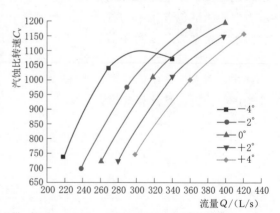

图 4.57　不同叶片安放角时汽蚀比转速与流量关系曲线

正角度偏转，其流量越大。相同叶片安放角时（－2°～＋4°），在测试工况范围内，随着流量的增大，泵装置的汽蚀性能也越好，但在叶片安放角为－4°时，泵装置的汽蚀特性未呈现此特点。

表 4.7　　　　　　　　不同工况的泵装置空化试验结果（$n=1450$r/min）

叶片安放角	流量 $Q/(L/s)$	必需汽蚀余量/m	汽蚀比转速 C_v
－4°	218.22	8.93	737
	269.36	6.48	1041
	339.97	7.27	1073
－2°	238.41	10.21	697
	289.28	7.42	975
	358.73	6.62	1183
0°	260.63	10.37	720
	318.66	7.55	1010
	399.39	7.02	1194
＋2°	279.94	10.81	723
	340.35	7.89	1010
	397.91	7.37	1149
＋4°	298.14	10.85	744
	359.82	8.29	1001
	419.92	7.58	1156

4.6.3　S形轴伸贯流泵装置的飞逸性能试验

当泵装置发生故障造成水泵突然停机后，若泵出水管道上阀门或闸门等断流设施失灵，则水泵将经历逆流逆转水轮机工况，当逆转转速达到最大值且持续运行时，水泵将处于飞逸状态，该状态下的转速称为飞逸转速或泵机组的飞逸转速。对于大中型灌排泵站，确定泵机组的飞逸转速是十分必要的，通过飞逸转速可以确定叶轮零部件的强度，确保水泵实际运行的安全性。《水泵模型及装置模型验收试验规程》（SL 140—2006）中定义的水泵模型（轴流泵和混流泵）包括叶轮、导叶及弯管，装置模型则包括水泵模型和进出水流道模型。采用物理模型试验方法对叶片安放角为－4°时的S形轴伸式贯流泵装置进行飞逸特性试验，单位飞逸转速的计算采用式（4.12），单位飞逸流量的计算为

$$n'_{1,R}=\frac{n_R D_m}{\sqrt{H_m}} \tag{4.12}$$

$$Q'_{1,R}=\frac{Q_R}{D_m^2 \sqrt{H_m}} \tag{4.13}$$

式中：$n'_{1,R}$ 为单位飞逸转速；n_R 为反向水头 H_m 下测得的飞逸转速；D_m 为模型泵叶轮直径；$Q'_{1,R}$ 为单位飞逸流量；Q_R 为反向水头 H_r 下测得的流量；D_m 为模型泵叶轮直径。

通过计算获得了该贯流泵装置的单位飞逸转速、单位飞逸流量与反向水头间的关系，如图 4.58 所示。通过对关系曲线进行拟合得出反向水头分别于与单位飞逸转速、单位飞逸流量间的数值关系式为

$$n'_{1,R} = -0.2023H_r^4 + 3.5677H_r^3 - 9.8593H_r^2 + 13.943H_r + 374.86$$

$$Q'_{1,R} = -0.0131H_r^4 + 0.1076H_r^3 - 0.2796H_r^2 + 0.3495H_r + 2.4842$$

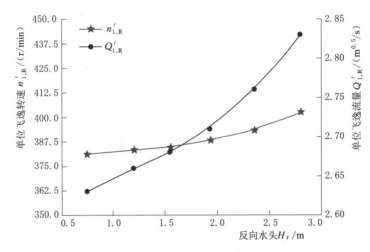

图 4.58　模型泵装置飞逸特性曲线

不同反向水头时，S形轴伸贯流泵装置的单位飞逸流量相差较小，但单位飞逸转速差别较大，实际泵站采用该泵装置结构型式，各工况运行时，泵站均应做好防止发飞逸发生的安全措施。

S形轴伸贯流泵装置的飞逸试验结果表明：在相同叶片安放角时泵装置的单位飞逸转速和单位飞逸流量随着反向水头的增加而增加，单位飞逸转速不是唯一值，这与通常认为的相同叶片安放角时泵装置的飞逸转速是唯一值相矛盾。为了进一步分析泵装置的飞逸特性，对后置灯泡贯流泵装置和前置竖井贯流泵装置也进行了相应叶片安放角时的飞逸特性试验，试验参数见表 4.8。

表 4.8　　　　　　　　　　　　不同贯流泵装置模型飞逸特性试验参数

名称	叶轮直径/mm	叶片安放角	名称	叶轮直径/mm	叶片安放角
后置灯泡贯流泵装置	300	$+2°$ $-2°$	前置竖井贯流泵装置	300	$+2°$

4.7　本章小结

（1）基于S形轴伸贯流泵装置三维定常数值计算，定性地分析了多工况条件时叶轮的静压分布、叶片表面摩擦力线以及导叶体内静压分布、漩涡情况等，并定量分析了

叶片出口的轴向速度分布规律，导叶体的回收环量能力、水力损失以及进、出水流道的水力性能。采用数值模拟技术分析了 S 形轴伸贯流泵装置内流脉动特性，并结合物理模型试验方法开展了 S 形轴伸贯流泵装置振动特性、能量性能、汽蚀性能及飞逸特性的试验分析。

（2）在大流量工况（$K_Q = 0.613$）时，转轮的压力面和吸力面的静压差沿径向增加不大，主要因转轮的通流能力是固定的，超过转轮的固有通流能力时随流量的增加反而会导致转轮的水力损失增加。3 种特征工况时转轮进口边的轴向速度分布呈倒 U 形分布。采用回收环量比 C_H 对导叶体回收环量效果进行定量分析，流量系数 K_Q 在 $0.307 \sim 0.644$ 范围内，随流量系数的增大，导叶体回收环量的效果也越来越差，大流量工况时导叶体出口环量较小且轴向速度较大从而表现出回收环量的效果优于小流量工况。在最优工况 $K_Q = 0.490$ 时，进水流道出口断面的速度加权平均角为 88.8°，轴向速度分布均匀度为 97.51%，水力损失为 3.89cm。最优工况（$K_Q = 0.490$）附近动能恢复系数最小，出水流道的动能恢复系数并没与流量呈现出规律性变化。

（3）不同转速时，进水流道水力损失比与流量系数的关系曲线变化趋势基本相同。相同转速时，随流量系数的增大，进水流道水力损失比也增大，进水流道水力效率逐渐减小。相同转速时，进水流道出口环量均随流量系数的增大呈现先减小、后增大趋势。相同流量系数时，进水流道出口面的平均环量随转速的增加而增加。不同转速时，随着流量系数的增大，出水流道进口入流涡角相对值均先减小、后增大，入流涡角相对值存在最小值。在相同流量系数时，出水流道的静压比随转速的增加略有提高，随着转速的增加，出水流道的静压比也增加。相同流量系数时出水流道进口面的偏流角分布基本相同，进口面各水流质点的偏流角未成对称分布。

（4）随叶轮的旋转，叶轮的轴向力和径向力不断变化，径向力的变幅大于轴向力的变幅，在小流量工况时径向力变幅尤为明显。不同工况时叶轮的非定常脉动轴向力受转频的影响程度大于其对非定常脉动径向力的影响，轴向力和径向力的脉动主频均以低频为主，影响叶轮轴向力和径向力大小的主要因素是叶轮的结构特点、进口的速度分布及其与导叶体的动静相干作用。在叶轮的 1 个旋转物理周期内，径向力呈现出波动性，叶轮的径向力分量呈蝶形分布，随流量的增大，径向力的平均值逐渐增大，轴向力的平均值则逐渐减小，绕 Z 轴方向的扭矩逐渐减小，但绕 X 轴和 Y 轴方向的扭矩未呈现出规律性。随流量的增大，导叶片的脉动幅值之比也增大，而叶轮叶片的脉动幅值之比在高效工况时其值小于大流量和小流量工况，表明了偏离高效工况运行时，叶轮受周期性水动力荷载的影响较大，提高叶轮的疲劳可靠性应尽量避免泵装置在非高效工况区域运行。

（5）通过泵装置物理模型试验研究，在叶片安放角为 −2° 时，S 形轴伸贯流泵装置的最高效率已达 83.55%，泵装置扬程为 4.438m，流量为 289.28 L/s。相比传统的 S 形轴伸贯流泵装置最高效率提高了约 5%，与 TJ04 − ZL − 23 号水力模型的最高效率相比最大下降值为 5.22%，最小下降值仅为 2.47%，S 形轴伸贯流泵装置的水力性能已接近于泵段的水力性能。针对 S 形轴伸贯流泵装置的安全稳定运行问题，开展了 S 形轴伸贯流泵装置的振动测试试验。在相同叶片安放角时，S 形轴伸贯流泵装置在径向的振幅峰峰值 A_{p-p}

高于铅垂方向，径向的振幅峰峰值呈现随泵装置扬程先减小后增大的趋势，在相同泵装置扬程，在正叶片安放角时泵装置在径向的振幅峰峰值较大；不同叶片安放角时铅垂的振幅峰峰值差异性不大，在叶片安放角为＋4°时，最大差值为 13.817μm；在叶片安放角为－4°时，最大差值为 7.200μm。泵装置的不平衡振动频率与转频成倍数函数关系。在叶片安放角为＋4°时，不平衡振动频率以 1 倍的转频为主，2 倍的转频为辅；在叶片安放角为－4°时，不平衡振动频率以 2 倍的转频为主，1 倍的转频为辅。

第5章

箱涵式轴流泵装置内流特性
及水力稳定性

随着城市建设的高速发展，国家对城市环境的日益重视，在城市防洪工程中排水和引水相结合的双向立式泵站日益增多，并且沿江滨湖和沿海地区也对泵站提出了既能抽排又能提灌，既能自排又能自灌的要求，这些社会因素也促使双向立式轴流泵站的研究受到了广泛的关注和重视。单向立式泵装置只能满足单向抽水的需求，无法满足工程双向提水或自排自引的要求，为此，在单向立式泵装置的基础上研发了双向立式泵装置。依据出流方向，箱涵式轴流泵装置可分为双向箱涵式轴流泵装置和单向箱涵式轴流泵装置，其中双向箱涵式轴流泵装置也称为双向立式轴流泵装置或双层流道立式轴流泵装置，双向立式轴流泵装置的进、出水流道主要的组合形式见表 5.1，其中双向立式轴流泵装置最常用的流道组合形式是箱涵式进水流道配箱涵式出水流道。单向箱涵式轴流泵装置源于中小型泵站的开敞式进水结构的封闭化改造，从而形成封闭式进水结构，该结构具有高度低、结构简单，断面形状变化单一的优点，且不受进水侧水位变化的影响。相比采用开敞式进水池的湿室型泵房，单向箱涵式轴流泵站可有效减短泵轴长度，提高机组运行的稳定性，该结构型式被广泛应用于中小型泵站工程。

表 5.1 双向立式轴流泵装置常见的形式

序号	进水流道形式	出水流道形式	实际应用案例
1	钟形对接式	肘形对拼式	安徽凤凰颈泵站
2	箱涵式	矩形有压箱涵式	江苏省望虞河泵站、浙江高港泵站安徽省五河泵站、江苏省界牌泵站
3	肘形对拼式	肘形对拼式	江苏谏壁抽水站
4	钟形对接式	平面蜗壳式	江苏省魏村泵站
5	钟形对接式	矩形有压箱涵式	广东省上僚泵站

为明确箱涵式轴流泵装置内流特性及水力稳定性，以箱涵式双向立式轴流泵装置和单向箱涵式立式轴流泵装置为研究对象，采用数值模拟结合物理模型试验的方法开展分析研究工作。

5.1　箱涵式双向立式轴流泵装置内流特性及水力稳定性

箱涵式双向立式轴流泵装置包括箱涵式双向进水流道、叶轮、导叶体和箱涵式双向出水流道四部分。本节对以往研究成果进行分析，并在此基础上设计了箱涵式双向立式轴流泵装置。箱涵式双向立式轴流泵装置的出水结构采用曲线渐扩出水结构，其主要控制参数参考：箱涵式双向进水流道的喇叭管高度不宜小于 $0.5D$，喇叭管悬空高宜取 $(0.6\sim0.7)D$，喇叭管进口直径取 $1.5D$ 左右。箱涵式双向出水流道的控制尺寸：出水流道高度取 $(1.2\sim1.5)D$，宽度取 $(2.4\sim2.8)D$，长度取 $(15\sim18)D$，其中 D 为叶轮公称直径。箱涵式双向立式轴流泵装置的主要控制尺寸有：双向进水流道长度 L_j、高度 H_j 和宽度 B_j；双向出水流道的长度 L_c、高度 H_c 及宽度 B_c；喇叭管悬空高 H_B、喇叭管高度 H_L、喇叭管进口直径 D_L 及曲线出水喇叭管的高度 H_Q。箱涵式双向立式轴流泵装置三维模型如图 5.1（a）所示，部分控制尺寸几何参数示意如图 5.1（b）所示。本节研究的箱涵式双向立式轴流泵装置主要控制尺寸以 D 进行无量纲换算后的结果见表 5.2。

表 5.2　　　　　　　　箱涵式双向立式轴流泵装置的主要控制尺寸

类　别	参　数	类　别	参　数
双向进水流道长度 L_j	12.67D	双向出水流道长度 L_c	9.60D
双向进水流道高度 H_j	1.37D	双向出水流道高度 H_c	1.31D
双向进水流道宽度 B_j	3.09D	双向出水流道宽度 B_c	3.09D
喇叭管悬空高 H_B	0.72D	喇叭管进口直径 D_L	1.41D
喇叭管高度 H_L	0.65D	曲线出水喇叭管高度 H_Q	0.98D

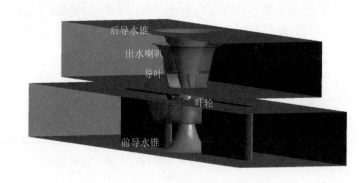

（a）三维建模图　　　　　　　　（b）控制尺寸图

图 5.1　箱涵式双向立式轴流泵装置

采用分区域网格生成方法进行泵装置的网格剖分，即将模型泵装置分为四大区域进行网格剖分，各区域间采用交界面技术进行拼接，同时为减少交界面间数据传递的误差，网格生成时保证区域两侧面网格节点数的一致性。叶轮和导叶体是泵装置的核心部件，其网格质量和分布对泵装置性能的预测有重要影响，采用 ANSYS TurboGrid 对叶轮和导叶体进行网格剖分，叶轮选用 H/J/L-Grid 型拓扑结构，导叶体选用 H-Grid 型拓扑结构，为控制叶片近壁面的边界层分布，采用 O 型拓扑环绕。箱涵式双向进、出水流道等过流部件均基于 ICEM CFD 软件采用混合网格技术对其进行剖分，并通过 Smooth 命令来提高网格质量，使各部分区域的网格质量达到 0.35 以上，可以满足 CFD 计算的要求；模型泵装置的数值计算残差设置为 10^{-3}，经网格数量无关性分析，网格单元总数确定为 1694783 个。箱涵式双向立式轴流泵装置的计算参数见表 5.3。

表 5.3　　　　　　　　　　　箱涵式双向立式轴流泵装置计算参数

类　别	参　数	类　别	参　数
转速	1450r/min	流量范围	220~420L/s
叶片安放角	0°	叶轮叶片数	4 片
叶顶间隙	0.2mm	导叶叶片数	5 片

泵装置数值计算采用"冻结转子法"（frozen rotor）处理叶轮与箱涵式进水流道、导叶体之间动静耦合流动的参数传递，并采用 None 交界面处理导叶体与箱涵式出水流道间流动参数的传递。控制方程的离散采用基于有限元的有限体积法，扩散项和压力梯度采用有限元函数表示，对流项采用高分辨率格式（high resolution scheme）。流场的求解使用全隐式多重网格耦合方法，将动量方程和连续性方程耦合求解。泵内流动介质为水，RNG k-ε 湍流模型能很好地处理回流、大曲率和强旋度情况的流动，但 RNG k-ε 湍流模型是高雷诺数的湍流模型，针对充分发展的湍流才有效，而近壁区的流动，雷诺数较低，湍流发展并不充分，此区域不能使用该湍流模型进行计算，而采用壁面函数法进行处理。为更好地模拟箱涵式双向立式轴流泵装置内部流动，计算区域包括箱涵式进水流道的进水延伸段，以保证水流进入进水流道时是充分发展的湍流，更接近实际的进口流场状态，进口边界条件设置在进水延伸段的进口面，采用质量流进口；在箱涵式出水流道后部加一出水延伸段，并将计算流场的出口设置在出水延伸段的出口断面，采用平均静压条件。固体壁面处规定为无滑移条件，速度分布则按可伸缩壁面函数处理。图 5.2 为箱涵式

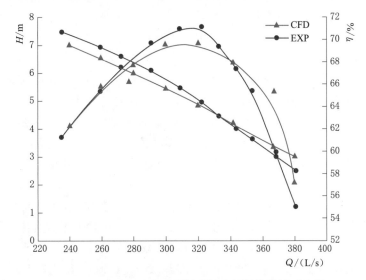

图 5.2　箱涵式双向立式泵装置的能量性能曲线对比图

双向立式泵装置的能量性能曲线对比图，物理模型试验效率为扣除空载功率后计算的结果。通过比较可见，数值模拟预测的扬程-流量、效率-流量整体趋势较一致，在设计工况 $Q=342L/s$ 附近预测的效率和扬程与试验值相对误差均在 3.5% 以内，而在非设计工况 $Q=380L/s$ 时，预测的扬程与试验值相对误差达 20.52%，效率相对误差为 2.17%，计算与预测的差异主要因边界条件设置、湍流模型等因素，计算并不能完全真实地反映实际情况，特别是非设计工况时泵装置内部流动的复杂性。

图 5.3　箱涵式双向立式轴流泵装置内部流线图

图 5.3 为设计工况 $Q=342L/s$ 时箱涵式双向立式轴流泵装置内部流线图。由图 5.3 可见，水流在进入叶轮室前的流动大体可分为两个阶段：第一阶段为水流向喇叭管的汇集阶段；第二阶段为喇叭管内部流场的调整阶段。进水流道前部的流线平顺，在进水流道逆水侧的盲端处，流速很小，为运动缓慢的回流区，此时可将双向进水流道视为后壁距很大的单向流道，若后壁距较大，容易形成死水区。水流靠近隔墩两侧的水流从导水锥顺水侧进入叶轮室，靠近两外壁侧水流则绕过导水锥后从逆水侧进入叶轮室，水流从四周进入叶轮室，通过叶轮旋转做功及导叶回收环量，水流进入曲线型出水结构后，水流从四周汇入双向出水流道，部分水流进入出水流道的盲端形成回流区，并绕过出水喇叭管进入出水侧，部分水流直接进入出水侧，水流呈螺旋状。

5.1.1　过流部件对泵装置水力性能的影响

5.1.1.1　导流锥对泵装置水力性能的影响

通过对箱涵式双向立式轴流泵装置模型试验过程中进水流道涡带的观察，箱涵式双向进水流道的喇叭管口下方易形成较细的涡带，涡带起始于箱涵式进水流道的底板，涡带出现的频率随流量的减小而降低，且涡带出现的规律性并不明显，时有时无，涡带滞留的时间很短，很快就伸入喇叭管内。箱涵式进水流道盲端也有涡带的发生，涡带起始于盲端的顶端内壁处，深入喇叭管，且隔墩两侧均有出现，该涡带也随着流量的减小而减低出现频率，特别当盲端顶部内壁上有气泡时，加剧盲段顶部涡带的形成。

在实际泵站工程中，箱涵式双向进水流道内部充满水体且无气泡存在，箱涵式双向进水流道的盲端顶部出现涡带的概率较低，但喇叭管下方的涡带则无法避免，只能采取防涡消涡措施加以避免。目前，实际工程中箱涵式双向进水流道内采用的防涡消涡措施有：导水锥和消涡防涡栅。

在箱涵式双向进水流道的喇叭口下设置导水锥，可有效地隔除水流渗混区，使水流从喇叭口四周均匀进入叶轮，并有效地防止了附底涡带的发生，但不可避免侧壁涡和盲端顶部涡带的产生，且导水锥的设置对箱涵式双向立式轴流泵装置自流和提水的水力性能影响究竟如何是本节研究的主要内容。导水锥的布置见图 5.4（a）。消涡防涡栅主要破坏涡带产生的条件，即流道内的涡带总起始于壁面，当涡管摆动过程中，若涡管起始位置处发生了突变，则破坏了涡带产生的条件，涡带就无法形成，消涡防涡栅可布置于涡带发生的固壁处，如喇叭口下方、进水流动侧壁及盲端的顶部，防涡栅体积小且无阻流作用，因此对箱涵式双向立式轴流泵装置的水力性能无不利影响。防涡栅的布置如图5.4（b）所示。

实际工程中箱涵式双向进水流道的消涡防涡措施均选择导水锥，箱涵式双向立式轴流泵装置利用箱涵式进水流道的双向特性可自排自引，导水锥在双向立式轴流泵装置中得到了广泛的应用，那么导水锥除了具有消除附底涡带的作用，其对双向立式泵装置的自流工况和抽水工况影响究竟如何，本节根据数值计算的结果，分别对有、无导水锥的箱涵式双向进水流道在自流工况和抽水工况时的水力性能进行分析，有导水锥的双向进水流道的三维透视图如图5.4（a）所示，无导水锥的双向进水流道如图5.4（c）所示。导水锥的锥顶圆直径与叶轮轮毂前缘直径 D_{HQ} 相等，导水锥底圆直径与喇叭管进口直径 D_L 相等，导水锥母线采用 1/4 的椭圆二次曲线，定义叶轮轮毂长度为 L_H，叶轮中心线安装高度为 H_{yz}，取顺水流方向为 Y 方向，铅垂方向为 X 方向，则曲线方程为

$$\frac{x^2}{(H_{yz}-L_H/2)^2}+\frac{4y^2}{(D_L-D_{HQ})^2}=1$$

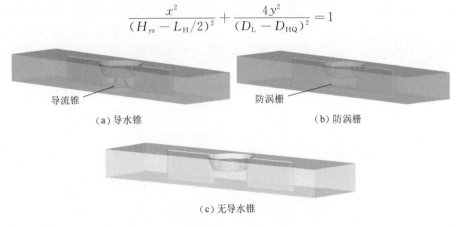

（a）导水锥　　　　　　　　　　　　（b）防涡栅

（c）无导水锥

图5.4　箱涵式双向进水流道三维透视图

1. 自流工况

在双向立式轴流装置自流工况时，导水锥必然起到阻流作用，有、无导水锥的阻流面积比见表5.4。

表5.4　　　　　　　　　　　　　导水锥阻流面积比计算

类　别	喇叭管阻流面积比/%	导水锥阻流面积比/%	过流面积比/%
无导水锥	29.39	0.00	70.61
有导水锥	29.39	13.41	57.20

导水锥对进水流道自流的影响与导水锥、进水流道的几何比不具有确定的数值关系，同时为给实际泵站自流时提供一定的参考，因此本书采用原型进水流道尺寸进行自流工况的数值计算，计算考虑了壁面粗糙度的影响，粗糙度取值为 2.5mm，计算结果如图5.5所示。通过计算获得了自流工况时有、无导水锥的进水流道水力损失 Δh 与流量关系式如下：

无导水锥时　　　　　　　　　　$\Delta h=0.0004Q^2$

有导水锥时　　　　　　　　　　$\Delta h=0.0005Q^2$

式中：Δh 为进水流道水力损失值；Q 为进水流道自流时过流量。

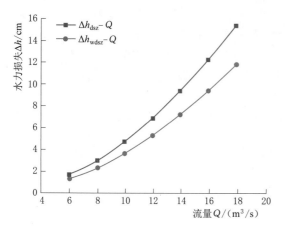

图 5.5　流道水力损失（自流工况）

由计算结果可知，自流工况时进水流道的水力损失均与流量成二次方关系。有无导水锥对自流工况时进水流道水力损失的影响随着流量的增大而增大，但损失值均较小。在流量为 $18\text{m}^3/\text{s}$ 时，两者的差值仅为 0.032m，可见导水锥对双向进水流道自流工况的过流影响小。

2. 抽水工况

在双向立式轴流泵装置处于抽水工况运行时，导水锥对进水流道出口流态的影响如何，本文通过对模型泵装置进行数值计算，并采用进水流道水力性能评判的目标函数即轴向速度分布均匀度 V_{u+}、速度加权平均角 $\bar{\theta}$ 及水力损失 Δh 进行定量的比较分析，计算结果如图 5.6 所示。

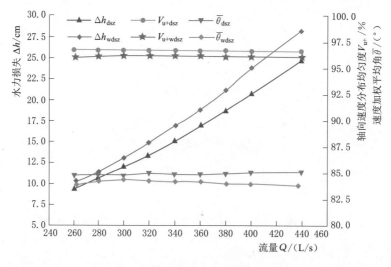

图 5.6　流道水力性能（抽水工况）

有导水锥时进水流道的轴向速度分布均匀度高于 96.5%，速度加权平均角均高于 $85°$，无导水锥时进水流道的轴向速度分布均匀度高于 96%，速度加权平均角均高于 $83.5°$，有导水锥的进水流道的轴向速度分布均匀度及速度加权平均角均优于无导水锥的进水流道，相比无导水锥的进水流道，轴向速度分布均匀度提高了 $0.5\%\sim0.8\%$，速度加权平均角提高了 $0.3°\sim1.28°$，而水力损失增加值随着流量的增大而增大。加设导水锥后，进水流道的水力损失大于未设置导水锥的进水流道水力损失，表明导水锥对进水流道出流流态的调整起到了作用，但是导水锥自身对水流有阻碍的作用，进水流道的水力损失稍有增加。

为清晰地反映箱涵式双向进水流道内流场的特性，选取流量 $Q=340\text{L/s}$ 时，截取距流道出口断面 0.2m 的水平截面作为特征断面进行分析，如图 5.7 所示，出口断面的轴向速度分布云图如图 5.8 (a)、(b) 所示，图 5.8 (c) 为出口断面的位置示意图。无导水锥时，进水流道喇叭口下四周环向进水，但环向速度分布不均，喇叭口下逆水侧有奇点且流线扭曲，是形成附底涡带的位置，流道盲端隔墩两侧有明显的对称漩涡。设置导水锥后，喇叭口下进水方式和环向速度分布均匀性规律与未设置导水锥大致相同，导水锥顺水侧平均流速大于逆水侧，加设导水锥占据喇叭口下奇点位置，消除了附底涡带，回流区域后移。对于箱涵式双向进水流道，加设导水锥对消除喇叭管下的涡带起到了重要的作用。

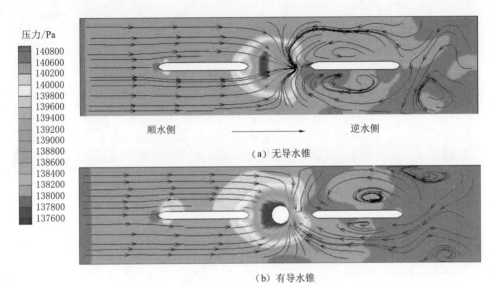

图 5.7　双向进水流道水平断面静压、流线图

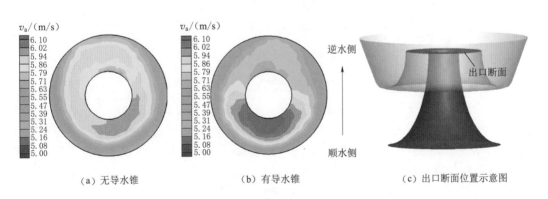

图 5.8　出口断面轴向速度分布及断面位置示意图

为进一步验证导水锥对泵装置抽水工况水力性能的影响，结合江苏省某泵站工程改造前期预研工作采用泵装置模型试验方法对有、无导水锥的泵装置进行试验，模型装置试验转速 $n=1450\text{r/min}$，叶片安放角 $\theta=+4°$，试验结果如图 5.9 所示。

试验结果表明：有、无导水锥时泵装置的轴功率基本保持不变；有导水锥时的扬程曲线相比无导水锥时略向右侧偏移，表明相同流量时，采用导水锥的泵装置扬程得到了提

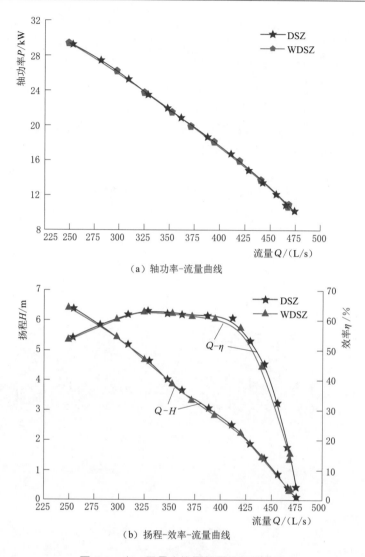

（a）轴功率-流量曲线

（b）扬程-效率-流量曲线

图 5.9　有、无导水锥泵装置外特性曲线

高，但提高的幅值很小，这与前面抽水工况时进水流道数值计算结果相吻合；有导水锥的泵装置效率曲线略高于无导水锥，在流量 $Q>360\text{L/s}$ 时，效率差略微明显，最高效率仅提高了约 0.50%，表明导水锥对抽水工况时泵装置的效率影响很小，这与前文对有、无导水锥的进水流道抽水工况水力性能分析所得结论相同。

5.1.1.2　扩散导叶体对泵装置水力特性的影响

扩散导叶体是灯泡贯流泵装置常用的导叶型式，与常见的轴流泵装置导叶体不同，其具有一定的扩散角度，借鉴扩散导叶体在灯泡贯流泵装置应用的结果，本节尝试将扩散导叶体应用于箱涵式双向立式轴流泵装置中，以达到进一步减小叶轮出口环量，将水流的旋转动能转化为压能，提高扬程的目的。

扩散导叶体轴面的主要几何参数为：导叶体长度 L、导叶轮毂单边扩散角 j_d 及导叶体内水流的当量扩散角 j_k，各参数示意图如图 5.10 所示。为说明扩散导叶体对箱涵式双向立式轴流泵装置能量性能的影响，本书通过数值计算分析了扩散导叶体对立式轴流泵装置性能的影响。计算方案为：计算方案 A 为 3 张叶轮叶片配 5 张导叶体 A（扩散导叶体），其中 $j_d = 12°$，其三维模型如图 5.11 所示；计算方案 B 为 3 张叶轮叶片配 5 张导叶体 B（直导叶体），其三维模型如图 5.12 所示。导叶体 A 和导叶体 B 的区别主要：①导叶体轮毂单边扩散角不同；②叶片导边外缘略有不同。

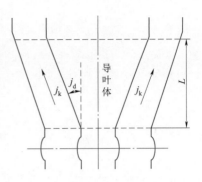

图 5.10　扩散导叶体轴面主要参数

在对两种计算方案的泵装置结果进行全局分析和比较时，采用全局流量系数 K_Q，全局扬程系数 K_H 和效率系数 K_η，计算见式（5.1），泵装置的水力损失差 Δh_{sys} 计算见式（5.2）。

$$K_Q = Q/(nD^3); \quad K_H = gH/(n^2 D^2); \quad K_\eta = \eta_{sys}/\eta_{bep} \tag{5.1}$$

式中：Q、H、η_{sys} 分别为各工况点的流量、泵装置扬程和泵装置效率；n 为叶轮旋转速度；D 为叶轮直径；g 为重力加速度；η_{bep} 为最优工况点的效率值。泵装置外特性计算结果如图 5.13 所示。

$$\Delta h_{sys} = \Delta h_{Bsys} - \Delta h_{Asys} \tag{5.2}$$

式中：Δh_{Asys}、Δh_{Bsys} 分别为方案 A、方案 B 泵装置的水力损失；Δh_{sys} 为两方案的泵装置水力损失之差。泵装置水力损失差与流量关系如图 5.14 所示。

图 5.11　方案 A 的扩散导叶体三维模型

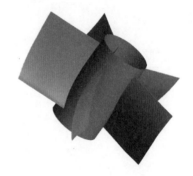

图 5.12　方案 B 的直导叶体三维模型

通过数值计算，给出了 3 种不同工况时（流量系数 $K_Q = 0.368$、0.524 和 0.582）导叶片展向 span=0.5 位置处环形曲面的三维流速向量图，如图 5.15 所示。

方案 A 泵装置扬程-流量曲线比方案 B 的扬程-流量曲线整体得到提升，相同流量时，方案 A 的扬程略高于方案 B，表明扩散导叶体可更好地吸收叶轮出口环量，将其转化为压能。从图 5.15 可见，在流量系数 $K_Q = 0.368$ 时，扩散导叶体和常规导叶体内均出现了大面积的回流区；在流量系数 $K_Q = 0.524$ 时，扩散导叶体内未出现回流区，但常规导叶体内仍出现了小范围的回流区；流量系数 $K_Q = 0.582$ 时，扩散导叶与常规导叶体内均未出现回流区。

方案 A 泵装置的高效区相比方案 B 的高效区向大流量（低扬程）方向偏移，说明在大流量工况时，扩散导叶对叶轮出口环量的回收效果显著，泵装置低扬程区的效率提高，

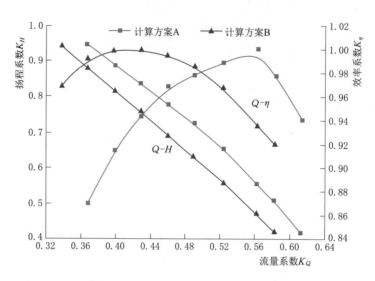

图 5.13　不同方案的泵装置外特性曲线

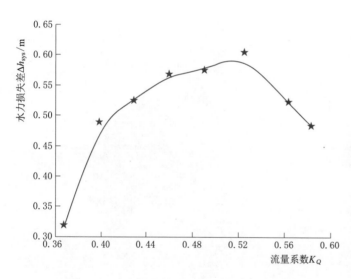

图 5.14　水力损失差 Δh_{sys} 与流量系数关系图

这为箱涵式双向立式轴流泵装置的设计及更新改造提供了有益的参考。

叶轮出口环量直接影响导叶体的水力性能，而导叶体出口剩余环量则影响出水流道的水力性能。不同工况时，导叶体出口剩余环量程度不同致使出水流道的水力性能也不相同。泵装置的水力损失包括进水流道的水力损失、叶轮内的水力损失、导叶体内的水力损失及出水流道的水力损失共 4 部分，其中导叶体内的水力损失和出水流道的水力损失合称为出水

构件的水力损失。在流量和转速相同时，两种方案叶轮及进水流道的水力损失差别非常微小，可忽略其差别，即两套装置的水力损失差为出水构件的水力损失差，随流量增加，装置出水构件的水力损失差先增大后减小。在小流量的时，扩散导叶体内出现脱流且随流量的减小而越严重，增加其水力损失，所以流量越小出水构件的水力损失差越小；在高效区（方案 A）时，扩散导叶对叶轮出口环量的回收达到最优，出水构件的水力损失差达到最大；在大流量（方案 A）时，出水构件的水力损失差减小，主要因扬程越低，导叶出口环量越小，不同导叶出口剩余环量对出水流道的影响差别越来越小。因此，在立式轴流泵站的更新改造中，需合理设计扩散导叶才可达到优化装置，提高效率的目的。

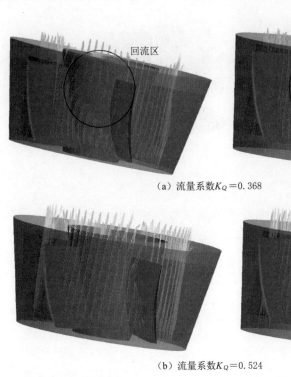

（a）流量系数$K_Q = 0.368$

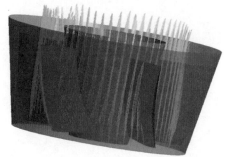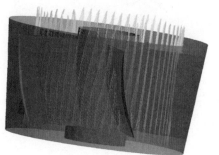

（b）流量系数$K_Q = 0.524$

（c）流量系数$K_Q = 0.582$

图 5.15　不同工况时各方案扩散导叶体内部流速矢量图

5.1.1.3　叶片数匹配对泵装置水力特性的影响

国内轴流泵叶轮的叶片数常为 3、4 和 5，而导叶体叶片常数为 5 和 7，且大多数情况是叶轮的叶片数与导叶体的叶片数互质。本小节讨论具有相同叶片形状的叶轮与导叶体常用的叶片数匹配对泵装置水力性能的影响，目前常采用的叶轮与导叶体叶片数均互质，两套叶轮与导叶体片数组合的计算方案分别为：计算方案 A 为 3 张叶轮叶片配 5 张导叶片，组成的水力模型如图 5.16（a）所示；计算方案 B 为 4 张叶轮叶片配 7 张导叶片，其组成的水力模型如图 5.16（b）所示。3 张叶轮叶片的轮缘处叶栅稠密度为 0.566，4 张叶轮叶片的轮缘处叶栅稠密度为 0.754，叶轮直径 D 均为 300mm，轮毂比 d_h 均为 0.40，转速 n 均为 1450r/min。

在对两种计算方案的泵装置结果进行全局分析和比较时，依然采用 5.1.1.2 节中的全

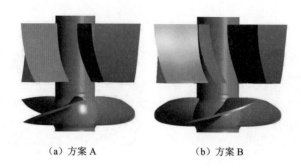

（a）方案 A　　　　　　　（b）方案 B

图 5.16　不同方案的水力模型

局流量系数 K_Q，全局扬程系数 K_H，方案 A 泵装置的外特性预测结果如图 5.17（a）所示，方案 B 泵装置的外特性预测结果如图 5.17（b）所示。

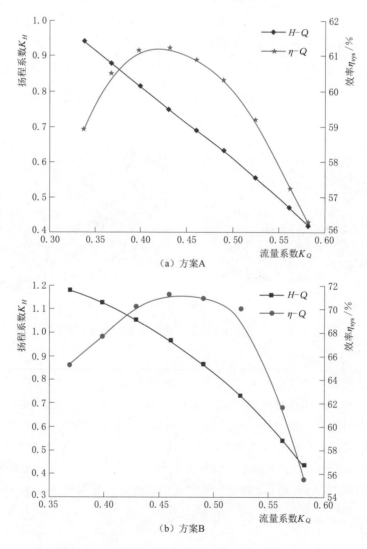

（a）方案 A

（b）方案 B

图 5.17　箱涵式双向立式轴流泵装置外特性曲线

5.1.1.3 节将泵装置高效区定义为最高效率点下降 1% 的两点所对应的流量点之间的范围。方案 A 的泵装置效率-流量曲线高效区处于 0.398~0.460 之间，方案 B 的泵装置效率-流量曲线处于 0.429~0.4907 之间，两种方案的高效区范围较接近，但两者的最高效率相差很大，方案 B 的最高效率达 71.28%，而方案 A 的最高效率仅为 61.25%。方案 B 的扬程-流量线相比方案 A 整体往右上方偏移，相同流量时，方案 B 的扬程高于方案 A。

叶轮叶片数的增加，降低了叶轮的比转数，提高了扬程；导叶叶片数的增加，加大了叶栅稠密度，减小了叶片通道的当量扩散角，可改善通道内脱流情况。适当增加叶轮与导叶的叶片数，可降低叶轮的比转数，提高扬程，从而扩大优秀水力模型的应用范围。

为进一步说明叶片数的匹配对泵装置内特性的影响，实际运行的泵站无法改变其上、下游的水位差，为此选择在相同泵装置扬程系数 $K_H = 0.747$ 时，对两套泵装置的叶轮特性进行分析。

在泵装置扬程相同时，叶片不同展向位置（span）静压沿弦向（x/l 表示控制点在弦长方向的位置）的分布如图 5.18 所示，两种方案时叶片压力面静压分布外侧大，靠轮毂侧小，叶片进水边吸力面的静压最小，容易产生空泡，因采用了无空化模型计算，吸力面靠近进水边的静压值已出现小于 0 的值，实际上早已出现空泡，但因范围小不至于对叶轮的效率产生影响，两种方案叶片吸力面中部静压分布比较平坦，若进口总压降低，吸力面中部压力将低于汽化压力，导致大面积空化，从而降低泵装置的效率。方案 B 吸力面的最小静压大于方案 A 吸力面的最小静压，方案 A 压力面的最大静压低于方案 B 压力面的最大静压，但方案 A 压力面中部沿弦向分布的静压大于方案 B。

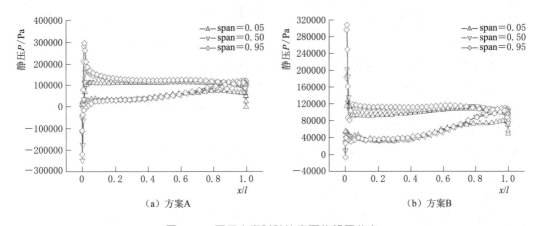

（a）方案A　　　　　　　　　　　（b）方案B

图 5.18　不同方案时叶片表面的静压分布

根据叶片吸力面中部沿弦向最小的压力 $P_{\min}$ 对两种方案的叶轮必需汽蚀余量进行预测，计算式如下

$$NPSH_{re} = \frac{10^5}{\rho g} - \frac{P_{\min}}{\rho g} + 0.24 \tag{5.3}$$

方案 A 的必需汽蚀余量为

$$NPSH_{re} = \frac{10^5}{\rho g} - \frac{30903}{\rho g} + 0.24 = 7.30 (\text{m})$$

方案 B 的必需汽蚀余量为

$$NPSH_{re} = \frac{10^5}{\rho g} - \frac{36593}{\rho g} + 0.24 = 6.72 \text{(m)}$$

方案 B 叶轮的必需汽蚀余量小于方案 A，在扬程和转速相同时，叶片数多的叶轮汽蚀性能好于叶片数少的叶轮，表明叶片数的变化对空化性能有明显影响，适当增加叶片数不但可提高扬程，还可改善轴流泵空化性能。

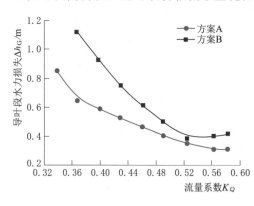

图 5.19　导叶体的水力损失随流量的变化曲线

轴流泵配后置导叶体可回收叶轮出口的漩涡能，导叶体在回收动能的过程中总存在水力损失和残留漩涡能。导叶体的叶片稠密度增加，必然会增大摩擦损失和排挤系数，从而影响整个装置的效率。通常情况，导叶体的叶片数为 5～8 片或 5～10 片，高比转数轴流泵建议取小值，且要求导叶体与叶轮的叶片数最好互为质数。若导叶体的叶片数与叶轮的叶片数同时增加，两种方案时导叶体的水力损失随流量的变化曲线如图 5.19 所示，导叶体的水力损失随流量的增大先减小后增大，5 叶片的导叶体的水力损失小于 7 叶片的导叶体，导叶体的水力损失增量相比于叶轮提供扬程的增量较小。通过改变叶轮及导叶体的叶片数组合，拓宽优秀水力模型的使用范围是可行的。

5.1.2　箱涵式双向立式轴流泵装置内流脉动特性

在 5.1.1 节中，针对双向箱涵式立式轴流泵装置的特点，以箱涵式双向立式轴流泵装置整体为研究对象，有针对性地开展了过流部件对双向立式泵装置水力性能的研究分析，在机组运行过程中箱涵式双向立式轴流泵装置的安全稳定性是值得研究的问题。压力脉动是泵装置内部流场的一个重要动力学特征，间接反映了泵装置内部流动的动态信息，也是衡量泵装置运行稳定性的重要指标。泵装置在运行中因压力脉动的存在，其安全稳定问题就非常突出。压力脉动的最大危害是使机组的结构振动加剧，可能出现水力激振，危害机组安全。水力激振问题是大型泵站水泵机组面临的突出问题之一。对低扬程泵装置内部压力脉动特性的研究，主要有物理模型试验和数值计算两种方法。

对低扬程泵装置采用数值计算方法研究其水力脉动特性所需时间较长，因泵装置的水力脉动研究需建立在非定常湍流场计算基础上，该项计算对计算机硬盘容量及计算机性能的要求较高，因此本节采用物理模型试验的方法研究双向立式泵装置内部水流的脉动特性，以为此类泵装置的设计、改造及安全稳定运行提供参考。

5.1.2.1　模型试验内容及测点布置

对箱涵式双向立式轴流泵装置内部水流压力脉动的测试，测点的选择非常关键，这关系到测试结果是否能正确地反映泵装置内压力脉动的真实情况。箱涵式双向立式轴流泵装置的安全稳定运行取决于众多因素，其中泵装置进水流道前端、出水流道后端（图 5.20）的压力脉动情况对泵站运行起到重要的作用，其诱发的水力激振可引起此处闸门振动，产生噪声，进而影响泵装置的安全稳定运行。本次试验选择了导叶体出口、箱涵式双向进水流道的前端及箱涵式双向出水流道的后端共 3 个测点进行了压力脉动特性研究，压力脉动测点布置示意图如图 5.20 所示。

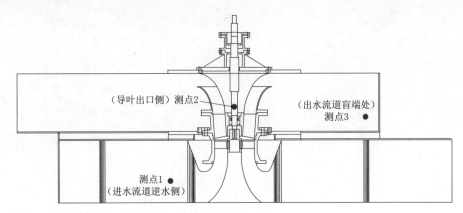

图 5.20　压力脉动测点布置示意图

箱涵式双向立式轴流泵装置的主要参数为：叶轮的叶片数为 4，叶轮的公称直径 $D=300\text{mm}$，额定转速 $n=1450\text{r/min}$，扩散导叶体的叶片数为 5。传感器采用 HM90 中高频动态传感器，信号采集采用北京英华达 EN900 便携式旋转机械振动采集仪及配套分析系统。在安装传感器时，确保传感器的工作面与液面充分接触。试验结果按 97% 置信度对压力脉动混频幅值取值。

在额定转速 $n=1450\text{r/min}$ 条件下，通过对 3 种试验过程中进行的压力脉动信号采集：在 5 个不同叶片安放角 θ 时的泵装置能量试验、在叶片安放角 $\theta=-4°$ 时不同特征扬程的空化试验以及在叶片安放角 $\theta=-4°$ 时不同叶轮转速的泵装置能量试验，主要分析了不同试验条件时各测点压力脉动相对幅值的变化情况。

5.1.2.2　能量试验泵装置内流脉动分析

压力脉动相对幅值 A_r 被定义为压力脉动波形的双振幅峰峰值与试验水头的比值：

$$A_r = \Delta H / H \tag{5.4}$$

式中：H 为泵装置扬程；ΔH 为压力脉动双振幅峰峰值，双振幅峰峰值为正负振幅峰值叠加。

试验中采集了 5 个不同叶片安放角（$-4°$、$-2°$、$0°$、$+2°$、$+4°$）时的能量试验压力脉动数据，泵装置的综合特性曲线如图 5.21（a）所示，各测点压力脉动相对幅值与流量的关系如图 5.21（b）～（d）所示。

相同叶片安放角时，不同工况下测点 1 和测点 3 的压力脉动相对幅值随流量增大而增大，而测点 2 的压力脉动相对幅值随流量的增大呈先减小后增大的趋势。当泵装置在高效区运行时，压力脉动相对幅值较小；一旦偏离高效区，压力脉动相对幅值均有所增强，特别是在大流量工况时，压力脉动相对幅值递增的速度明显加快。在流量小于 320L/s 时，叶片安放角 θ 为 $+2°$、$+4°$、$0°$、$-2°$ 时测点 3 的压力脉动相对幅值基本相同；在流量小于 240L/s 时，5 个叶片安放角的压力脉动相对幅值趋于一致。

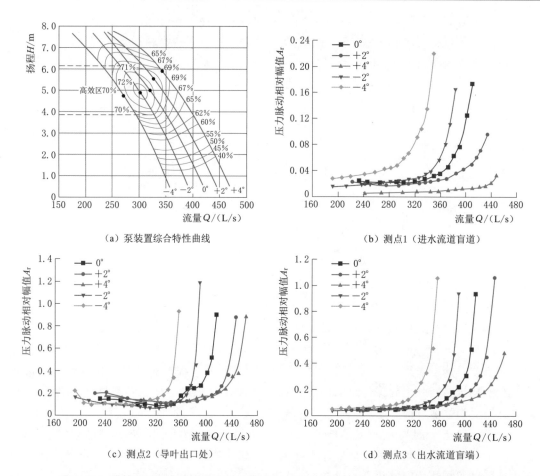

（a）泵装置综合特性曲线

（b）测点1（进水流道盲道）

（c）测点2（导叶出口处）

（d）测点3（出水流道盲端）

图 5.21　泵装置综合特性曲线及不同测点在不同叶片安放角下相对幅值与流量关系

　　不同叶片安放角时，在流量大于 280L/s 时测点 1 和测点 3 的压力脉动相对幅值变化趋势为从 $-4°\sim+4°$ 逐渐减小，而测点 2 的压力脉动相对幅值并没有呈现出明显的规律性。这主要是因为不同叶片安放角时导叶体内的流速场和压力场受叶轮出口环量的影响变化较大，不同工况时导叶体对压力脉动制约程度也不相同，水流流动的稳定性就有差异。

　　通过在 5 个不同叶片安放角时对泵装置能量特性压力脉动的测试，在叶片安放角为 $0°$、流量 $Q=370L/s$ 时，测点 2 的压力脉动相对幅值突增明显，而测点 1 和测点 3 未见突增。通过对泵装置的 CFD 计算分析，比较了最优工况与 $Q=370L/s$ 工况下导叶在相同展向位置 span=0.5 时的流速矢量，如图 5.22 所示。在流量为 370L/s 时，导叶翼型中部和尾部均出现了脱流，引起了流速场和压力场的不均分布，致使导叶体出口处（测点 2）的压力脉动相对幅值突增明显；而测点 1 和测点 3 均离导叶体距离较远，因受其影响较小，故压力脉动未有显著变化。当泵装置运行偏离高效区时，叶轮和导叶体内易产生脱流、回流等现象，从而产生较大的压力脉动，并可能引发振动。应尽量避免泵装置偏离最优工况运行，不仅能提高运行效率，也能减小压力脉动。

　　在各叶片安放角最优工况时，各测点的压力脉动相对幅值如图 5.23（a）所示，导叶出口处的压力脉动幅值最大，进水流道前端的压力脉动幅值最小。在相同特征扬程

（4.0m，1.0m）时，各叶片安放角时的压力脉动相对幅值分别如图 5.23（b）、（c）所示，为了比较同一测点、不同扬程时压力脉动相对幅值的变化，将扬程分为 4.0m、1.0m，压力脉动相对幅值差 ΔA_{r} 在不同叶片角 θ 时的情况如图 5.23（d）所示。

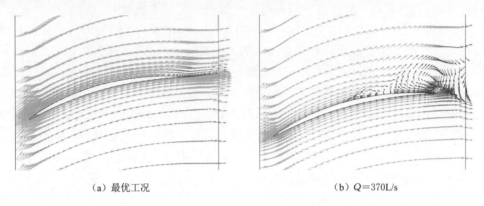

（a）最优工况　　　　　　　　　　　　　（b）$Q=370$L/s

图 5.22　相同展向位置时导叶翼型绕流速度矢量图

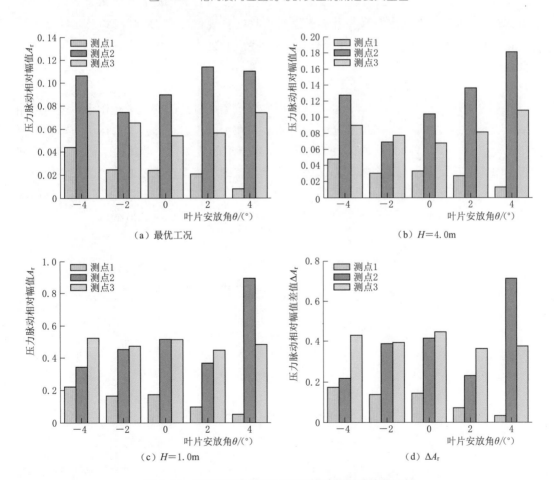

（a）最优工况　　　　　　　　　　　　　（b）$H=4.0$m

（c）$H=1.0$m　　　　　　　　　　　　　（d）ΔA_{r}

图 5.23　不同工况时各测点压力脉动相对幅值的比较

　　导叶体出口和出水流道后端的压力脉动相对幅值的关联程度不相同，进水流道前端的压力脉动相对幅值的变化未呈现一定的规律。在最优工况和扬程为 4.0m（处于高效区内）时，导叶体出口和出水流道后端的压力脉动相对幅值很小，均低于 0.2。在扬程为 1.0m 时，各叶片安放角下导叶体出口和出水流道后端的压力脉动相对幅值均处于 0.3～0.9。在扬程为 4.0m、1.0m 两个工况时，导叶体出口和出水流道后端的压力脉动相对幅值在各叶片安放角下相差很大，后者是前者的 2～5 倍，主要因扬程为 4.0m 工况均位于泵装置的高效区内，而扬程为 1.0m 工况已远离高效区。在高效区内，导叶体对叶轮出口环量回收相对较好；而偏离高效区时，能量回收差，流速激增，压力脉动剧烈。出水流道后端远离导叶体出口，其与导叶体的压力脉动相对幅值的关联程度不同，流量大时，出水流道后端水流流速大，流线变化复杂，湍流强度增大，引发的压力脉动较大；而进水流道前端的测点离转轮进口较远，对其脉动影响的因素主要是流量的大小，流量增大时流速增大，进水流道前端的压力脉动相对幅值也增大，但数值较小。

5.1.2.3　空化试验泵装置内流脉动分析

　　箱涵式双向立式轴流泵装置空化试验以叶轮中心线高程为基础，计算水泵有效汽蚀余量 $NPSH_a$，并且按照《水泵模型及装置模型验收试验规程》（SL 140—2006）的要求进行空化试验。叶片安放角度为 $-4°$ 时，选取 3 种特征工况进行空化性能试验，采集了压力脉动信号。3 种工况扬程分别为 2.0m，4.5m，6.0m。试验结果分别如图 5.24（a）～（c）所示。

　　各工况时，测点 1 的压力脉动相对幅值因有效汽蚀余量的改变而变化微小，表明箱涵式双向进水流道前端受叶轮空化性能的影响很小。在工况 1 时，测点 2 的压力脉动相对幅值小于测点 3，导叶体出口处的压力脉动弱于出水流道的后端，导叶体内水流的紊动强度低于出水流道后端，主要因导叶出口流速很大，高速的水流在流道壁面的约束下，使得盲端水流的紊乱程度得以加强，增强了脉动幅值。而在工况 2、工况 3 时，导叶体出口的脉动相对幅值大于出水流道后端，导叶体出口的脉动强度高于出水流道后端。

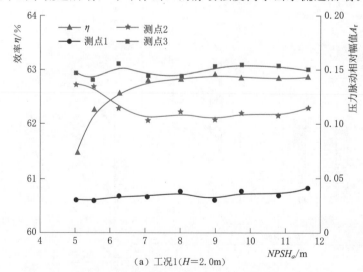

（a）工况 1（$H=2.0$m）

图 5.24（一）　不同特征工况时压力脉动相对幅值与有效汽蚀余量的关系

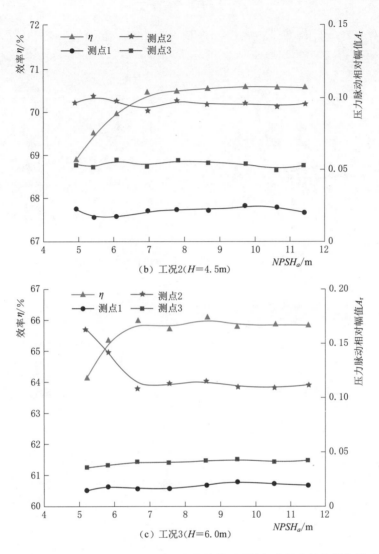

图 5.24（二）　不同特征工况时压力脉动相对幅值与有效汽蚀余量的关系

　　在各工况时，有效汽蚀余量下降到某一值时，导叶出口处的压力脉动相对幅值开始突增。随着有效汽蚀余量的继续减小，压力脉动相对幅值呈逐渐增大趋势。在工况 2 时，测点 2 的压力脉动相对幅值的增量小于工况 1 和工况 3，工况 2 更接近最优工况，其汽蚀性能优于工况 1 和工况 3，压力脉动相对幅值增大的特性表现得并不明显。箱涵式双向立式轴流泵装置在偏离最优工况越远处运行时，空化发生时导叶体出口的压力脉动相对幅值增大越明显。

5.1.2.4　转速对泵装置内流脉动影响

　　试验研究了在相同叶片安放角为 −4° 时，不同转速对箱涵式双向立式轴流泵装置各测点压力脉动性能的影响，各测点的压力脉动相对幅值与泵装置扬程 H 的关系如图 5.25 所示。

　　不同转速时，随着扬程的减小，测点 1 和测点 3 的压力脉动相对幅值均增大，而测点

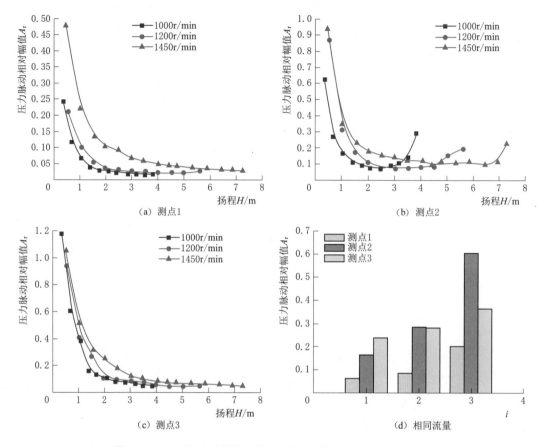

图 5.25　不同转速时各测点的压力脉动相对幅值与扬程的关系

2 表现为随扬程的增大先减小后增大的趋势。转轮与导叶在高效区工况附近时，叶轮和导叶体内无不良流态出现，导叶体出口处的压力脉动相对幅值会最小。在相同扬程时，进水流道前端和出水流道后端的压力脉动相对幅值均随转速的增大而增大，因相同扬程时，转速越大流量越大，进水流道内、导叶出口处的流速越大，引起两测点的压力脉动幅值增大。在扬程小于 2.5m 时，导叶体出口的压力脉动相对幅值随转速的增大而增大；而在扬程大于 2.5m 时，不同转速情况下导叶和转轮之间的动静干涉作用及导叶出口环量相对较大，导叶体出口处水流的横向速度较大，引起了导叶体出口处的压力脉动相对幅值没有呈现出一定的规律性。

在相同流量时，不同转速下各测点的压力脉动相对幅值如图 5.25（d）所示，符号 1、2、3 分别代表转速为 1000r/min、1200r/min、1450r/min。在相同流量时，随着转速的增大，各测点的压力脉动相对幅值均增大，但各测点的压力脉动相对幅值的增量并不相同。

5.2　箱涵式单向立式轴流泵装置内流特性

叶轮是低扬程泵装置的核心部件，其工作负荷能力和运行稳定性对整个泵装置的水力效率、运行成本及可靠性等起着举足轻重的作用。进水流道内的漩涡是影响泵装置运行稳定性的潜在因素，泵装置内部的漩涡会导致叶轮的效率下降，轴承的磨损加剧以及机组产生振动和噪声，严重时将导致泵装置无法正常运行。《泵站设计规范》（GB 50265—2010）9.2.2 节规定泵站进水流道布置应符合在各工况下流道内部不应产生涡带。在泵站的进水结构设计中应避免漩涡的产生，尽可能地为叶轮提供良好的入流条件。

箱涵式进水流道中漩涡的生成往往是因为流道中存在一个或多个漩涡源，如：流道内行进水流的不均匀性；存在流速梯度较大的剪切流等。在箱涵式进水流道中，从涡带发生的位置加以区分，可将涡带分为附底涡和附壁涡两种。为探明附底涡对箱涵式轴流泵装置水力性能的影响，以中小型泵站常用的箱涵式单向立式轴流泵装置为研究对象，采用数值模拟结合物理模型试验的方法针对有涡（附底涡）入流条件下箱涵式单向轴流泵装置内流特性及水力稳定性开展分析工作，同时针对箱涵式进水流道附底涡的问题研发了新型的消涡装置，并对各种消涡装置的消涡效果进行了模型试验的验证。

箱涵式单向进水流道的主要控制尺寸如下：D 为叶轮公称直径，H_{in} 为流道进口高度，h 为喇叭管悬空高，B 为流道宽度，L 为流道长度，X 为后壁距，D_{lb} 为喇叭管进口直径，H_j 为叶轮进口高度（叶轮室进口断面至进水流道底部的距离）。以叶轮公称直径为基数，对其他各参数进行无量纲换算，$H_{in}=1.40D$，$h=0.60D$，$B=3.0D$，$L=5.93D$，$X=1.31D$，$D_{lb}=1.70D$。喇叭管型线为 1/4 的椭圆形线，箱涵式进水流道的几何尺寸单线图如图 5.26 所示，箱涵式进水流道三维模型如图 5.27 所示。

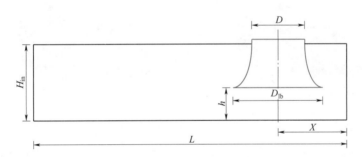

图 5.26 箱涵式单向进水流道尺寸示意图

箱涵式单向立式轴流泵装置共包括四大部分：箱涵式单向进水流道、叶轮、导叶体及圆直管式出水流道。叶轮叶片数为 4，叶轮直径 $D=120\text{mm}$，轮毂比 $d_h=0.40$，转速 $n=2400\text{r/min}$，计算的叶片安放角为 0°；导叶体叶片数为 7；共计算了流量 Q 在 16～43L/s 范围内的 9 个工况点。边界条件及收敛精度的设置参阅 2.1.4 节中方法。

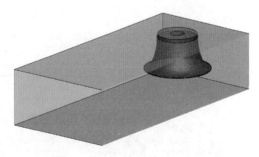

图 5.27 箱涵式单向进水流道三维模型图

该箱涵式单向立式轴流泵装置的各过流部件的网格节点数及网格单元数见表 5.5，泵装置整体的网格节点数为 1610341 个，网格单元数位 4387013 个。针对附壁涡的特点和网格生成遵从的原则，在漩涡易产生的位置处对近壁区网格进行了重点加密,本章对数值计算的局部网格加密制定了数种方案,并经数次泵装置全流道的数值计算验证后获得了合适的网格设置方法。考虑到漩涡运动的各向异性和强紊动性,本节数值计算采用 RNG $k-\varepsilon$ 湍流模型。

表 5.5　　　　　　　　　　各过流部件的网格节点数与网格单元数

类　别	转　轮	导叶体	箱涵式进水流道	弯管及出水流道
网格节点数/个	639640	344232	104989	521480
网格单元数/个	587956	307139	578861	2913057

为对比说明有涡入流对泵装置内部流动特性的影响,设计了一副消涡锥,以消涡锥底面中心为原点 (0, 0),铅垂方向为 y 方向,水平方向为 x 方向,则消涡锥的母线方程见式 (5.5):

$$y = -0.9635x^3 + 2.5528x^2 - 2.59x + 0.9999 \quad (0 \leqslant y \leqslant 1; \ 0 \leqslant x \leqslant 1) \quad (5.5)$$

有、无消涡锥的箱涵式单向立式轴流泵装置三维模型如图 5.28 所示。

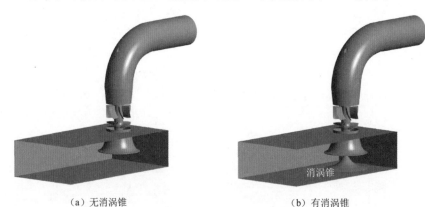

（a）无消涡锥　　　　　　　　　　（b）有消涡锥

图 5.28　箱涵式单向立式轴流泵装置三维模型（有、无消涡锥）

箱涵式单向立式轴流泵装置的能量性能试验在江苏省水利动力工程重点实验室的 ϕ120mm 立式轴流泵装置试验台上进行。整个试验台由开敞式进水池、受测泵装置、稳压圆柱形水箱、PVC 管道、ISW150 - 200A 型不锈钢离心泵和 D341 型法兰式不锈钢软密封蝶阀组成。箱涵式单向立式轴流泵装置试验台如图 5.29 所示。流量测量采用上海光华仪表有限公司生产的 LDG - SDN150 电磁流量计,扬程测量采用 EJA 型智能压差变送器,扭矩及转速的测取采用 JCO 型转速转矩传感器,各传感器输出端均与 Powerlink JW - 3 显示仪相连。

图 5.29　ϕ120mm 立式轴流泵装置模型试验台

基于泵装置全流道的三维数值计算结果,对泵装置的能量性能进行预测，并将预测结果与模型试验结果进行对比，如图 5.30 所示。数值预测的泵装置流量系数-扬程系数（K_Q-K_H）曲线与物理模型试验所得性能曲线整体趋势相同，在流量系数 K_Q＝0.318 时，两者的泵装置扬程系数差异较大。流量系数-效率系数（K_Q-K_η）的预测曲线与试验所得曲线的整体趋势基本一致，但在流量系数 K_Q＜0.408 和 K_Q＞0.556 时，差异性较明显。

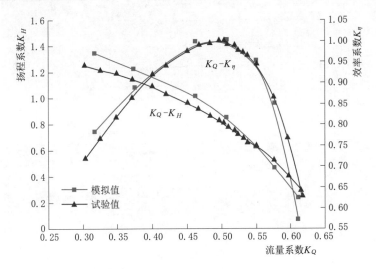

图 5.30　模拟值与试验值的对比

5.2.1　箱涵式单向进水流道内流场及水力特性

为直观地反映箱涵式单向进水流道内部流动特征，本节给出了 3 个特征工况（流量系数 K_Q＝0.318、0.499 和 0.608）时箱涵式进水流道内部的三维流线，如图 5.31 所示。由计算结果可知：箱涵式进水流道内部流动可分为 3 个阶段：第 1 阶段为水流在直线段内流态调整阶段；第 2 阶段为水流向喇叭管进口的汇集阶段；第 3 阶段为水流在喇叭管内整流阶段。

第 1 阶段，水流在流道直线段内的整流，以保证流速分布均匀，水流受到流道内流场边界的约束，流动在水平方向保持流线平行，并在接近喇叭管段处流线出现不同程度的弯曲。

第 2 阶段，水流向喇叭管进口的汇集阶段，流道底部和流道中心线附近的水流从喇叭管前部直接进入喇叭管，靠近流道壁面的水流从喇叭管的两侧进入喇叭管口，还有一部分水流从喇叭管绕至喇叭管侧后面进入喇叭管内，该阶段的流线急剧弯曲，流态十分复杂，水流从四周进入喇叭管是箱涵式进水流道流态的典型特征。

在该阶段内 3 个特征工况时喇叭管口正下方均出现了附底涡。喇叭管中心正对的箱涵式进水流道底部水流以较低的速度流动，形成低速回流区，在近壁区与周围水体间形成一剪切层，在剪切层附近，速度梯度很大，易在此处形成漩涡，因湍流水体的黏性存在，湍流的扩散及箱涵式进水流道中存在较大的切向速度，剪切层之间的涡就会聚集成一束，形成强制涡带。

　　第 3 阶段，水流从四周进入喇叭管内时流速及静压分布均不均匀，通过喇叭管壁面对水流约束，水流在喇叭管内急剧收缩，流速迅速增加，同时流速分布得到较快的调整，该阶段直接决定了进入叶轮室的水流流态。

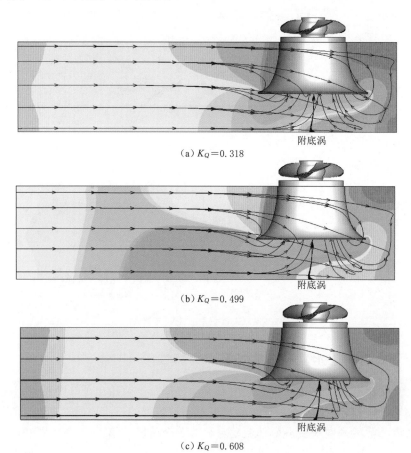

(a) $K_Q = 0.318$

(b) $K_Q = 0.499$

(c) $K_Q = 0.608$

图 5.31　3 个特征工况时流道内部流线

　　第 2、第 3 阶段尤为重要，从图 5.31 可知：3 个工况时喇叭管底部均出现了附底涡，附底涡的出现将直接影响泵装置的安全运行稳定性，降低泵装置的效率。

　　为进一步分析箱涵式进水流道的水力性能，采用 2.2.1.2 节的公式对有、无消涡锥的进水流道水力性能进行计算，并进行差值的比较，水力性能各项指标的差值定义见式 (5.6) ～式 (5.8)，比较结果如图 5.32 和图 5.33 所示。

水力损失差值：
$$\Delta h = \Delta h_{\text{wxwz}} - \Delta h_{\text{xwz}} \tag{5.6}$$

速度加权平均角差值：
$$\Delta \bar{\theta} = \Delta \bar{\theta}_{\text{xwz}} - \Delta \bar{\theta}_{\text{wxwz}} \tag{5.7}$$

轴向速度分布均匀度：
$$\Delta V_{u+} = \Delta V_{u+(\text{xwz})} - \Delta V_{u+(\text{wxwz})} \tag{5.8}$$

式中：下标 xwz 表示有消涡锥的进水流道；下标 wxwz 表示无消涡锥的进水流道。

　　流量系数 K_Q 在 0.30～0.62 范围内，相比无消涡措施的箱涵式单向进水流道，有消

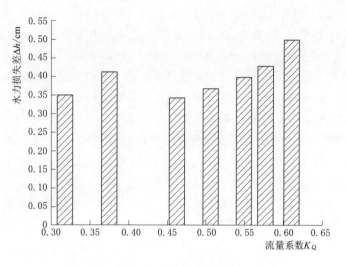

图 5.32 水力损失差值

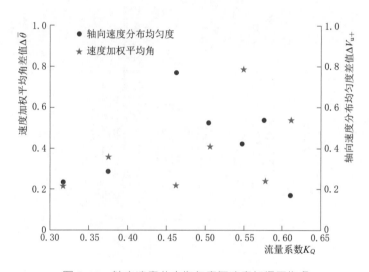

图 5.33 轴向速度分布均匀度与速度加权平均角

涡措施的箱涵式单向进水流道水力损失均减小,最小下降了 0.34cm,最大下降了 0.5cm;轴向速度分布均匀度最大提高了 0.77%,最小提高了 0.17%;速度加权平均角最大提高了 0.79°,最小提高了 0.22°。通过基于全流道的箱涵式单向立式轴流泵装置数值计算分析可知:有、无消涡锥的进水流道轴向速度分布均匀度与速度加权平均角的差异性很小,但其水力损失下降值较大,主要因无消涡锥时附底涡的产生消耗掉部分能量,喇叭管口吸水段的流态也较差,水流相互撞击也损耗掉部分能量。

5.2.2 有涡入流条件下轴流泵水力性能

为分析有涡入流条件下叶轮所受轴向力和径向力,定义了相对比值 m 为有无涡入流条件下叶轮受力之差与有涡入流时叶轮受力的百分比,则轴向力相对比值为 m_1 和径向力相对比值为 m_2。有涡入流条件下叶轮所受轴向力和径向力的曲线如图 5.34 所示,轴向力

相对比值 m_1 和径向力相对比值 m_2 如图 5.35 所示。附底涡对叶轮所受轴向力波动的影响较小，轴向力相对比值 m_1 的波动在 7.0% 范围内，轴向力随流量系数的增大而减小，附底涡对叶轮所受径向力的影响较大，径向力相对比值 m_2 波动在 5.0%～110.0% 范围内，以致叶轮所受径向力的规律性不明显，涡带对叶轮受力有一定的影响，鉴于此，对于存在附底涡的泵装置宜采取消涡措施从而确保叶轮受力的稳定性。

有、无涡（附底涡）入流时，不同工况下叶片不同展向位置（span）静压沿弦向分布如图 5.36 所示（图中：x/l 表示控制点在弦长方向的位置）。有、无附底涡入流时，叶片吸力面静压由进水边向出水边逐渐增大，在叶片安放角 0° 时，在叶片头部，由于绕流，叶片正背面速度相差很大，导致叶片头部吸力面附近的静压急剧下降，叶片压力面进口处出现局部高压区，吸力面进口处出现低压区。各工况时叶片不同展向位置分析，有涡入流并未改变叶片表面静压分布整体趋势。

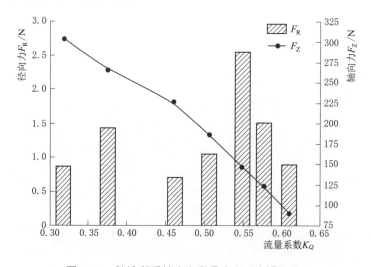

图 5.34　叶轮所受轴向力和径向力（有涡入流）

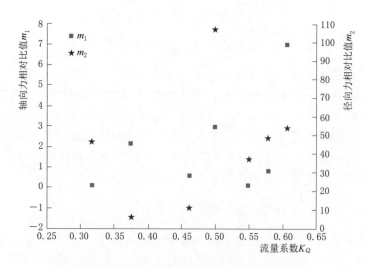

图 5.35　叶轮所受轴向力和径向力相对比值

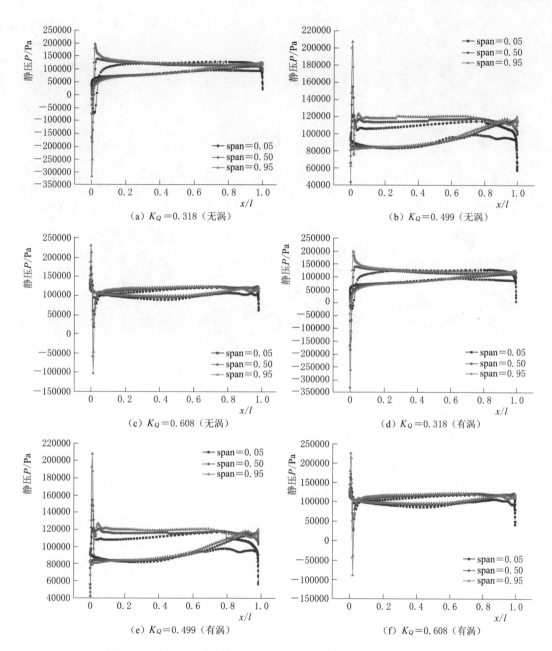

图 5.36 有、无涡入流时，不同工况下叶片不同展向位置静压分布

5.2.3 箱涵式进水流道附底涡的数值模拟

鉴于箱涵式单向进水流道附底涡形成机理的复杂性，难以对漩涡的强度及其影响作出定量分析，长期以来，通常采用水力模型实验来评价和预测不同条件下进水流道中进水流态及其对水泵性能的影响，本节采用定性和定量相结合的方法对附底涡进行分析，图5.37 为 3 个特征工况时 CFD 计算结果和高速摄影机拍摄的图片对比图。高速摄影采用加

拿大 Mega Speed 公司的 MS50K，传感器为 Mega Speed 黑白 CMOS 传感器，最大分辨率为 1280×1024，像素尺寸为 $12\mu m \times 12\mu m$。

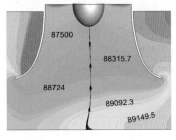
（a）$K_Q = 0.318$（CFD 数值计算）

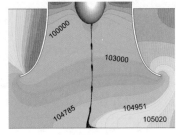
（b）$K_Q = 0.499$（CFD 数值计算）

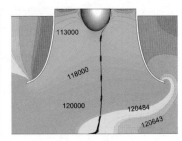
（c）$K_Q = 0.608$（CFD 数值计算）

（d）$K_Q = 0.318$（高速摄影）

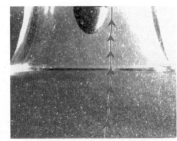
（e）$K_Q = 0.499$（高速摄影）

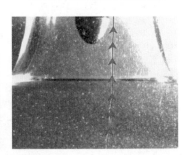
（f）$K_Q = 0.608$（高速摄影）

图 5.37　3 个特征工况时 CFD 计算结果和高速摄影图片的对比（单位：Pa）

　　模型试验中以气泡为示踪粒子，采用高速摄影（high speed photography）技术拍摄附底涡的轨迹图，通过 CFD 数值分析和高速摄影图片对附底涡的对比，数值计算结果与摄影图片捕捉到的附底涡在喇叭口底部发生的位置略有差异，整体流态表现较为一致，表明了该模拟结果具有一定的可信度。

　　为进一步分析附底涡的产生原因，规定了平面 XOY，X 方向为垂直水流方向，Y 方向为顺水流方向，示意图如图 5.38（a）所示。选择了两个特征断面，1—1 断面距流道底面距离为 0.0768m，2—2 断面为喇叭管进口处断面，两断面均为圆形断面，断面直径为喇叭管进口管径，两断面示意图如图 5.38（b）所示。沿各特征断面上选取两根特征线段

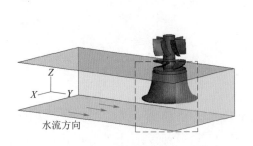
（a）坐标及研究区域

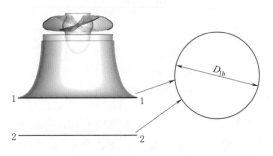
（b）特征断面位置示意图

图 5.38　坐标及断面位置示意图

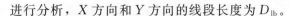

进行分析，X 方向和 Y 方向的线段长度为 D_{lb}。

为便于分析，定义无量纲距离 l^* 为

X 方向上 $$l^* = \frac{x}{0.5D_{lb}} \quad (0 \leqslant x \leqslant 0.5D_{lb})$$

Y 方向上 $$l^* = \frac{y}{0.5D_{lb}} \quad (0 \leqslant y \leqslant 0.5D_{lb})$$

涡量是速度场的旋度，在流体中，只要有涡量源，就会产生涡漩，涡量（vorticity magnitude）$\|\omega\|$ 的计算式见式（5.9）：

$$\|\omega\| = \sqrt{\omega_x^2 + \omega_y^2 + \omega_z^2} \tag{5.9}$$

式中：ω_x、ω_y、ω_z 为 X、Y 和 Z 轴 3 个方向的涡量值，1/s。

各工况时特征断面上截取的两线段的涡量如图 5.39 所示。各工况时涡量的统计值见表 5.6。

表 5.6 各测线的涡量最大值

流量系数 K_Q	X 方向测线最大涡量/(1/s)		Y 方向测线最大涡量/(1/s)	
	1—1 断面测线	2—2 断面测线	1—1 断面测线	2—2 断面测线
0.318	11.58	9.22	12.60	6.89
0.506	19.09	13.14	21.84	9.99
0.608	22.12	13.38	26.07	9.99

各工况时，无量纲距离 l^* 在 $-0.40 \sim -0.15$ 范围内时 X 和 Y 方向的涡量最大值几乎出现在同一位置处，或者位置相差不大，在该范围内两个方向的涡量叠加更易导致涡带的产生；无量纲距离 l^* 在 $0.15 \sim 0.80$ 范围内时，X 方向的最大涡量值和 Y 方向的最大涡量值所处位置并没有出现在同一位置处，中心线右侧出现涡带的概率低于中心线左侧，但实际中只要涡量值达到某一数值即可形成涡带，涡量越大，截面积越小，其旋转的角速度就越大，随着截面积的增大，涡量值越来越小，附底涡的旋转强度也越来越低，表 5.6 中两断面上 X 和 Y 方向涡量的最大值可说明此点。随着流量系数的增大，涡量最大值衰减的速度也越快，在流量系数 $K_Q = 0.608$ 时，两断面在 X 方向测线的最大涡量衰减了 39.51%；在 Y 方向测线的最大涡量衰减了 61.68%，附底涡最终完全耗散于叶轮内部。

由表 5.6 可知：随流量系数 K_Q 的增大，X 和 Y 方向测线的最大涡量值呈现出逐渐增大，增幅逐渐减小。附底涡产生于流道底部，当其到达喇叭管进口处时，X 和 Y 方向的最大涡量值均向中心点处靠近，表明附底涡的运动并不是直线性运动而是有一定摆动的。

5.2.4 箱涵式进水流道几何尺寸对泵装置性能的影响

以上各节探讨了箱涵式单向进水流道附底涡产生的原因及其形态，为进一步阐述箱涵式单向进水流道几何尺寸对其水力性能的影响，5.2 节中箱涵式进水流道给出了 5 个关键几何尺寸：流道进口高度 H_{in}，喇叭管悬空高 h，流道长度 L，后壁距 X，喇叭管进口直径 D_{lb}，其中喇叭管悬空高 h 是吸水喇叭管进口至流道底部的距离，其取值对喇叭管附近

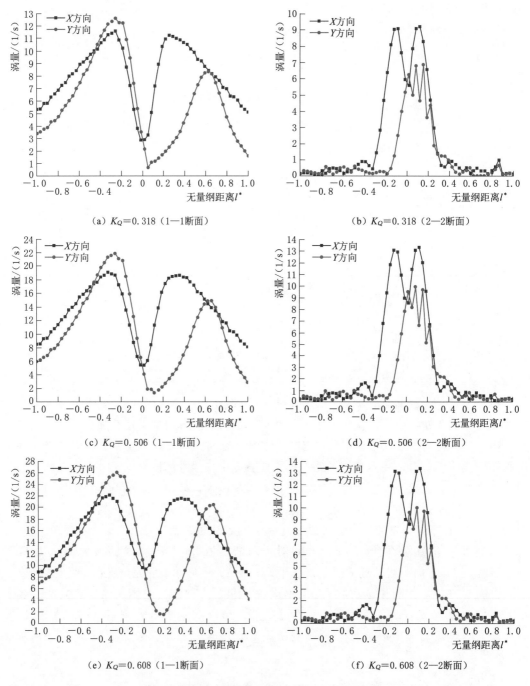

图 5.39　各工况时特征断面上的涡量图

流态和土建投资的影响非常显著，箱涵式单向进水流道的水流从四周进入吸水喇叭管，合适的悬空高对于形成周向水流流动并确保水流基本均匀地进入吸水喇叭管至关重要，因此本节以箱涵式单向进水流道喇叭管悬空高为研究对象分析了其对附底涡产生的影响及其对流道、泵装置水力性能的影响，本节通过调整流道的净高达到设置不同喇叭管悬空高的目的，共选取了 6 种不同喇叭管悬空高进行分析，各方案喇叭管悬空高和箱涵式单向进水流道高度见表 5.7。

表 5.7　　　　　　　　　不同方案的喇叭管悬空高和箱涵式单向进水流道高度

名称	类别	相对值	名称	类别	相对值
喇叭管悬空高	方案 1	0.2D	箱涵式单向进水流道高度	方案 1	1.0D
	方案 2	0.4D		方案 2	1.2D
	方案 3（原方案）	0.6D		方案 3（原方案）	1.4D
	方案 4	0.8D		方案 4	1.6D
	方案 5	1.0D		方案 5	1.8D
	方案 6	1.2D		方案 6	2.0D

注　D 为叶轮公称直径。

以进水流道喇叭管悬空高和流道高度两个相互关联的几何参数作为一个指标，基于三维定常数值计算对泵装置水力性能的影响进行分析。相同流量 Q 时，各方案的箱涵式单向进水流道进口断面相对面积比 m_s 和流道进口的相对入流速度比 m_v 定义如下：

相对面积比：
$$m_s = \frac{4A_{in}}{\pi D^2} = \frac{4BH_{in}}{\pi D^2}$$

相对入流速度比：
$$m_v = \frac{1}{m_s}$$

各方案的箱涵式进水流道进口断面相对面积比与相对入流速度比如图 5.40 所示，各方案的进口断面相对面积呈线性变化，相同流量时箱涵式进水流道进口断面的平均流速呈 2 次曲线变化。选择了 3 个特征工况（流量系数 $K_Q = 0.318$、0.499 和 0.608）对各方案分别进行三维定常数值计算，获得了各方案的泵装置水力性能，各方案的箱涵式进水流道内部三维流线分别如图 5.41～图 5.45 所示。

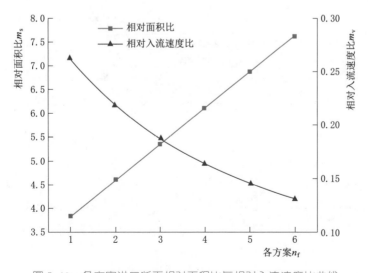

图 5.40　各方案进口断面相对面积比与相对入流速度比曲线

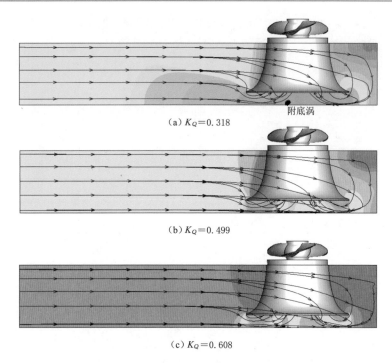

（a）K_Q=0.318　　附底涡

（b）K_Q=0.499

（c）K_Q=0.608

图 5.41　方案 1 的箱涵式进水流道内部三维流线图（h=0.2D）

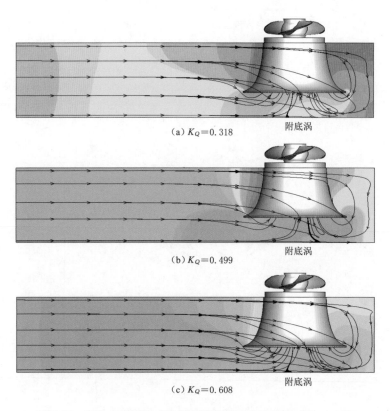

（a）K_Q=0.318　　附底涡

（b）K_Q=0.499　　附底涡

（c）K_Q=0.608　　附底涡

图 5.42　方案 2 的箱涵式进水流道内部三维流线图（h=0.4D）

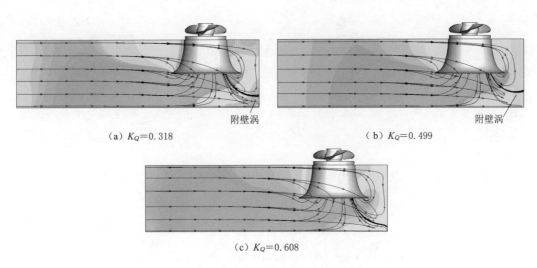

图 5.43　方案 4 的箱涵式进水流道内部三维流线图（$h=0.8D$）

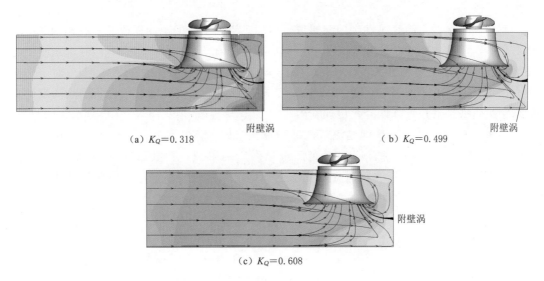

图 5.44　方案 5 的箱涵式进水流道内部三维流线图（$h=1.0D$）

在喇叭管悬空高 $h=0.4D$ 和 $h=0.6D$ 时，各工况下箱涵式进水流道底部均出现了附底涡，以图 5.38（a）定义的 XOY 平面为基准，对各工况时涡核的 Y 方向起始位置进行统计，见表 5.8。

表 5.8　　　　　　　　　不同喇叭管悬空高时涡核中心的位置

名称	流量系数 K_Q	涡核在 Y 方向位置	名称	流量系数 K_Q	涡核在 Y 方向位置
方案 2	0.318	−14.12mm	方案 3	0.318	−4.74mm
	0.499	46.88mm		0.499	2.36mm
	0.608	−16.60mm		0.608	1.65mm

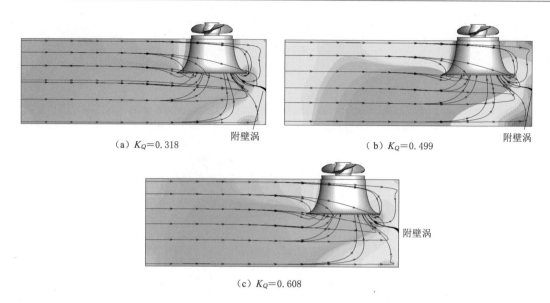

(a) $K_Q=0.318$　　　　附壁涡　　　　(b) $K_Q=0.499$　　　　附壁涡

(c) $K_Q=0.608$　　　附壁涡

图 5.45　方案 6 的箱涵式进水流道内部三维流线图 （$h=1.2D$）

在相同工况时，附底涡发生的起始位置因喇叭管悬空高的不同而改变；在相同喇叭管悬空高时，涡核中心起始位置因工况的不同而改变；在方案 3（$h=0.6D$）时，涡核中心在 Y 方向的位置变化范围在 （$0.0138\sim0.0395$）D 之间，在方案 2（$h=0.4D$）时，涡核中心在 Y 方向的位置变化范围在 （$0.118\sim0.391$）D 之间，表明随着喇叭管悬空高度的降低，喇叭管底部的速度梯度变化更加剧烈。

涡带形成的最基本条件就是流道底部形成涡带的水流需具备一定的圆周分速度。在喇叭管悬空高 $h=0.2D$ 时，喇叭管底部未见涡带的形成，主要因喇叭管悬空高较小，速度梯度变化剧烈，水流的圆周分速度未达到一定数值，或部分水体的圆周分速度达到该值后即被四周的进入喇叭管的水流扰乱，导致附底涡带未能形成。在喇叭管悬空高 $h=$（$0.4\sim0.6$）D 时，箱涵式进水流道底部均出现了附底涡带，在喇叭管悬空高 $h=$（$0.8\sim1.2$）D 时，箱涵式进水流道底部未见附底涡带，但流道后壁均出现了附壁涡。

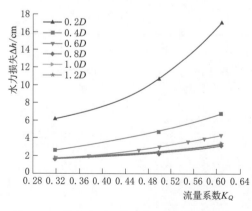

图 5.46　各方案时箱涵式进水流道的水力损失

在上述内部流动分析的基础上，对各方案的箱涵式进水流道的水力性能进行分析，水力损失计算结果如图 5.46 所示。箱涵式进水流道的水力损失呈现出随喇叭管悬空高度的增加而减少的整体趋势。在喇叭管悬空高 $h=0.2D$ 时，各工况下箱涵式进水流道的水力损失平均是方案 2（$h=0.4D$）时流道水力损失值的 2.38 倍；方案 2 时各工况下箱涵式进水流道的水力损失平均是方案 3（$h=0.6D$）时流道水力损失值的 1.53 倍；随着喇叭管悬空高的进一步增大，箱涵式进水流道的水力损失值差异性较小，在各方案中，喇叭管悬

空高 $h=0.8D$、$h=1.0D$ 和 $h=1.2D$ 时，箱涵式进水流道的水力损失差值均在 $0.1\sim$ $0.2\mathrm{mm}$ 范围内。

对流量系数 $K_Q=0.499$ 和 $K_Q=0.608$ 各方案时箱涵式进水流道出口断面的水力性能进行计算，轴向速度分布均匀度与速度加权平均角如图 5.47 和图 5.48 所示。

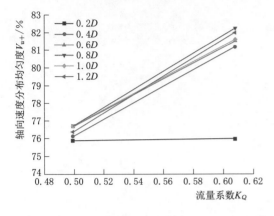

图 5.47 流道出口断面的轴向速度分布均匀度

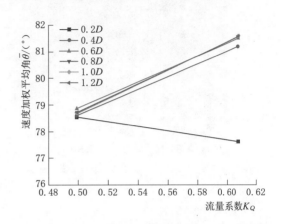

图 5.48 流道出口断面的速度加权平均角

在喇叭管悬空高 $h=0.2D$ 时，箱涵式进水流道出口断面的轴向速度分布均匀度与速度加权平均角在各方案中均最低，尤其在大流量工况（流量系数 $K_Q=0.608$）时，速度加权平均角比方案 2 低了 $3.57°$，轴向速度分布均匀度低了 5.22%。随着喇叭管悬空高的减小，轴向速度分布均匀度开始逐渐减低且下降幅度逐渐增大，在喇叭管悬空高 $h=(0.6\sim1.2)D$ 时，速度加权平均角差值很小，但喇叭管悬空高从 $h=0.4D$ 继续减小时，速度加权平均角大幅度减低，表明了随喇叭管悬空高的减小，进入喇叭管的水流流态越差，流速分布越不均，从图 5.41~图 5.45 中可知，流入喇叭管的水流流线弯曲幅度更大，将进一步导致水力损失的增大，这与图 5.46 所得结论相同。

无论喇叭管悬空高取值多少，箱涵式进水流道均存在附底涡和附壁涡，因此对于该形式的进水流道宜采用消涡措施，避免涡带的形成。基于上述分析。对于箱涵式进水流道的喇叭管悬空高度建议其取 $h=0.8D$，同时采用一定的消涡措施。

5.2.5 箱涵式进水流道特征断面的 PIV 流场测试

2D3C-PIV 测试系统为丹麦 Dantec 公司生产，包括一个双腔 Nd：Yag 激光器，激光器最大输出能量为 $600\mathrm{mJ}$，波长为 $532\mathrm{mm}$，最大频率为 $100\mathrm{Hz}$，脉动持续时间 $6\mathrm{nm}$；两台 SpeedSense 9050 相机，相机分辨率为 $4.3M$，采集速度为 480 帧/s，相机自带 12GB 内存；通过激光测量中示踪粒子的选择分析，采用聚苯乙烯作为示踪粒子，整个测试系统如图 5.49 所示，测试区域如图 5.50 所示。

对流量系数 $K_Q=0.499$ 和 $K_Q=0.608$ 工况时箱涵式进水流道中心纵断面进行 3D-PIV 激光测量，并将测试结果与 CFD 数值计算结果进行比较，结果如图 5.51 所示，图 5.51 中标注为相对速度，即各点速度与测试断面中最大速度的比值（$v_i/v_{\max}$）。

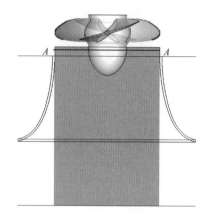

图 5.49 2D3C - PIV 测试试验台及测试设备　　　　图 5.50 测试区域（阴影部分）

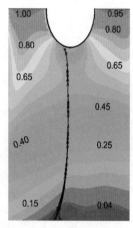 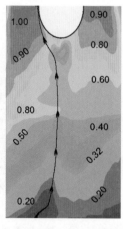 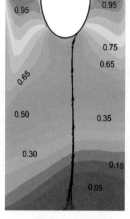 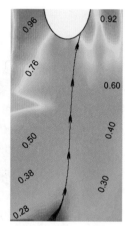

（a）CFD(K_Q=0.499)　（b）2D3C-PIV(K_Q=0.499)　（c）CFD(K_Q=0.608)　（d）2D3C-PIV(K_Q=0.608)

图 5.51 CFD 计算与 2D3C - PIV 测试结果比较（v_i/v_{max}）

　　在流量系数 K_Q=0.499 和 K_Q=0.608 时，2D3C - PIV 测试的断面结果与 CFD 数值计算获得合速度分布的整体趋势及其变化趋势基本相同，2D3C - PIV 测试和 CFD 数值计算获得的涡核线的整体趋势也相同，从而也验证了 CFD 数值计算结果的有效性和可靠性。

　　截取断面出口侧的一根测线 A—A，如图 5.50 中所示，将相对合速度值进行对比，如图 5.52 所示。在流量系数 K_Q=0.499 时，CFD 计算与 2D3C - PIV 测试所得合速度分布趋势整体上相同；在流量系数 K_Q=0.608 时，CFD 数值计算与 2D3C - PIV 测试结果在轮毂的逆水侧的速度分布存在差异性稍大，从速度的整体分布分析，CFD 数值计算与 2D3C - PIV 测试结果基本相同。

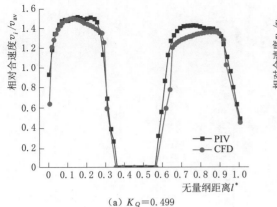
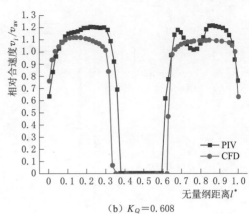

(a) $K_Q = 0.499$　　　　　　　　　(b) $K_Q = 0.608$

图 5.52　2D3C - PIV 测试与 CFD 数值的相对合速度对比

5.3　箱涵式单向立式轴流泵装置水力稳定性

箱涵式单向立式轴流泵装置的叶轮转速为 2400r/min，1 个物理周期为 0.025s，选择 3 个特征工况（流量系数 $K_Q = 0.318$、0.499 和 0.608）对泵装置进行三维非定常数值计算，根据采用定量 $f_{s.max} \geqslant 2f_{max}$，时间步长 $\Delta t = 0.0000694$s，一个周期时间步数为 360 步，每当叶轮旋转 3°时压力监测点采样 1 次，共计算 8 个叶轮旋转物理周期。控制方程采用基于有限元的有限体积法（CV - FEM）进行离散化，离散方程采用全隐式耦合代数多重网格方法进行求解，在离散过程中，对流项采用高分辨率格式，其他项采用中心差分格式。

在箱涵式双向立式轴流泵装置非定常流场数值计算结果基础上，对泵装置进行动态特性的预测，预测包括流量、扬程、扭矩及效率。

基于三维定常与非定常数值计算预测了 3 个特征工况下箱涵式泵装置的扬程系数、效率，并将效率预测值与泵装置模型试验结果进行差值以便于比较分析，对比结果如图 5.53 所示。3 个特征工况时，基于定常预测、非定常预测的泵装置扬程系数 K_H 与试验结果均吻合较好，绝对误差均在 0.15 以内，基于定常预测的泵装置效率与模型试验所得结果的绝对误差 $\Delta\eta_1$ 均大于 3.5%，而基于非定常预测的泵装置效率与模型试验所得结果的绝对误差 $\Delta\eta_2$ 均小于 2.5%，表明了对于有涡入流条件下泵装置的三维内流场数值计算采用非定常数值计算方法更为有效，在小流量工况（$K_Q = 0.318$）和大流量工况（$K_Q = 0.608$）时，泵装置非定常预测的性能结果将更为有效。

5.3.1　泵装置的三维非定常内流特性

通过数值计算方法，获得了在叶轮旋转的一个完整干涉周期内箱涵式轴流泵装置内部流场的变化情况，因篇幅所限，本节仅截取箱涵式单向进水流道的特征中心纵断面，对 3 个特征工况下 6 个时间点的断面流场特征量静压分布及漩涡情况进行分析，在不同时刻的各工况箱涵式进水流道中心纵断面的静压分布与附底涡如图 5.54～图 5.56 所示。

在流量系数 $K_Q = 0.318$ 时，在一个叶轮旋转的物理周期内间隔 0.005s 时流道底部均

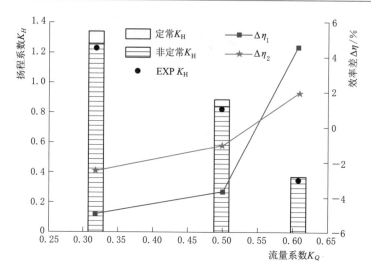

图 5.53　定常与非定常数值计算结果

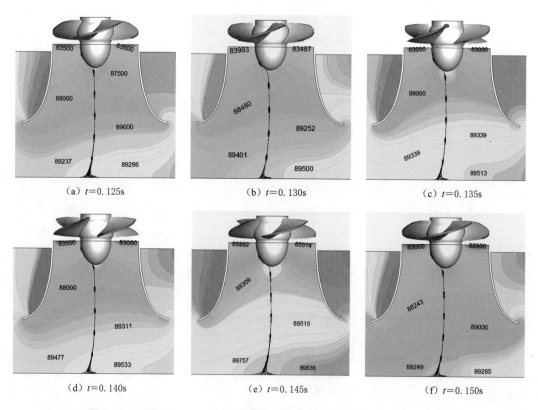

图 5.54　工况 $K_Q = 0.318$ 特征断面的静压及附底涡轨迹线（单位：Pa）

出现了附底涡，且附底涡产生的位置在顺水流方向上的变化微小，附底涡均从轮毂的进水侧进入叶轮室，各时刻附底涡的形态基本保持不变。随叶轮的旋转，进水流道内部的静压分布整体趋势相同，出口断面的静压分布呈对称状。

在流量系数 $K_Q = 0.499$ 时，在一个叶轮旋转的物理周期内间隔 0.005s 时流道底部均

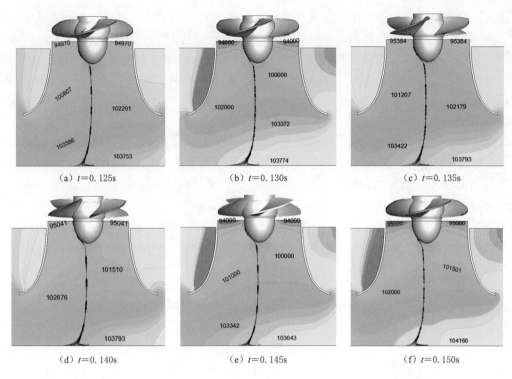

图 5.55 工况 $K_Q = 0.499$ 特征断面的静压及附底涡轨迹线（单位：Pa）

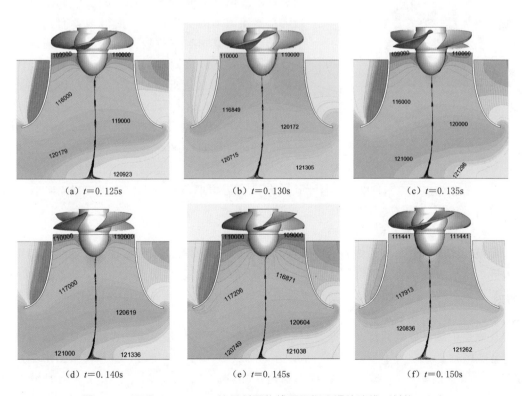

图 5.56 工况 $K_Q = 0.608$ 特征断面的静压及附底涡轨迹线（单位：Pa）

出现了附底涡，且附底涡产生的位置在顺水流方向上的变化微小，附底涡均从轮毂的进水侧进入叶轮室，各时刻附底涡的形态基本保持不变，相比流量系数 $K_Q=0.318$ 时，附底涡线的弯曲程度较大，表明了随流量系数的增大，附底涡的移动受进入喇叭管水流的影响，进水流道内部的静压沿喇叭管入流方向逐渐减小，表明了喇叭管内的流速逐渐增大，至流道出口处流速增加到最大值，因水流撞击导水帽，导致导水帽正下方的水流速度较小，出现了均布的小高压区。

在流量系数 $K_Q=0.608$ 时，在叶轮旋转的 1 个物理周期内间隔 0.005s 时流道底部均出现了附底涡，且附底涡进入叶轮室的位置随时间的不同而发生改变，在时刻 $T=0.125\sim0.145$s 时，附底涡均从轮毂的逆水侧进入叶轮室，在时刻 $T=0.150$s 时，附底涡从轮毂的顺水侧进入叶轮室，相比流量系数 $K_Q=0.318$ 和 $K_Q=0.506$ 时，附底涡因产生位置的微小变化及进入喇叭管水流的影响，致使附底涡进入叶轮室的方向发生改变。不同时刻流道出口断面的静压呈对称分布，但静压值随时刻的不同略有微小变化。

5.3.2　有涡入流对泵装置水力稳定性的影响

对于箱涵式单向立式轴流泵装置，箱涵式单向进水流道底面区域易产生涡带，附底涡会影响泵装置机组的安全稳定运行，该问题一直是学者及工程设计者们所关注的问题。对于有涡入流条件下泵装置运行稳定性的研究，除重视涡带的分析研究还应重视水力脉动的分析。因箱涵式进水流道和叶轮等过流部件的复杂性以及泵装置内部水流流动的不稳定性，使得学者们无法对流道内部涡带及其影响进行较为精确的数学描述，采用数值模拟技术开展附底涡对泵装置水力稳定性的影响，选取小流量工况（$K_Q=0.318$）和大流量工况（$K_Q=0.506$）时对叶轮进口的水力脉动情况进行分析，分析方法采用 2.2.1.4 节水力脉动方法。为研究箱涵式单向进水流道底部涡带对泵装置内流场的变化，设置了 9 个监测点，叶轮进口中心断面

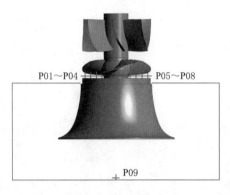

图 5.57　水力脉动监测点

布置了 8 个监测点 P01～P08，在箱涵式单向进水流道底部布置监测点 P09（喇叭管口正下方），各监测点布置如图 5.57 所示。

5.3.2.1　叶轮进口的脉动特性分析

若箱涵式单向进水流道中涡带的扰动频率与泵装置的特征频率相符合，就会引起压力峰值群，从而导致泵装置机组产生振动、叶片产生裂纹、泵轴摆动等影响泵装置稳定运行的不利现象出现。明确箱涵式单向进水流道中涡带引起泵装置内部脉动的作用形式及激励机制，对研究此类泵装置的水力稳定性是最关键的一步，其在箱涵式低扬程立式泵装置的研究及应用中具有重大的意义。通过对有涡入流条件下箱涵式单向立式轴流泵装置的三维非定常数值计算，获得了各监测点的水力脉动时域图，因篇幅所限，本节仅给出了流量系数 $K_Q=0.608$ 时，叶轮旋转一个物理周期内，叶轮进口 8 个监测点的水力脉动时域图及频谱图，分别如图 5.58 和图 5.59 所示。

由图 5.58 和图 5.59 可知：叶轮进口 8 个压力脉动监测点的脉动时域图中波峰均未与叶轮的叶片数成对应关系，表明有涡入流时叶轮进口流场已发生改变，影响了叶轮内部流动，进而改变了影响叶轮内部水力脉动的主导因素，即在有涡入流条件时，叶轮内部的水力脉动频率已不是由叶轮的转动频率所决定的。

为进一步分析有涡入流时叶轮内部各监测点的脉动主频及幅值情况，对流量系数 $K_Q=0.318$ 和 $K_Q=0.608$ 时，监测点 P01～P08 的脉动主频 F1、次主频 F2 及相应的压力幅值进行统计，见表 5.9 和表 5.10。

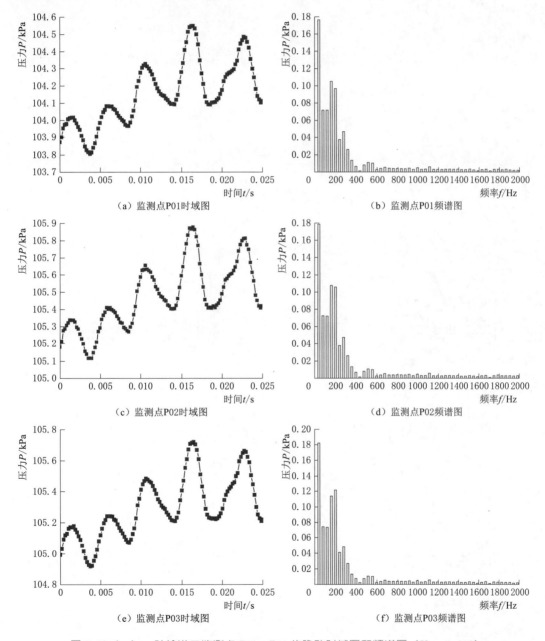

（a）监测点P01时域图 （b）监测点P01频谱图

（c）监测点P02时域图 （d）监测点P02频谱图

（e）监测点P03时域图 （f）监测点P03频谱图

图 5.58（一） 叶轮进口监测点 P01～P04 的脉动时域图和频谱图（$K_Q=0.608$）

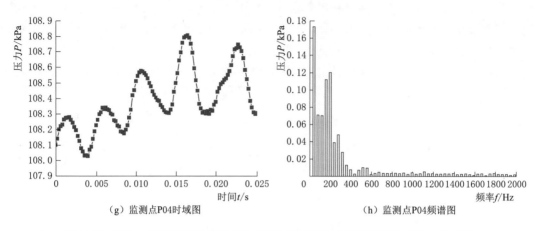

（g）监测点P04时域图　　　　　　（h）监测点P04频谱图

图 5.58（二）　叶轮进口监测点 P01～P04 的脉动时域图和频谱图（$K_Q = 0.608$）

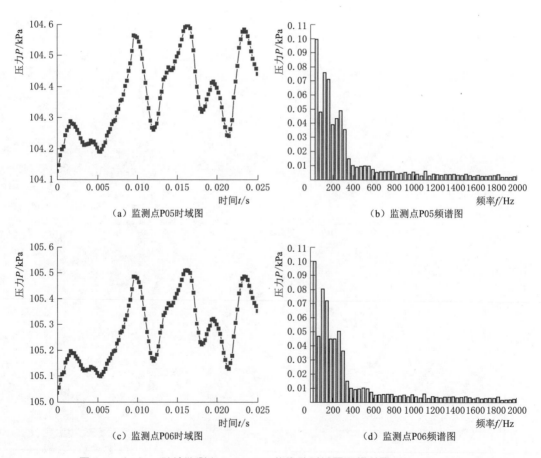

（a）监测点P05时域图　　　　　　（b）监测点P05频谱图

（c）监测点P06时域图　　　　　　（d）监测点P06频谱图

图 5.59（一）　叶轮监测点 P05～P08 的脉动时域图和频谱图（$K_Q = 0.608$）

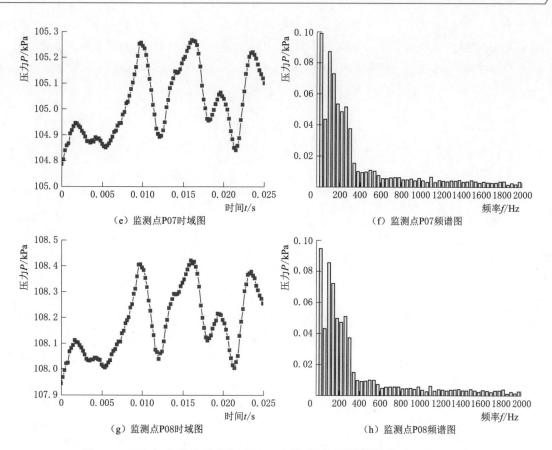

图 5.59（二）　叶轮监测点 P05～P08 的脉动时域图和频谱图（$K_Q = 0.608$）

表 5.9　　　　　　　流量系数 $K_Q = 0.318$ 时叶轮进口各监测点的脉动统计值

监测点	主频 F1/Hz	压力幅值 P/kPa	次主频 F2/Hz	压力幅值 P/kPa
P01	30	0.1691	75	0.1507
P02	30	0.1803	75	0.1626
P03	30	0.1857	75	0.1623
P04	30	0.2101	90	0.1699
P05	75	0.1650	30	0.1372
P06	75	0.1777	30	0.1359
P07	75	0.1901	30	0.1391
P08	75	0.2279	30	0.1582

在流量系数 $K_Q = 0.318$ 时，监测点 P01～P04 的脉动主频 F1 均为 30Hz；监测点 P01～P03 的次主频 F2 均为 75Hz，监测点 P04 的次主频 F2 则为 90Hz；对于监测点 P05～P08，脉动主频 F1 均为 75Hz，次主频均为 30Hz。叶轮轮毂两侧的脉动幅值均表现为从轮缘侧向轮毂侧递增，这与无涡入流所得脉动分布规律恰好相反，由图 5.53 所示，附底涡的产生沿导水锥进入叶轮的轮毂侧，表明涡带对叶轮内流场的影响从轮毂侧开始，也对

轮毂侧流场的影响最大,这与数值脉动分析结果相对应。近轮毂处监测点 P04 主频 F1 对应的压力幅值是轮缘处 P01 的 1.243 倍;P08 主频 F1 对应的压力幅值是轮毂处 P08 的 1.381 倍。

表 5.10 流量系数 $K_Q=0.608$ 时叶轮进口各监测点的脉动统计值

监测点	主频 F1/Hz	压力幅值 P/ kPa	次主频 F2/Hz	压力幅值 P/kPa
P01	40	0.1767	160	0.1050
P02	40	0.1789	160	0.1078
P03	40	0.1827	200	0.1217
P04	40	0.1736	200	0.1204
P05	40	0.0996	120	0.0758
P06	40	0.0999	120	0.0804
P07	40	0.0991	120	0.0875
P08	40	0.0947	120	0.0859

在流量系数 $K_Q=0.608$ 时,监测点 P01~P04 的脉动主频 F1 均为 40Hz,即为 1 倍的转频;监测点 P01 和 P02 时,次主频 F2 均为 160Hz,监测点 P03 和 P04 的次主频 F2 则为 200Hz;对于监测点 P05~P08,脉动主频 F1 均为 40Hz,次主频均为 120Hz。叶轮轮毂两侧的脉动幅值均表现为从轮缘侧向轮毂侧先递增后递减的趋势,轮毂两侧各 4 个监测点的最大脉动幅值对应的监测点位置并不一致,顺水侧的最大脉动幅值对应的监测点是 P03,逆水侧的最大脉动幅值对应的监测点是 P06,轮毂顺水处监测点 P03 主频 F1 对应的压力幅值是 P04 的 1.052 倍;P06 主频 F1 对应的压力幅值是轮毂处 P08 的 1.055 倍,相比小流量工况 $K_Q=0.318$ 时,附底涡影响的区域由轮毂处向轮缘处偏移,且最大脉动幅值与最小脉动幅值的比值也相应减小。

在流量系数 $K_Q=0.608$ 时,涡带诱发的压力脉动主频与叶轮的转频相同,因此在大流量工况时涡带将会引起强烈叶轮及泵轴的共振,导致叶片产生裂纹和泵轴的摆动,从而威胁泵装置运行的安全性。叶轮进口监测点 P03 的脉动幅值最大为 0.1827kPa,为泵装置扬程的 3.333%,而小流量工况 $K_Q=0.318$,叶轮进口监测点 P08 的脉动幅值最大为 0.2279kPa,为泵装置扬程的 0.671%,从相对脉动幅值分析,大流量工况时叶轮进口的脉动相对幅值较大,且涡带诱发的脉动主频与转频相同,因此附底涡对泵装置的影响在大流量工况时更为严重。

5.3.2.2 叶轮的扭矩分析

基于上节的分析结果,可知箱涵式单向进水流道附底涡的产生影响了叶轮进口水力脉动的主频及分布规律,不同工况时涡带对叶轮进口水力脉动的影响具有不规则性,从而导致泵装置运行中叶轮旋转的不稳定性,表明了附底涡所引起的泵装置水力脉动是造成这类泵装置振动和叶片出现裂缝的主要原因。

通过数值计算获取了两个特征工况时一个叶轮旋转物理周期内叶轮扭矩的变化图,如图 5.60 所示,随叶轮的旋转,叶轮的扭矩值在 1 个物理旋转周期内呈现出不稳定性,在小流量工况 $K_Q=0.318$ 时,扭矩的变化呈心形,在大流量工况 $K_Q=0.608$ 时,扭矩的变化规律不明显，在一个叶轮旋转物理周期内，叶轮的扭矩变化图谱因工况的不同而略显差异。两特征工况时，叶轮的扭矩的最大差值和平均值见表 5.11。

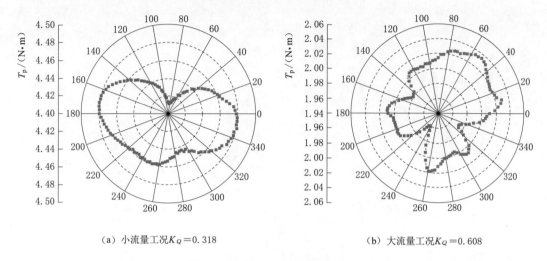

（a）小流量工况 $K_Q = 0.318$　　　　　　　　（b）大流量工况 $K_Q = 0.608$

图 5.60　不同工况时叶轮所受扭矩

表 5.11　　　　　　　　　　　　　　　叶　轮　的　扭　矩

流量系数 K_Q	扭矩 T_p		
	最大差值 $\Delta T_p/(\mathrm{N \cdot m})$	平均值 $T_p/(\mathrm{N \cdot m})$	$\Delta T_p/T_{pA}$
0.318	0.070	4.455	1.57%
0.608	0.076	2.003	3.79%

注　T_p 为叶轮旋转 1 个物理周期内扭矩的平均值；T_{pA} 为叶轮旋转 1 个物理周期内径向力的平均值。

由表 5.11 可知，大流量工况时叶轮的扭矩变幅较大，叶轮的扭矩均值约为小流量工况叶轮扭矩均值的 2.22 倍，表明了大流量工况时，箱涵式进水流道为叶轮提供的水流稳定性略差，涡带产生的频率较高。对两工况时叶轮的扭矩时域数据进行快速傅里叶变换（FFT），在小流量工况 $K_Q = 0.318$ 时，主频为 80Hz，在大流量工况 $K_Q = 0.608$ 时，主频为 40Hz，该频率与叶轮的轴频相同，也与箱涵式进水流道底部监测点 P09 的脉动主频相同。

5.3.2.3　箱涵式单向进水流道底部的脉动特性分析

为了进一步分析涡带发生区域的水力脉动的变化规律，在流道底部设置了监测点 P09，两工况时监测点 P09 的水力脉动时域图和频谱图分别如图 5.61 和图 5.62 所示。两工况时监测点 P09 的水力脉动时域特性均无一定规律性，在流量系数 $K_Q = 0.318$ 时，脉动主频为 F1 为 30Hz，脉动幅值为 0.1592kPa，次主频 F2 为 75Hz，相应的脉动幅值为 0.1541kPa；在流量系数 $K_Q = 0.608$ 时，脉动主频为 F1 为 40Hz，脉动幅值为 0.1259kPa，次主频 F2 为 160Hz，相应的脉动幅值为 0.0836kPa。监测点 P09 的频谱分析表明该水力脉动均为低频涡带脉动，涡带脉动压力若传至各过流部件可能会导致泵装置振动，泵轴周期性摆动。

在流量系数 $K_Q = 0.318$ 时，监测点 P09 的脉动主频峰值占泵装置扬程的 0.469%；

在流量系数 $K_Q = 0.608$ 时,监测点 P09 的脉动主频峰值占泵装置扬程的 2.297%,相对幅值分析,大流量工况时附底涡对泵装置的影响要大于小流量工况。

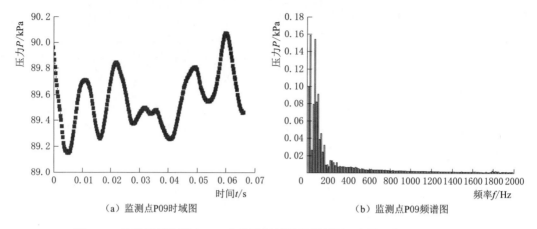

（a）监测点P09时域图　　　　　　　　（b）监测点P09频谱图

图 5.61　流道底部监测点 P09 的脉动时域图和频谱图（流量系数 $K_Q = 0.318$）

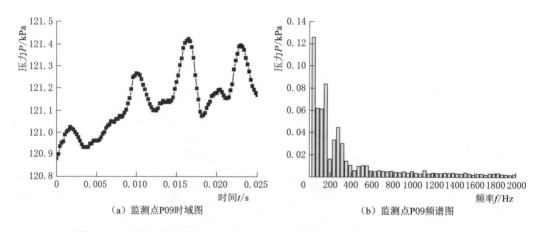

（a）监测点P09时域图　　　　　　　　（b）监测点P09频谱图

图 5.62　流道底部监测点 P09 的脉动时域图和频谱图（流量系数 $K_Q = 0.608$）

5.4　箱涵式轴流泵装置消涡措施的试验

通过 5.2 节、5.3 节对箱涵式单向立式轴流泵装置的数值计算可知箱涵式进水流道底部易产生附底涡,后壁处易产生附壁涡,附底涡和附壁涡的产生对泵装置安全稳定运行必然带来不利,根据上述两节的分析结果,对于箱涵式进水流道宜在流道底部设置消涡措施。为了更能说明消涡措施的有效性,本节采用物理模型试验的方法对各种消涡措施进行分析。

箱涵式进水流道常用的消涡措施包括导流锥和消涡防涡栅,其中导水锥（带隔板）如图 5.63 所示。

在喇叭管口下方设置导水锥,可有效地隔除水流渗混区,确保水流从喇叭口四周均匀进入叶轮室,有效防止附底涡的产生,该措施不能消除附壁涡。附底涡的形成是一个能量积累的过程,当能量积聚至某一值时,便开始形成涡管,这一过程中,旋转水流左右摆动，形成涡管时，涡管也左右摆动，涡带总起源于固壁，若涡带起源处固壁有突变，阻止其能量的积聚，从而达到消涡的目的。目前，导水锥被广泛应用于泵装置进水结构中，在分析箱涵式进水流道附底区易产生涡带的特点及漩涡发生机理的基础上，为了实际工程中消涡锥的加工制作，在典型消涡锥基础上，设计了消涡短锥，消涡短锥的母线由直线段和曲线段两部分组成，以消涡短锥底面中心为原点 $(0, 0)$，铅垂方向为 y 方向，水平方向为 x 方向，并对其进行无量计算则消涡锥的无量纲母线方程见式（5.10），消涡短锥母线示意图如图 5.64 所示。

$$
\left.
\begin{aligned}
y_1 &= 0.7601x_1 + 0.0003 \quad (0 \leqslant x_1 \leqslant 0.94) \\
y_1 &= 109181x_1^4 - 423079x_1^3 + 614794x_1^2 - 397058x_1 + 96163 \quad (0.94 \leqslant x_1 \leqslant 1)
\end{aligned}
\right\}
$$

$$(5.10)$$

图 5.63　导水锥

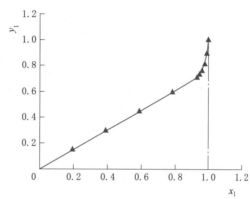

图 5.64　消涡短锥母线

基于上述消涡短锥母线，设计了 4 种消涡装置，各方案的物理模型如图 5.65 所示。各试验方案消涡装置的详细说明见表 5.12。

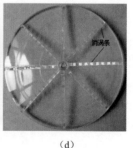

（a）　　　　　　　（b）　　　　　　　（c）　　　　　　　（d）

图 5.65　不同消涡装置的物理模型

不同方案进行泵装置模型试验仅改变喇叭管下方的消涡装置，其他条件均不改变。在进行泵装置各工况的能量性能试验数据采集时，采用高速摄影机对喇叭管底部的涡带进行摄影，本试验通过物理模型试验验证各消涡措施的有效性及其对泵装置水力性能的影响。

漩涡的形成主要是边界几何形状的突变，流动的不对称性，以及流体绕流阻碍物而散发出的漩涡等单独或联合作用诱发的结果。环量是涡场强度与涡场（不可压缩流体积流量的对应物）的乘积，环量沿涡管保持常数。从水泵进口水流流动形态可知，水泵进口下方的涡带始于泵装置进水流道底板终于叶轮，针对该特点，从破除附底涡的初生基础，促进入口水流区域内水流环量无法积聚，从而丧失产生较大漩涡的条件达到消除附底涡的目的，也达到了调整喇叭管内部水流的目的，减小内部压力波动，基于此，提出了 4 种不同的消涡装置，为验证各消涡装置的有效性，分别进行了相关的可视化试验。

表 5.12　　　　　　　　　　　　　　　试　验　方　案

方案号	有无消涡措施	试验方法	消　涡　措　施
1	无		无消涡措施
2	有		光滑表面消涡锥［图 5.65（a）］
3	有	泵装置能量试验	光滑表面消涡锥＋16 根矩形消涡条［图 5.65（d）］
4	有		光滑表面消涡锥＋16 根锯齿形消涡条［图 5.65（c）］
5	有		光滑表面消涡锥＋8 根锯齿形消涡条［图 5.65（d）］

各工况时方案 1 进水流道均阵发性出现附底涡，图 5.37 给出了 3 个特征工况（$K_Q =$ 0.318、0.499 和 0.608）时，附底涡的高速摄影机图片，从图 5.37 中可以看出，附底涡出现的相对位置基本保持不变。为了消除附底涡，采取了 4 种不同方案的消涡措施，见表 5.11。采用光滑表面消涡锥并不能消除附底涡，测试工况范围内，消涡锥表面均出现涡带，图 5.66（b）给出了流量系数 $K_Q = 0.470$ 时附底涡图，附底涡形成于消涡锥的表面，从而影响了泵装置的水力性能。在方案 2 的基础上添加了 16 根消涡条以破坏涡带初生条件，通过全工况试验的高速摄影机拍摄，对于流量系数 $K_Q < 0.470$ 范围内箱涵式进水流道底部均未出现附底涡，在流量系数 $K_Q = 0.477$ 时，消涡锥的表面再次出现了细小的涡带，如图 5.67（b）所示，附底涡带的强度均弱于方案 2，也表明了方案 3 的消涡措施取得了进一步的消涡效果。

（a）测试开始图　　　　　　　　　　　（b）$K_Q = 0.470$

图 5.66　方案 2

在方案 3 的基础上，对消涡条进行了改进，进一步破坏涡带发生的初始条件，将矩形消涡条更改为具有锯齿状的消涡条，消涡条的数量仍为 16 根，该方案如图 5.65（c）所示，通过对泵装置的箱涵式进水流道内部流场的试验观察，各工况均未见附底涡的出现，表明了该消涡措施的有效性。在方案 4 的基础上，通过减少锯齿状消涡条的数量，将其减少为 8 根，图 5.69 给出了大流量工况 $K_Q = 0.608$ 时的高速摄影图片，由图 5.69 可知，该工况时未见附底涡的存在，该消涡措施与方案 4 可取得相同的消涡效果，但材料却得到了节省，具有节省成本的经济价值。

(a) 测试开始图　　　　　　　(b) $K_Q = 0.477$

图 5.67　方案 3

图 5.68　方案 4　　　　　　图 5.69　方案 5（$K_Q = 0.608$）

5.5　本章小结

（1）明确了箱涵式双向立式轴流泵装置内部三维流动特性，导水锥对改善箱涵式双向进水流道的水流条件作用明显，在抽水工况时加设导水锥可消除喇叭口下的奇点，避免涡带的产生，加设导水锥后进水流道出口断面轴向速度分布均匀度与速度加权平均角均得到提高，轴向速度分布均匀度提高了 0.5%～0.8%，速度加权平均角提高了 0.3°～1.28°，水力损失则稍有增加。然而加设导水锥能避免涡带的产生，确保箱涵式双向立式轴流泵站的安全稳定运行显得更加重要。在自流工况时，有导水锥的流道水力损失大于无导水锥时，但损失值很小，导水锥对自流的影响甚微。在大流量工况时，箱涵式双向立式轴流泵装置采用合理的扩散导叶体比直导叶体能更好地回收环量，减小水力损失，提高泵装置扬程，为箱涵式双向立式轴流泵装置的更新改造提供了新思路。

（2）相同工况时，附底涡初生位置因喇叭管悬空高的不同而改变；在相同喇叭管悬空高时，涡核中心起始位置因工况的不同而改变；随着喇叭管悬空高度的降低，喇叭管底部的速度梯度变化越剧烈。对该类型的泵装置进水结构，宜在进水结构内部设置消涡装置，

避免涡带的产生。对于箱涵式进水流道的喇叭管悬空高宜取 $h=0.8D$。采用 2D3C - PIV
测试技术对喇叭管中心区域进行了流场测试，数值计算和流场测试获得的附底涡核线轨迹
基本相同，流场基本相同，验证了数值计算结果的可靠性。

（3）箱涵式单向立式轴流泵装置的附底涡对叶轮进口的脉动主频有影响，小流量和大
流量工况时叶轮进口处相同监测点的脉动主频存在差异性。大流量工况时叶轮进口的脉动
相对幅值较大，且涡带诱发的脉动主频与轴频相同。在小流量工况时，压力脉动幅值从轮
缘至轮毂逐渐增大。不同工况时箱涵式进水流道底部水力脉动均为低频涡带脉动。在大流
量工况时，箱涵式进水流道底部的脉动主频与轴频相同，次主频与叶频相同。在一个叶轮
旋转物理周期内，叶轮的扭矩变化图谱因工况的不同而略有差异。在大流量工况时，扭矩
变化主频与叶轮的轴频相同。

（4）在传统的消涡锥基础上，设计了 4 种新消涡短锥。在大流量工况运行时，对于设
置光滑表面的消涡短锥，箱涵式进水流道附底区的涡带仍会出现，将对泵装置的安全稳定
运行产生影响；增加 8 条锯齿形消涡栅条后可完成消除各工况运行时箱型进水流道附底区
的涡带，提高泵装置运行的可靠性。为保证箱涵式立式轴流泵装置的安全稳定运行，需要
在箱涵式进水流道附底区设置消涡装置。

第6章

典型贯流泵装置内流
特性及模型试验

卧式贯流泵装置包括平卧式贯流泵装置和斜卧式贯流泵装置，两类泵装置的分类及结构特点在第 1 章中均做了分析，本节不再赘述，首次采用不同卧式泵装置型式的泵站见表 6.1。本章选择当前应用广泛的 3 种贯流泵装置结构型式作为研究对象，即斜轴伸贯流泵装置、竖井贯流泵装置和潜水贯流泵装置。

表 6.1 不同类型的贯流泵装置国内首座泵站

类 别	站 名	省 份	叶轮直径	建成时间
全贯流泵装置	齐庄泵站	安徽	650mm	1978 年
后置灯泡贯流泵装置	淮安三站	江苏	3190mm	1997 年
前置灯泡贯流泵装置	妇女河泵站	江苏	1450mm	2004 年
立面后伸贯流泵装置	斗门西安泵站	广东	3000mm	1982 年
立面前轴伸贯流泵装置	—	—	—	—
平面后轴伸贯流泵装置	秦淮新河抽水站	江苏	1650mm	1982 年
平面前轴伸贯流泵装置	—	—	—	—
前置竖井贯流泵装置	梅梁湖泵站	江苏	2000mm	2004 年
后置竖井贯流泵装置	—	—	—	—
潜水贯流泵装置（双向）	青龙桥河枢纽泵站	江苏	1400mm	2005 年
斜 45°轴伸贯流泵装置	红圪卜泵站	内蒙古	2500mm	1991 年
斜 30°轴伸贯流泵装置	新夏港泵站	江苏	2050mm	1996 年
斜 15°轴伸贯流泵装置	黄盖湖铁山嘴排涝泵站	湖南	3000mm	1991 年

斜轴伸贯流泵装置曾被确定为南水北调东线工程低扬程泵站应用的主要泵装置型式之一。南水北调东线Ⅰ期工程原规划设计 22 座泵站，其中 11 座泵站（占全部泵站的 50％）的设计方案为斜轴伸贯流泵装置，但因当时斜轴伸贯流泵装置水导轴承的可靠性和耐久性方面受到质疑，导致该泵装置形式未被应用于南水北调东线泵站工程中，至今在我国泵站应用的数量占比不到 15％。但斜轴伸贯流泵装置在国外的应用已有数十年之久的历史，至 2019 年，斜轴伸贯流泵装置在我国的应用仅有 29 年。随着科技水平的提高，斜轴伸贯

流泵装置水导轴承的可靠性和耐久性问题必然得到解决，但对斜轴伸贯流泵装置内流特性的研究还不够充分，开展斜轴伸贯流泵装置的研究可进一步丰富低扬程泵装置的应用型式，对增加斜轴伸贯流泵装置内部流动规律及其水动力特性的认识具有重要的价值。4 种型式的斜轴伸贯流泵装置在 1.2 节中已有相应描述，以我国应用最广的斜 15°轴伸贯流泵装置为研究对象。

在 20 世纪 70 年代，竖井结构开始在我国江苏省和福建省的小型水电站中得到应用，但将这种竖井结构型式应用于泵站工程中还是从 2002 年年底开工建设的苏州市裴家圩泵站开始，首先建成的竖井贯流泵站是无锡市的梅梁湖泵站。在我国，竖井贯流泵装置的应用已有 18 年时间，但缺乏对竖井贯流泵装置的系统深入研究，开展竖井贯流泵装置的研究，对增加竖井贯流泵装置内流特性的认识及对实际工程的应用均具有较大的实际意义。

在 2005 年，双向潜水贯流泵装置在我国首次建成并投入运行，该泵装置的应用至 2019 年已有 15 年时间。本章以双向潜水贯流泵装置为研究对象，重点分析双向潜水贯流泵装置的内流特性，以期为大型双向潜水贯流泵装置的设计、改造及运行提供一定的参考。

6.1　斜 15°轴伸贯流泵装置内流特性及模型试验

斜 15°轴伸贯流泵装置的三维透视图如图 6.1（a）所示，斜 15°轴伸贯流泵装置的单线图如图 6.1（b）所示。

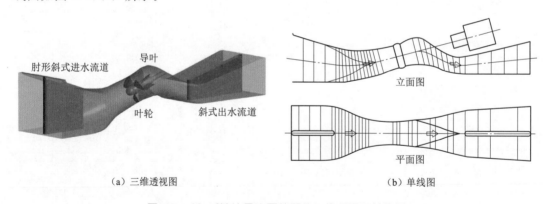

（a）三维透视图　　　　　　　　　　（b）单线图

图 6.1　斜 15°轴伸贯流泵装置的三维透视及单线图

斜 15°轴伸贯流泵装置的主要计算参数见表 6.2，共计算了全局流量系数 K_Q 在 0.35～0.60 范围内的 9 个流量工况点。

表 6.2　　　　　　　　　　　　　　斜 15°轴伸贯流泵装置计算参数

类　别	叶轮直径/mm	转速/(r/min)	叶顶间隙/mm	叶轮叶片数	导叶体叶片数	体网格数	计算工况 K_Q
参数	300	1498.3	0.2	3	8	1493603	0.35～0.60

斜 15°轴伸贯流泵装置采用分区域网格生成方法，各区域间采用交界面进行拼接。为减少交界面两侧数据传递的误差，网格生成时需保证交界面两侧网格分布的一致性。在叶轮处采用 H/J/L-Grid 型拓扑结构，导叶处采用 H-Grid 型拓扑结构，为控制叶片近壁面的边界层网格，采用 O 型拓扑环绕。肘形斜式进水流道、斜式出水流道及进水延伸段、出水延伸段均采用混合网格技术对其进行剖分，通过网格无关性分析，选择合适的网格数，体网格数共计 1493603。

斜 15°轴伸贯流泵装置物理模型的性能试验在江苏省水利动力工程重点实验室的高精度水力机械试验台上进行，模型试验的泵装置能量性能结果与预测的斜 15°轴伸泵装置性能曲线的比较如图 6.2 所示。两条性能曲线总体趋势相同，数值预测得到的扬程和效率均与模型试验值有一定的偏差，且预测值均小于试验值。在流量系数 $K_Q=0.573$ 时，预测的扬程与试验值相对误差为 9.24%，为 9 个工况中相对误差的最大值，但该工况时扬程数值本身偏差仅为 0.23m，因扬程较低计算成相对误差就会较大，而在最优工况和设计工况时扬程的相对误差及效率的绝对误差均在 3.5% 以内，而预测的效率最大绝对误差在流量系数 $K_Q=0.381$ 时，此时误差值为 5.01%，其余工况预测的效率误差均在 5% 以内。通过以上的分析表明了采用数值计算方法预测泵装置能量特性结果的有效性和可行性。

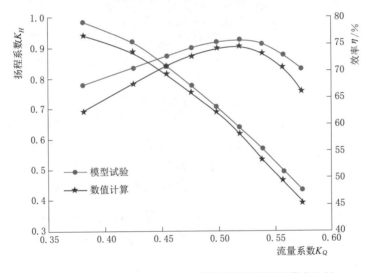

图 6.2 斜 15°轴伸泵装置模型试验与数值预测结果的比较

通过数值计算获得了斜 15°轴伸贯流泵装置整体流场结果，图 6.3 为最优工况（$K_Q=0.518$）时斜 15°轴伸贯流泵装置内部流线图，在肘形斜式进水流道的直线段区域内，流态均匀、平顺，流速逐渐增大，进入弯曲段后，水流开始转向，流道内侧流速高于外侧流速，因肘形斜式进水流道弯曲段转弯角度较小，流速分布较为均匀，水流经叶轮旋转做功后以偏离轴向较大角度的方向旋转进入导叶体，经导叶体的调整和扩散，水流旋转进入出水流道，水流在出水流道内流速分布不对称，出水流道的底部有螺旋状的水流出现，主要因底部向顶部和顶部向底部的水流相互作用所致，且该下倾式出水流道内易产生脱流和漩涡，增加了此类出水流道的水力损失，出水流道的水力性能对此类泵装置整体性能的影响很大。

图 6.3　斜 15°轴伸贯流泵装置内部流线（$K_Q = 0.518$）

6.1.1　斜式进出水流道的内流场及水力性能

为研究斜式进、出水流道的水力性能，采用流道水力损失占装置扬程的百分比（即水力损失比 K）来分析其水力损失变化规律，计算结果如图 6.4 所示，流道水力损失比 K_i 的计算表达式为

$$K_i = \frac{\Delta h_i}{H_i} \times 100\% = \frac{s_i Q^2}{H_i} \times 100\% \tag{6.1}$$

式中：K_i 为第 i 个工况时流道的水力损失比；Δh_i 为第 i 个工况时流道的水力损失；$\Delta h_i = s_i Q^2$，s_i 为水力损失系数，$s_i = (\zeta_y + \zeta_j)/(2gA^2)$，其中 ζ_y、ζ_j 分别为沿程水力系数和局部水力损失系数，A 为过流断面面积；H_i 为第 i 个工况时泵装置扬程，i 为工况 1～工况 9 的序号。

由图 6.4 可见，进水流道的水力损失随流量的增大而增大，而出水流道的水力损失未呈现出此规律。出水流道的水力损失主要分为 3 项，即沿程水力损失、局部水力损失及环量损失。出水流道的环量损失与工况有关，当处于设计工况时环量损失值较小，当偏离设计工况时，环量损失比重加大，甚至超过沿程和局部水力损失之和，这也是非设计工况时出水流道水力损失较大及出水流道的水力损失规律与进水流道不同的主要原因。流量系数

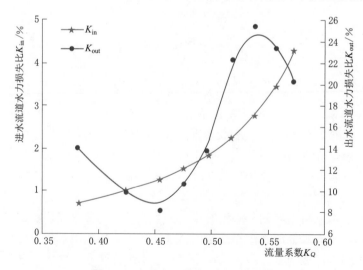

图 6.4　流道水力损失比与流量系数

K_Q 在 $0.381\sim0.573$ 范围内，出水流道的水力损失比呈现出先减小后增大再减小的变化规律，出水流道的水力损失比最大值为 25.41%，最小值为 8.19%，相比进水流道的水力损失比其最大值仅为 4.27%，可见出水流道的水力损失所占的比重较大，远高于进水流道。对于斜轴伸泵装置，优化出水流道的形线是提高此类泵装置效率的重要突破口。

斜15°进水流道的主要控制尺寸为：H_{in} 为流道进口高度，B 为流道进口宽度，L 为流道长度，α_s 为进水流道的上收缩角，H_w 为叶轮名义安装高度，D 为叶轮直径，其中 $\alpha_s = 16°$，$H_w = 1.08D$，$H_{in} = 2.14D$，$B = 2.03D$，$L = 4.62D$。H_j 为叶轮进口断面中心到流道底部的距离，叶轮进口断面相对高度位置定义为 H_j/D。图 6.5 为斜15°进水流道尺寸示意图。

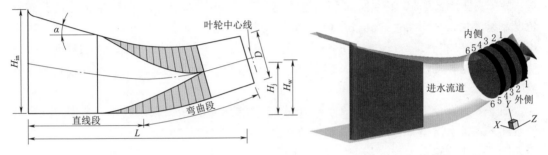

图 6.5 斜15°进水流道尺寸示意图　　　　图 6.6 斜15°进水流道出口断面位置图

图 6.6 为斜15°进水流道出口断面位置示意图，设计工况（$K_Q = 0.498$）时叶轮进口各断面的相对高度位置取值 H_j/D 依次为：1.02、1.00、0.95、0.90、0.85、0.80。在有叶轮条件下，进水流道直管段内断面轴向流速分布规律与无叶轮时流道相似，水流进入肘形弯管后，流速分布总体较为均匀，越接近叶轮时，其轴向流速分布受叶轮的影响越大，为进一步研究进水流道出口各断面的水力性能，对设计工况（$K_Q = 0.498$）时各断面的水力性能进行计算分析，计算结果如图 6.7 所示。因受叶轮旋转的影响，叶轮进口 1—1 断面的速度加权平均角为 $83.11°$、轴向速度分布均匀度仅为 89.34%，这两个指标值均较

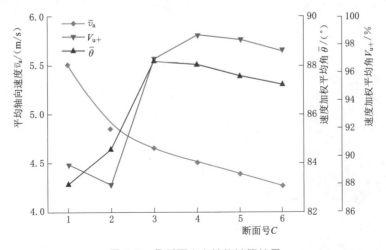

图 6.7 各断面水力性能计算结果

低，也并不是越远离叶轮的断面其轴向速度分布均匀度与速度加权平均角越好，6—6 断面的轴向速度分布均匀度与速度加权平均角均低于 3—3 断面至 6—6 断面的各断面水力性能值。对进水流道进行单独水力性能计算分析时，计算分析得出的最优出口断面，但在泵装置整体中，流速却因受叶轮旋转的影响而非垂直于叶轮进口断面。

叶轮名义安装高度 H_w 定义为叶轮中心至流道底部距离 H_Y 与叶轮直径 D 之比，即 H_Y/D，其计算式为

$$H_w = \frac{H_Y}{D} = \frac{H_j}{D} + \frac{L_Y \sin 15°}{2D} \tag{6.2}$$

式中：L_Y 为叶轮室顺水流方向的长度。通过对带有叶轮的斜 15°进水流道进行计算分析可得，斜 15°进水流道的叶轮名义安装高度为 $(0.7\sim0.9)D$ 时进口断面的轴向速度分布均匀度及速度加权平均角可达到较高值，与肘形进水流道 H_w 取 $(1.6\sim1.8)D$，钟形进水流道 H_w 取 $(1.3\sim1.4)D$，簸箕形进水流道 H_w 取 $(1.5\sim1.6)D$ 相比，斜 15°进水流道的 H_w 的叶轮名义安装高度较小，这也是斜轴伸泵装置开挖深度小，节省土建投资的主要原因。

图 6.8 为设计工况（$K_Q = 0.498$）时斜 15°进水流道各断面轴向流速分布图，在有叶轮条件下，进水流道直管段内断面轴向流速分布规律与无叶轮时流道相似，水流进入肘形弯管后，流速分布总体较为均匀，越接近转轮时，其轴向流速分布受转轮的影响越大，1—1 断面的轴向流速分布呈现出与叶片数及旋转相关的规律。

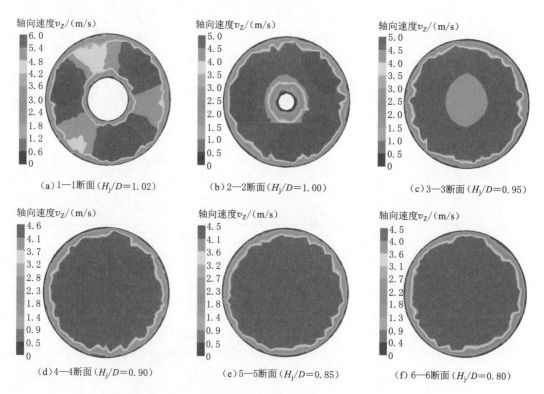

图 6.8　斜 15°进水流道出口各断面轴向速度分布图（$K_Q = 0.498$）

6.1.2　斜置 15°轴流泵叶轮的水力性能

　　工作的叶轮受到水压力、离心力及机械摩擦力等作用力，叶轮的离心力是不可改变的，摩擦力难以避免但可设法减小，流体绕叶片流动时对叶片的作用力随工况的改变而变化。图 6.9 给出了 3 种工况时叶片仅受水流作用的受力云图。随流量增大，叶片所受的作用力逐渐减小，叶片受水流施加最大的作用力出现在压力面的进水边，最小作用力出现在吸力面的进水侧，压力面的受力呈现出由轮毂向轮缘侧逐渐增大的趋势。各工况时，3 张叶片受水流作用力略有差异，主要是由叶轮进口处的流速分布不均匀性引起的，叶片承受作用力的差异会引起叶轮的振动，叶片的受力发生变化后，也必然会反映在泵装置的性能曲线上，即泵装置工作扬程偏离理论扬程。

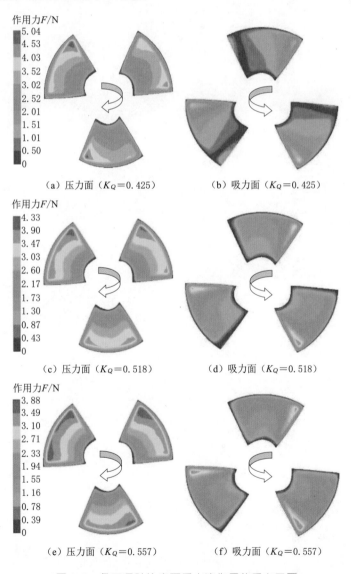

（a）压力面（$K_Q=0.425$）　　　　（b）吸力面（$K_Q=0.425$）

（c）压力面（$K_Q=0.518$）　　　　（d）吸力面（$K_Q=0.518$）

（e）压力面（$K_Q=0.557$）　　　　（f）吸力面（$K_Q=0.557$）

图 6.9　各工况叶片表面受水流作用的受力云图

　　水力矩是叶轮的重要力特性，研究水力矩的特性可为叶片角度的调节装置设计提供参考依据。在运行工况范围内，对斜 15°轴伸贯流泵装置叶片水力矩进行计算分析，结果如图 6.10 所示。M_x、M_y、M_z 分别为直角坐标 X、Y、Z 三个方向的水力矩，坐标方向如图 6.6 中所示。M_y、M_z 随着流量的增大而减小，而 M_x 随流量的变化而呈现波动，合水力矩则随流量的增大而减小，整体趋势与扬程相同。

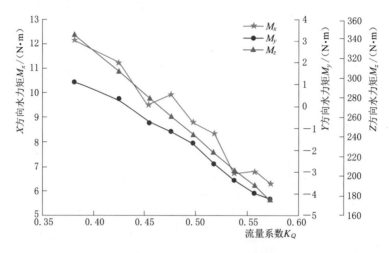

图 6.10　水力矩计算结果

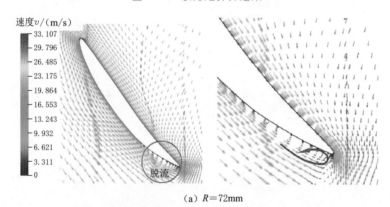

（b）$R=180\text{mm}$　　　（c）$R=288\text{mm}$

图 6.11　翼型断面绕流相对速度矢量图

图 6.11 为设计工况（$K_Q = 0.498$）时，叶轮不同半径 R 位置的叶片断面翼型附近相对速度矢量图。在 $R = 72\text{mm}$ 断面翼型的尾部出现了明显的脱流，如图 6.11（a）所示，其余各断面翼型绕流未有脱流等不良流态出现。

6.2　双向潜水贯流泵装置内流特性及结构优化

6.2.1　双向 S 形叶轮及泵装置结构

为克服正反向运行时叶轮压力面与吸力面有区别的矛盾，兼顾正反向运行时贯流泵装置的水力性能，双向叶轮便采用了 S 形叶片，再配以合理设计的流道，可获得正反向较接近的泵装置性能，满足双向运行的要求。双向叶轮的翼型主要有两种：一种是中线为直线的翼型，如平板椭圆翼型；另一种是呈反向对称的翼型，即 S 形对称翼型，其中 S 形对称翼型包括特定的 S 形翼型和双圆弧 S 形翼型。本节计算采用江苏省水利动力工程重点实验室研发的 ZMS3.0，叶片数为 4，轮毂比 $d_h = 0.4$，主要断面翼型为平板椭圆，叶栅稠密度为 0.75，其叶轮如图 6.12 所示。

图 6.12　S 形双向叶轮

双向潜水贯流泵装置结构尺寸示意图如图 6.13（a）所示，三维建模图如图 6.13（b）所示。图 6.13（a）中：$L_进$、$H_进$、$B_进$ 分别为进水流道长、高、宽，单位为 m；$L_出$、

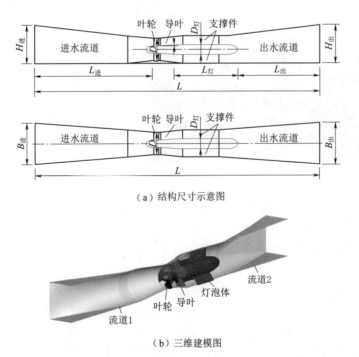

（a）结构尺寸示意图

（b）三维建模图

图 6.13　双向潜水贯流泵装置

$H_出$、$B_出$ 分别为出水流道长、高、宽,单位为 m;$L_灯$ 为灯泡体长,单位为 m;$D_灯$ 为灯泡筒直径,单位为 m;D 为叶轮直径,单位为 m;L 为泵装置总长,单位为 m;j 为导叶体扩散角,单位为(°)。

以该双向潜水贯流泵装置为研究对象,采用 CFD 计算并分析双向潜水贯流泵装置的内流特性,nD 值为 345.6,叶顶间隙为 0.2mm,叶轮的叶片数为 4,导叶体的叶片数为 5。双向潜水贯流泵装置全流道的网格节点数为 762698 个,网格单元总数为 1960611 个,其中四面体网格数为 1486296 个,三棱柱网格数为 64280 个,六面体网格数为 410035 个。各个计算域的网格节点数及单元数见表 6.3。各物理量的残差收敛精度均设置为 1.0×10^{-3},并通过设置监测点监测扬程的变化,当各物理量收敛到 1.0×10^{-3} 且扬程的变化已趋于定值,即该工况下数值计算满足收敛要求。

表 6.3　　　　　　　　　　　　计算域网格节点数及单元数　　　　　　　　　　　单位:个

类　别	流道 1	叶　轮	导　叶	灯泡体	流道 2
节点数	76913	392552	101441	108104	83688
网格单元数	263913	361888	532255	528772	273783

双向潜水贯流泵装置的物理模型如图 6.14 所示,模型泵装置与实际泵装置的电机安装位置不同,实际泵装置的电机位于导叶体后的灯泡体内或采用的是潜水电机,而模型泵装置灯泡体的体积小,电机无法安装于灯泡体内部,只能安装在水箱外侧,如图 6.14 所示。模型泵装置正向运行时安放的电机对叶轮进水条件无影响,但反向运行时其对叶轮入流条件的影响较大。目前,国内对潜水贯流泵装置的物理模型试验均采用电机外置的方法进行泵装置试验。

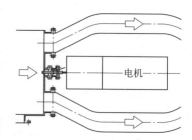

图 6.14　双向潜水贯流泵装置物理模型

在双向潜水贯流泵装置物理模型正反向能量特性试验结果基础上,依据《水泵模型及装置模型验收试验规程》(SL 140—2006)中的流量、扬程、轴功率进行原模型的数据换算,而效率为等效率换算为原型泵站的综合效率,换算后的结果与数值计算结果的比较如图 6.15 所示。正反向运行时,数值计算结果与试验结果的整体趋势相同,正向运行工况二者差别较小,反向运行工况二者差异较大,差异较大的原因主要有 3 个方面:①模型泵试验装置与数值计算模型本身存在差异;②效率的换算存在差异,本文采用保守的等效率换算;③反向运行时入流条件的差异及湍流模型。3 个方面的综合作用导致反向运行时数值计算结果与模型泵装置试验换算结果存在较大差异,对双向潜水贯流泵装置的反向数值模拟的预测结果要高于模型泵装置试验的性能结果。

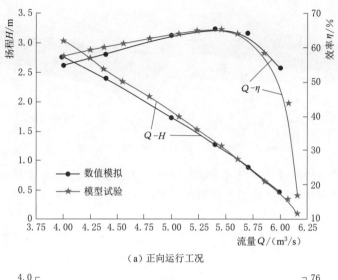

（a）正向运行工况

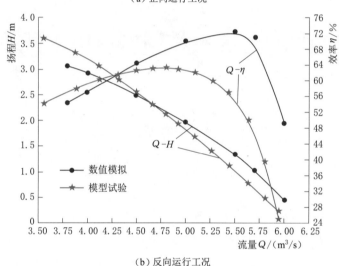

（b）反向运行工况

图 6.15 数值计算结果与试验比较

依据计算所得在正向最优工况（$Q=5.4\text{m}^3/\text{s}$）、反向最优工况（$Q=5.5\text{m}^3/\text{s}$）运行时双向潜水贯流泵装置的内部流线分别如图 6.16 所示。正向运行时，进水流道内流线顺直，无脱流、涡漩等不良流态出现，但灯泡体段内有涡漩出现，灯泡体段内的流态较差，而反向运行时，灯泡体段内流态较好，无不良流态出现，水流经叶轮旋转做功后以螺旋状进入出水流道内。

6.2.2 灯泡体结构对泵装置能量性能的影响

灯泡体是灯泡贯流泵装置中放置电动机和齿轮箱以及机组的轴系支撑结构的主要部件，灯泡体的存在使得出水流道中水流的过流面积随着灯泡体的形线而变化，灯泡体的存在对水流的影响比较明显。灯泡体段包括灯泡体支撑件、灯泡体尾部及灯泡体本身。两种灯泡体尾部的半径及尾部段过流面积比如图 6.17 所示。采用流线型尾部其过流面积变化相

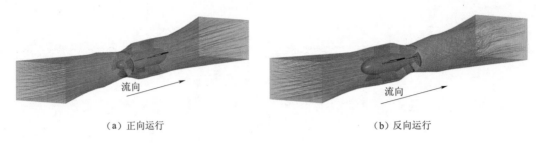

（a）正向运行　　　　　　　　　　　　　（b）反向运行

图 6.16　双向潜水贯流泵装置内部流线图

对均匀，而采用钝尾后其过流面积出现依次变小，即流速增大。灯泡体采用钝尾后容易产生涡漩，影响了贯流泵装置整体的水力性能，故该双向潜水贯流泵装置也采用流线形尾部。

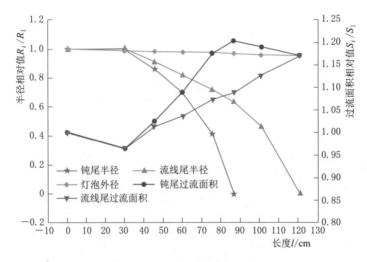

图 6.17　灯泡体尾部半径及过流面积变化曲线

为获得优良的正、反向水力性能，灯泡体的支撑件显得更加重要，正向运行时其既起

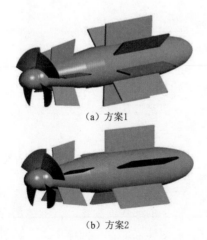

（a）方案1

（b）方案2

图 6.18　转轮、导叶及灯泡体段三维建模

到支撑灯泡体的作用，又起到导叶回收环量的作用；反向运行时，支撑件还可起到整流的作用，为叶轮的进口提供良好的进水条件，为了分析支撑件对双向潜水贯流泵装置性能的影响，选择了支撑件为 8 片和 5 片作为两种计算方案，方案 1 为支撑件 8 片，方案 2 为支撑件 5 片，选择支撑件时考虑了支撑件的强度。转轮、导叶及灯泡体段三维建模如图 6.18 所示。在两套方案支撑件的数值计算基础上，对其外特性进行了预测，正、反向泵装置外特性预测结果如图 6.19 所示。正向运行时，在流量大于 $5.4\text{m}^3/\text{s}$，方案 2 的效率高于方案 1，流量越大时效率差值越大，表明流量大时，支撑件对潜水贯流泵装置效率的影响越明显；而流量小于 $5.4\text{m}^3/\text{s}$ 时，

方案 1 的装置效率高于方案 2，主要因流量小时，导叶体出口环量大，灯泡体支撑件多起到了更好地回收环量作用。反向运行时，方案 1 和方案 2 的差别仅在于支撑件对装置性能的影响，仅体现在支撑件的局部水力损失上，支撑件数量多其支撑件段的相对局部水力损失增大，而泵装置作为一个整体，各部分间又存在着相互影响。

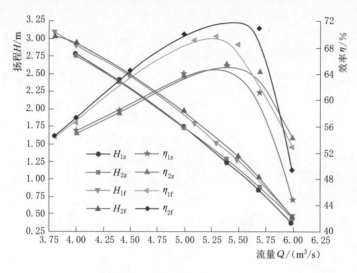

图 6.19 不同方案泵装置性能曲线

本节将扩散导叶体、灯泡筒及支撑件合称为灯泡体段，定义 K_D 为灯泡体段的水力损失比，水力损失比计算公式参照 6.1.1 节的计算式（6.1）。正、反运行工况时，灯泡体段的水力损失比分别如图 6.20 所示。反向运行时，灯泡体段的水力损失为沿程水力损失与局部水力损失之和，其满足 $\Delta h_D = (\xi_y + \xi_j) Q^2 / (2gA^2)$，正、反向运行时灯泡体段的水力损失差别体现在水力损失系数上，而正向运行工况时灯泡段的水力损失受叶轮出口环量的影响，其水力损失除上述两项外还包括漩涡损失和脱流损失，这两种水力损失均因液流

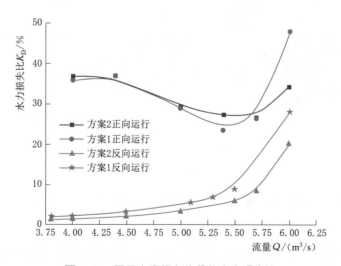

图 6.20 不同方案灯泡体段的水力损失比

的速度大小和方向改变而引起，灯泡体段内没有一段液流方向或者过流断面面积和形状不是变化的，进入灯泡体段内的水流具有环量从而引起灯泡体段内速度分布的变化，使得通过试验研究灯泡体段内的水力损失更加复杂，较有效且便于实现的方法仍是采用数值计算。

相同流量时，正、反向运行泵装置导叶体内的流线及静压分布云图如图 6.21 所示。在流量 $Q=4\mathrm{m}^3/\mathrm{s}$ 和 $Q=5\mathrm{m}^3/\mathrm{s}$ 时，正、反向运行工况下导叶体内的流态差异很大，正向运行工况时导叶体内均出现了涡漩和回流现象，反向运行工况时未出现不良流态。在流量 $Q=6\mathrm{m}^3/\mathrm{s}$ 时，正反向运行时导叶体内均未出现不良流态，表明扩散导叶体适合于大流量工况。

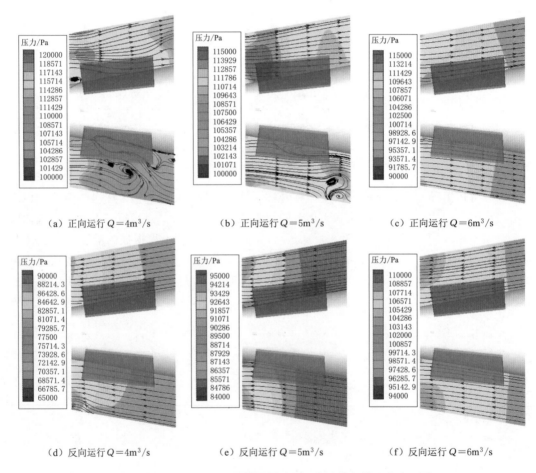

（a）正向运行 $Q=4\mathrm{m}^3/\mathrm{s}$　　　　（b）正向运行 $Q=5\mathrm{m}^3/\mathrm{s}$　　　　（c）正向运行 $Q=6\mathrm{m}^3/\mathrm{s}$

（d）反向运行 $Q=4\mathrm{m}^3/\mathrm{s}$　　　　（e）反向运行 $Q=5\mathrm{m}^3/\mathrm{s}$　　　　（f）反向运行 $Q=6\mathrm{m}^3/\mathrm{s}$

图 6.21　正、反向运行泵装置导叶体内的流线及静压分布云图

6.2.3　正反向工况时对称翼型叶轮的水力性能

S 形叶片的压力面与吸力面为对称翼型，理论上 S 形叶片应具有相同的正反向性能，但在泵装置中，叶轮与进水流道、导叶体间有动静耦合作用，其正、反向性能必然不会相同。在双向潜水贯流泵装置中，正、反向工况时 S 形叶轮的水力性能究竟有何差异是值得

探讨的，为双向潜水贯流泵装置的运行提供一定的参考价值。正、反向运行时叶轮轴向力 F_z 的计算可采用下面计算式

$$F_z = P_z + P_{zh} = \pi \rho g H_y (R^2 - R_m^2) \tag{6.3}$$

式中：F_z 为作用在叶轮上的轴向力；P_z 为作用在叶片上的轴向力，N；P_{zh} 为轮毂上的液体作用所产生的轴向力；R 为叶轮半径；R_m 为轴径；H_y 为叶轮工作扬程。

由图 6.22 可知，支撑件数量及形状对反向旋转的叶轮所受的轴向力没有影响，反向运行时支撑件数量及形状仅对灯泡段内的水力损失产生影响，对叶轮的入流条件并没有影响。对同一套泵装置，相同流量时，正、反向运行工况下叶轮所受的轴向力不同，且反向运行时叶轮所受轴向力大于正向运行工况，主要因正向运行时与反向运行时入流条件不同，正向运行时入流条件略优于反向运行的入流条件，表明叶轮的入流条件直接影响叶轮所受轴向力的大小，优化进水流道为叶轮提供更好的入流条件。

为进一步说明 S 形叶片的水力性能，给出了方案 2 时 3 种不同工况的叶片表面静压分布云图，如图 6.23 所示，正、反向相同流量运行工况时，叶片吸力面与压力面的静压分布整体趋势相同，相同运行方向不同流量时，叶片的高压区与低压区的分布位置相同，高压区均出现在叶片压力面的进水边侧，低压区均出现在吸力面的进水边侧。同一运行工况时，4 张叶片的静压分布略有差异，主要因进水流道与叶轮间的相互动静耦合所致，在工况 4m³/s 时，正向工况叶片压力面的静压在 121429～135714Pa 内的分布

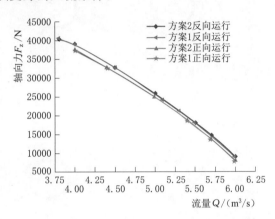

图 6.22 不同工况时叶轮所受轴向力

面积大于反向工况，而工况 5m³/s 和 6m³/s 时静压在 121429～135714Pa 范围内的面积差异并不明显，在流量相同，正、反向运行时叶片表面的静压值分布范围的差异主要因入流角的差异及叶轮与进水流道的动静耦合作用所致，正向运行时叶轮前水流入流角为 5.6°，反向运行时则为 8.8°，为了获得正、反向水力性能相同的 S 形叶轮应确保叶轮的入流条件相同。

叶顶与叶轮室内壁间的泄漏涡是因叶片压力面与吸力面间存在较大的压差，叶片压力面侧的水流通过叶片间隙向吸力面侧流动，从而形成了叶顶间隙的泄漏流动，并在叶轮通道内泄漏流与主流发生了卷吸作用，从而形成了泄漏涡，此时的泄漏涡也最明显。各工况时在叶片 50% 弦长处叶顶的泄漏涡如图 6.24 所示。泄漏涡的大小与叶片两面的压力差有直接关系，但有间隙的泄漏流动，不一定形成泄漏涡。在正、反向工况 4m³/s 时，叶片通道内的泄漏涡最明显，随着流量增大，泄漏涡的强度逐渐减小，泄漏涡的范围也逐渐变小，对于小流量工况时叶片压力面与吸力面的压力差较大，致使叶顶泄漏涡的强度较大，也导致附加水力损失的产生，影响了转轮的水力性能，在正、反向工况 5m³/s 和 6m³/s 时，叶顶间隙内均存在泄漏涡。通过对叶顶间隙泄漏涡的分析，减小叶顶间隙对提高泵装

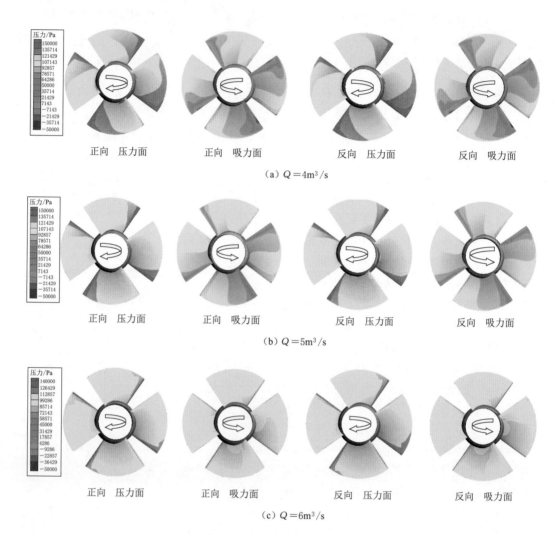

（a）$Q = 4\text{m}^3/\text{s}$

（b）$Q = 5\text{m}^3/\text{s}$

（c）$Q = 6\text{m}^3/\text{s}$

图 6.23　不同工况时叶轮表面的静压分布云图

置的水力性能有着一定的作用。

6.2.4　双向潜水贯流泵装置的综合特性

通过 6.2.1～6.2.3 节对双向潜水贯流泵装置的优化及内流特性分析，获取了一套性能优异的双向潜水贯流泵装置。本节通过该套双向潜水贯流泵装置和优化设计后的另一套双向潜水贯流泵装置进行模型试验对比分析，给出更优的双向潜水贯流泵装置的控制尺寸及结构型式。两套双向潜水贯流泵装置的水力模型均采用 ZMS3.0 水力模型，两套泵装置的主要参数见表 6.4。支撑件的差别如图 6.25（a）、（b）所示，导叶体的差异如图 6.22（c）、（d）所示。nD 值是大中型低扬程泵装置的水力模型选型中一个关键性控制参数，也是表示泵汽蚀性能的重要参数，其中：n 为叶轮转速；D 为叶轮直径。装置 1 的 nD 值为 315，装置 2 的 nD 值为 345.6。

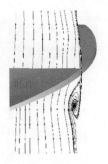

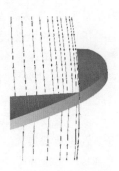

（a）正向工况 $Q=4\mathrm{m}^3/\mathrm{s}$ （b）正向工况 $Q=5\mathrm{m}^3/\mathrm{s}$ （c）正向工况 $Q=6\mathrm{m}^3/\mathrm{s}$

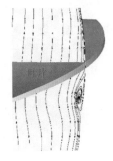
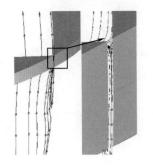

（d）反向工况 $Q=4\mathrm{m}^3/\mathrm{s}$ （e）反向工况 $Q=5\mathrm{m}^3/\mathrm{s}$ （f）反向工况 $Q=6\mathrm{m}^3/\mathrm{s}$

图 6.24   不同工况时叶顶泄漏涡（叶片 50％弦长）

表 6.4   两套泵装置的控制参数

类 别	导叶体扩散角/(°)	灯泡体长度	灯泡筒直径	泵装置总长	支撑件数量
装置 1	3	2.43D	0.46D	13.45D	5×2
装置 2	8.8	3.23D	0.67D	14.82D	5

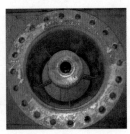

（a）方案一 支撑件   （b）方案二 支撑件   （c）方案一 导叶体   （d）方案二 导叶体

图 6.25   支撑件与导叶体

泵装置机组耗能（电能）Ee 计算式见式（6.4）。

$$Ee=\frac{\rho g QH}{102\eta}t \tag{6.4}$$

式中：Ee 为耗电量；Q 为泵装置流量；H 为泵装置扬程；η 为泵装置效率；ρ 为液体的密

度；g 为重力加速度；t 为机组运行时间。

实际上对于确定的泵装置扬程 H，若泵装置总抽水量 Qt 相同时，机组耗能最少则需泵装置效率 η 最大；若两套泵装置效率 η 及总抽水量 Qt 相同时，则两套机组的耗能相同，但泵装置流量 Q 大的机组，其运行时间短，机电设备损耗率低，可靠性高，机组整体性能较优。对此，引入单工况泵装置综合特性指标分析比较两套泵装置的差异，单工况综合特性指标反映泵装置效率 η 和泵装置流量 Q，若需泵装置机组耗能少且机电设备损耗率低，则需两参数的乘积最大，即：$Q\eta=\max$。因两套泵装置的导叶体及流道结构有差异，其区别见表 6.5，采取单位流量 $q=Qn^{-1}D^{-3}$ 进行计算，则单工况综合特性指标 C. P. I（comprehensive performance index）的计算式见式（6.5）。

$$C.\,P.\,I = \frac{Q\eta}{nD^3} \tag{6.5}$$

式中：Q 为泵装置流量；η 为泵装置效率；D 为泵叶轮直径；n 为叶轮转速。

对于相同的水泵，在转速变化范围不大的条件下，根据水泵比例律，可得

$$Q_1 = \frac{n_1}{n_2}Q_2$$

假设试验转速为 n_2，换算至转速 n_1 时计算泵装置的单工况综合特性，则

$$C.\,P.\,I = \frac{Q_1\eta}{n_1D^3} = \frac{n_1Q_2\eta}{n_2n_1D^3} = \frac{Q_2\eta}{n_2D^3}$$

若泵装置采用等效率换算，且转速变化不太大，同一泵装置其综合特性与转速变化无关。

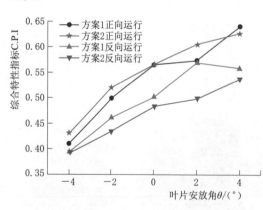

图 6.26　两套泵装置单工况综合特性指标

对于试验的两套装置，两副水力模型仅试验转速不同，方案 1 泵装置的叶轮试验转速为 1050r/min，方案 2 泵装置的叶轮试验转速为 1152r/min，采用 C. P. I 比较两套双向潜水贯流泵装置的综合特性，可忽略转速不同的影响，分别取两套装置 5 个叶片安放角时最优工况点进行比较，试验结果及分析计算结果如图 6.26 所示。在叶片安放角为 $-4°$、$-2°$、$0°$、$+2°$ 时方案 2 泵装置正向运行的综合特性指标高于方案 1 泵装置，仅在叶片安放角 $+4°$ 时，方案 1 泵装置的综合特性指标高于方案 2 泵装置；在反向运行时，各叶片安放角下方案 1 泵装置的综合特性指标均优于方案 2 泵装置，从泵装置单工况综合特性指标考虑，方案 1 的泵装置结构型式较优。

6.3　竖井贯流泵装置内流特性及模型试验

本节通过分析竖井形线的演变规律及其对前置竖井贯流泵装置水力性能的影响，在归

纳分析竖井形线的基础上，设计了 4 种不同竖井贯流泵装置，并基于 CFD 计算程序对其进行三维湍流数值计算。针对某特定的竖井形线，分析了前、后置竖井贯流泵装置的内部流态及外特性的差异性，并采用泵装置物理模型试验对数值计算结果进行了验证，并在以往竖井贯流泵装置结构型式基础上分析了一种改型的竖井式进水流道，并对其进行了 CFD 分析，本节研究流程如图 6.27 所示。

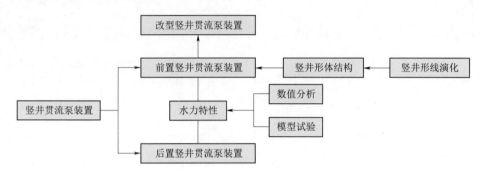

图 6.27 竖井贯流泵装置内流特性研究流程图

6.3.1 竖井形线演化及数学模型建立

竖井流道可分为直线收缩段、竖井段及水泵入口段三部分，其中竖井段的形线是竖井流道水力设计的关键，设计重点包括竖井宽度及外缘轮廓线。竖井的头部需避免棱角的出现，以减小水流进入竖井流道内的冲击损失。竖井尾部将通过竖井分开的水流至竖井尾部汇集一起，因此，尾部的设计要使汇集的水流能稳定、均匀的进入叶轮室，一般取交汇角 $65°\sim70°$。

无论是前置竖井贯流泵装置还是后置竖井贯流泵装置，竖井式流道水力设计的关键是竖井的外缘形线，在传统的椭圆形线基础上演化出对称椭圆尖锥形线、非对称椭圆圆弧形线、小椭圆尖锥隔墩形线共 3 种形线，分别如图 6.28（a）～（c）所示。非椭圆形线的有弧形隔墩形线、流线形线、尖锥形线共 3 种，分别如图 6.28（d）～（f）所示。为减小椭圆竖井形线端侧处水流的撞击损失而采用了尖锥形和大曲率弧线两种方法对竖井端处进行处理从而设计了竖井形线 1 和竖井形线 2。因竖井形线的特殊型式使得闸门无法设置于竖井形线处而必需增加进口断面，从而延伸了竖井流道长度，为达到减小竖井流道长度的目的而对传统的竖井流道进行改型设计，从而设计了有隔墩的竖井流道，如竖井形线 3，但竖井形线 3 的竖井宽度限制了电机的外形尺寸，从而限制了竖井式贯流泵装置的电机功率和叶轮直径，为突破该限制，在该形线基础上设计了竖井形线 4。竖井形线的演化主要有两个出发点：一是以椭圆形线为基础进行设计，二是以流线形线为基础进行设计，竖井形线 5 为水滴形设计，在竖井形线 5 的基础上设计了竖井形线 6。针对这 6 种竖井形线，选择其中 4 种进行竖井流道的设计、建模并通过 CFD 计算分析其水力性能差异，此 4 种形线为竖井形线 1、2、4、6。

以沿流道断面中心线的各断面平均流速光滑变化为目标，针对竖井式进水流道选取适当几何参数，采用 Microsoft Visual C++链接 UGS NX6.0 实现竖井流道参数化建模。

通过三维参数化建模，便于对竖井式流道形线进行更改及快速生成三维模型，可大幅度降低流道的设计及建模强度。

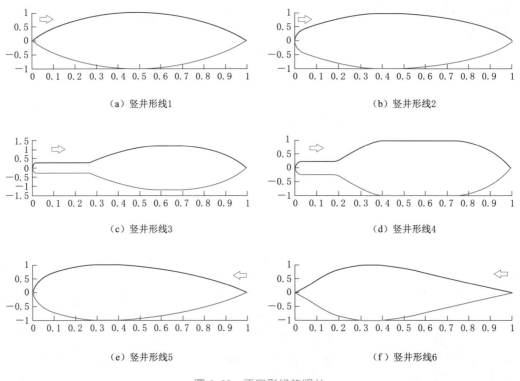

（a）竖井形线1　　　　　　　　　（b）竖井形线2

（c）竖井形线3　　　　　　　　　（d）竖井形线4

（e）竖井形线5　　　　　　　　　（f）竖井形线6

图 6.28　不同形线的竖井

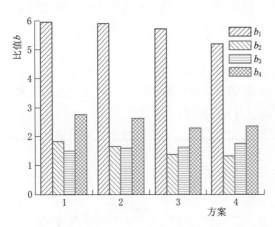

图 6.29　不同方案竖井的尺寸比值

对 4 种不同竖井形线的流道进行三维建模，竖井流道配合叶轮、导叶体及出水流道组成了竖井贯流泵装置，4 套方案的竖井流道控制尺寸差异如图 6.29 所示，b_1 为流道进出口面积比，b_2 为流道进口断面的宽高比，b_3 为流道进口高与叶轮公称直径之比；b_4 为流道进口宽与叶轮公称直径之比。方案 1～方案 4，b_1 逐渐减小，b_2 逐渐减小，b_3 逐渐增大，b_4 逐渐减小。

4 种方案的竖井贯流泵装置三维模型如图 6.30 所示，方案 1 采用竖井形线 1，方案 2 采用竖井形线 2，方案 3 采用竖井形线 6，方案 4 采用竖井形线 4，泵装置计算采用的水力模型为江苏省水利动力工程重点实验室研发的 ZM25 水力模型。泵装置计算参数为：叶轮叶片数为 3，叶轮直径 $D=300\,\mathrm{mm}$，转速 $n=981\,\mathrm{r/min}$，叶顶间隙设置为 0.2mm，导叶体叶片数为 5，共计算流量系数 K_Q 在 0.317～0.634 范围内的 8 个工况点。

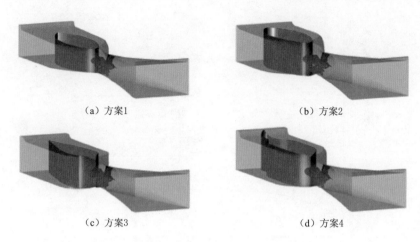

(a) 方案1   (b) 方案2

(c) 方案3   (d) 方案4

图 6.30　前置竖井贯流泵装置三维模型

6.3.2　竖井结构对泵装置水力性能的影响

为分析不同方案竖井式进水流道的水力性能，定义流道水力损失比 K_S 为各工况时竖井式进水流道水力损失与泵装置扬程的比值，水力损失比计算公式参照 6.1.1 节式 (6.1)。不同方案的竖井流道水力性能的计算结果如图 6.31 所示，图 6.31 (a) 为各方案竖井进水流道的水力损失比、轴向速度分布均匀度曲线，图 6.31 (b) 为竖井进水流道出口断面的速度加权平均角曲线。各方案的进水流道水力损失随流量系数的增大而增大，轴向速度分布均匀度与速度加权平均角随流量系数的增大而逐渐变大并趋于定值。方案 1 进水流道的水力损失大，但其轴向速度分布均匀度与速度加权平均角最高；方案 2 水力损失最小，但其轴向速度分布均匀度与速度加权平均角并不是最优的，因此对于进水流道的优化，应综合考虑此 3 个指标，本书在第 9 章开展流道的多目标优化设计研究。

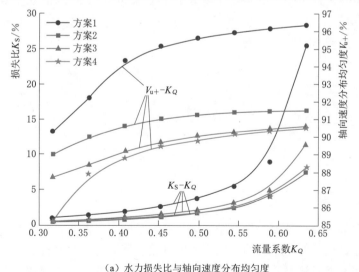

(a) 水力损失比与轴向速度分布均匀度

图 6.31 (一)　不同方案的竖井进水流道水力性能

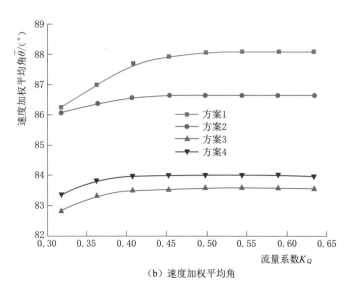

（b）速度加权平均角

图 6.31（二）　不同方案的竖井进水流道水力性能

　　选取 3 个特征工况流量系数 $K_Q = 0.362$、0.498 和 0.589，对 4 种方案的竖井式进水流道内部总压降进行无量纲分析，计算结果如图 6.32 所示。定义压降比 $f_E = E_i / E_{in}$，其中：i 为进水流道的断面序号；E_i 为第 i 个断面上的总压；E_{in} 为进水流道进口断面的总压。相对间距 $b_L = b_i / L$，其中：b_i 为第 i 个断面距进水流道进口断面的距离；L 为进水流道长度。对同一泵装置，不同工况时进水流道内压降趋势相同，流量系数越大时压降比下降的越大；压降比下降值越大表明流道水力损失越大，流道的外特性与其内特性具有直接相关性。采用多元线性回归分析方法建立流量 Q、水力损失 Δh、轴向速度分布均匀度 V_{u+}、速度加权平均角 $\bar\theta$ 与泵装置效率 η 间的函数关系式。定义流量 Q 为自变量 x_1，Δh 为自变量 x_2，V_{u+} 为自变量 x_3，$\bar\theta$ 为自变量 x_4，目标值 η 为 y_1，其函数关系式为：$y_1 = ax_1 + bx_2 + cx_3 + dx_4 + e$，其中：$a$、$b$、$c$、$d$ 及 e 均为常数。不同竖井进水流道方案的泵装置效率预测数学模型系数见表 6.5。

表 6.5　　　　　　　　　　　泵装置效率预测数学模型系数

类　　别	系数 a	系数 b	系数 c	系数 d	系数 e
方案 1	5274.342	−114.719	49.321	−156.180	8629.622
方案 2	−410.064	0.799	48.704	−108.066	5081.963
方案 3	6.215	−16.263	22.195	−10.652	−983.185
方案 4	1931.559	−86.862	0.670	−12.215	860.521

注　a、b、c、d、e 均为常数。

　　竖井贯流泵装置效率预测数学模型系数的差异反映了竖井进水流道与叶轮间存在动静耦合，竖井进水流道对叶轮的影响，进而影响到整个竖井贯流泵装置水力性能，回归分析的结果也表明了竖井贯流泵装置效率受竖井进水流道水力性能 3 个参数的共同影响。采用泵装置效率预测数学模型对不同方案的竖井贯流泵装置效率进行预测，并与数值模拟结果

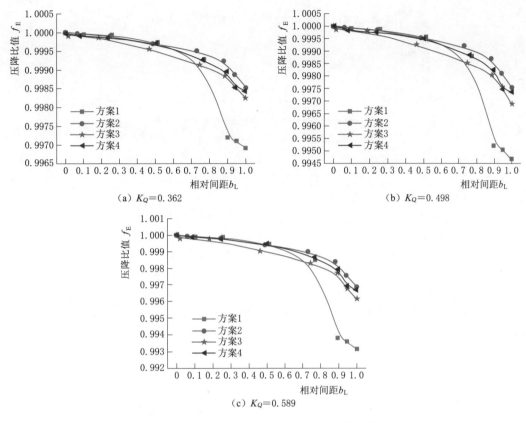

图 6.32 不同方案的竖井进水流道压降曲线

进行差值 $\Delta\eta$ 分析，结果如图 6.33 所示。$\Delta\eta = |\eta_{yi} - \eta_{si}|$，其中：$\eta_{yi}$ 为数学模型预测的泵装置效率；η_{si} 为试验所得泵装置效率；i 为工况序号。方案 1 的平均效率差值 $\Delta\eta$ 为 0.365%，方案 2 的平均效率差值 $\Delta\eta$ 为 0.347%，方案 3 的平均效率差值 $\Delta\eta$ 为 0.452%，方案 4 的平均效率差值 $\Delta\eta$ 为 0.353%，各方案的泵装置效率预测与数值模拟平均效率差值均低于 0.5%，表明了基于进水流道水力性能的泵装置效率预测数学模型是有效的。

对 4 套泵装置进行能量性能的预测，预测的泵装置扬程-流量曲线、效率-流量曲线如图 6.34 所示。各方案时竖井贯流泵装置最优工况对应的流量系数未变化，各方案时竖井贯流泵装置扬程-流量曲线和效率-流量曲线整体趋势相同。在流量系数 $K_Q > 0.498$ 时，方案 1 的效率系数 K_Q 下降幅度最大，方案 2 的效率系数下降幅值最小；在流量系数 $K_Q < 0.498$ 时，方案 2 的效率下降幅值最小，其余各方案竖井泵装置效率系数下降幅值相差不大。对于流量系数 $K_Q > 0.544$ 时，竖井进水流道的水力损失相比轴向速度分布均匀度、速度加权平均角对竖井泵装置整体性能的影响要大，这与各方案时竖井进水流道的水力损失相对应；对于流量系数 $K_Q < 0.498$ 时，竖井贯流泵装置的效率受竖井进水流道 3 个性能指标的共同影响，也再次表明对竖井进水流道的优化应采用多目标的协同优化方法，而不是单目标的优化方法。

为分析竖井流道对泵装置水力性能的影响，采用叶轮进口速度三角形分析进水流道出

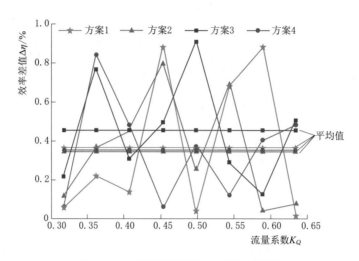

图 6.33　效率预测值与计算值的绝对差

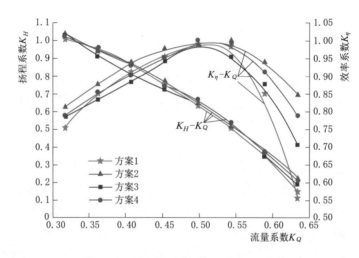

图 6.34　竖井贯流泵装置能量性能曲线

口的速度对叶轮的影响，流道出口速度三角形如图 6.35 所示，z 轴表示轴向，与叶轮轴线相平行，v_z 表示轴向速度，v_x 表示 x 轴方向速度，v_y 表示 y 轴方向速度，v_t 表示横向速度。不同方案时，泵装置流量 Q 和叶轮进口断面面积 A 均是定值，那么合速度 v_1 与 v_2 的速度值相等。如图 6.35 所示，当合速度值相同时，横向速度 $v_{t2} > v_{t1}$，则夹角 $\beta_2 > \beta_1$，合速度 v_2 越偏离泵轴向方向，叶轮进口流态越差。若夹角 β 越接近 0°，则速度加权平均角 θ 越接近 90°，轴向速度 v_z 与合速度 v 大小越相等且合速度 v 越垂直于叶轮进口断面，进口速度三角形的改变会影响叶轮的运行，从而影响整个泵装置的安全稳定运行。

　　为进一步分析不同竖井流道结构型式对泵装置机组运行稳定性的影响，在考虑进水流道、叶轮及导叶体间的动静干涉相互作用后，出水流道内的水流一方面沿轴向前进，一方面受导叶体出口剩余环量的影响引起旋转而产生进动，于是有一个当量力矩 Ω，引入出水流道进口旋流的无因次动量参数 S_M 来定量地表征竖井贯流泵装置运行稳定性情况，无因

次动量参数 S_M 的表达式为

$$S_M = \frac{\Omega D_{in}}{\rho Q^2} = \frac{D_{in} \sum\limits_{i=1}^{N} v_{ti} r_i d}{NQ}$$

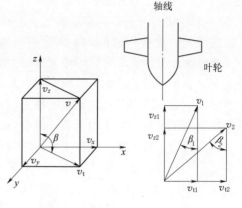

其中

$$\Omega = \frac{\rho Q \sum\limits_{i=1}^{N} v_{ti} r_i}{N} \qquad (6.6)$$

式中：Ω 为当量力矩，$kg \cdot m^2/s^2$；D_{in} 为出水流道进口直径，m；ρ 为水的密度，kg/m^3；Q 为流量，m^3/s；N 为网格节点总数，i 为计算节点编号；r_i 为第 i 个节点至断面中心的半径，m；v_{ti} 为第 i 个节点的切向速度。

图 6.35　进水流道出口速度三角形

定义方案 3 与方案 j 的动量参数差值为 ΔS_{jM-3M}，即 $\Delta S_{jM-3M} = S_{3M} - S_{jM}$，其中：$j$ 为 1、2、4，分别表示方案 1、2、4；S_{3M} 表示方案 3 的动量参数。4 套竖井贯流泵装置动量参数 S_M 及差值 ΔS_M 的计算结果如图 6.36 所示。

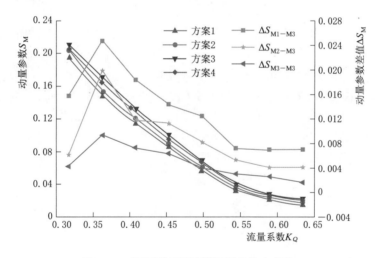

图 6.36　不同竖井贯流泵装置的动力参数

在计算工况范围内，不同方案的泵装置动量参数均随流量系数增大而减小，表明流量系数大，其机组运行稳定性相对较好，主要因流量系数大时，竖井进水流道出口断面的轴向速度分布均匀度及速度加权平均角均较好。方案 1 泵装置的动量参数 S_M 最小，方案 3 泵装置的动量参数 S_M 最大，结合竖井流道水力性能分析，方案 1 竖井流道的速度加权平均角最大，平均值为 87.65°，其泵装置的动量参数平均值为 0.083，方案 3 竖井流道的速度加权平均角最小，平均值为 83.39°，其泵装置的动量参数平均值为 0.096，由流道出口的速度三角形可知，方案 3 流道的出口速度三角形最不满足叶轮入流的要求，泵装置运行稳定性相对较差。

流量系数 K_Q 在计算工况 0.498～0.634 范围内，4 套泵装置的机组运行稳定性差别并不明显，方案 1 与方案 3 的动量参数最大差值为 0.025，最小差值为 0.007。从动量参数差值 ΔS_M 进行分析，流量系数 K_Q 处于 $0.362 \sim 0.634$ 范围内时，动量参数差值随流量系数的增大而减小，在 $K_Q = 0.317$ 时，动量参数差值再次降低，在整个计算工况范围内，动量参数差值随流量系数的增大先增大后减小。在一定的工况范围内，4 种竖井式进水流道对泵装置运行稳定性的影响所具有的差异性相对较大，对于大流量和小流量工况时，4 种竖井式进水流道对泵装置运行稳定性影响的差异性相对逐渐减小，泵装置运行稳定性更多地取决于转轮与导叶相互耦合的水力性能。

为对比分析 4 套竖井贯流泵装置的水力性能，综合考虑泵装置的多运行工况后引入泵装置多工况性能加权评价方法对 4 套竖井贯流泵装置进行水力性能综合评价分析，提出了泵装置多工况性能加权评价指标 M. P. I（multiple operating conditions of pump system performance index）的概念，M. P. I 计算包括 3 项：①确定参与评价的运行工况；②计算与确定加权因子；③计算与确定流量、效率单值。计算公式如下

$$M. P. I = \frac{\sum_1^N a_i \eta_i Q_i}{n D^3}$$

其中
$$a_i = \frac{d_i}{\mathrm{sum}(d_i)} \tag{6.7}$$

式中：a_i 为第 i 个工况加权因子；N 为工况类别总数；Q_i 为第 i 个工况时泵装置的流量；d_i 为第 i 个工况运行的总天数；$\mathrm{sum}(d_i)$ 为不同工况时泵装置运行的天数总和；n 为叶轮转速，r/min；D 为泵叶轮直径，m；η 为泵装置效率。

在 4 套竖井贯流泵装置数值计算结果基础上，以泵装置效率与流量数值乘积为目标值，泵装置扬程为自变量，构建 $Q\eta$ 与 H 的数值函数关系，数值拟合公式为：$Q\eta = a_1 H^5 + b_1 H^4 + c_1 H^3 + d_1 H^2 + e_1 H + f_1$，其中：$a_1$、$b_1$、$c_1$、$d_1$ 及 e_1 均为常数。各数值函数模型的系数见表 6.6。

表 6.6　　　　　　　　　　　　目标函数的数学模型系数

类　别	系数 a_1	系数 b_1	系数 c_1	系数 d_1	系数 e_1	系数 f_1	判定系数
方案 1	-0.06660	0.48096	-1.28491	1.48390	-0.64836	0.21486	0.9993
方案 2	0.018475	-0.12568	0.316170	-0.40334	0.26536	0.10930	0.9970
方案 3	0.00589	-0.01646	-0.01648	0.02160	0.06173	0.1207	0.9949
方案 4	-0.05199	0.41032	-1.21602	1.61952	-0.94042	0.36403	0.9978

注　a_1、b_1、c_1、d_1、e_1、f_1 均为常数。

针对该竖井贯流泵装置的实际特点，选择 3 个特征工况：最高扬程 2.80m，最低扬程 0.30m，设计扬程 1.44m，在这 3 个特征工况时，假设泵装置分别运行的天数为 60 天、40 天及 210 天。对各方案泵装置分析计算 3 个特征工况时 C. P. I 值及多工况时泵装置的 M. P. I 值，计算结果见表 6.7。在假设泵装置运行天数的条件下，方案 2 的泵装置多工况性能加权评价指标 M. P. I 值最大，其次为方案 3、方案 1 及方案 4。设计扬程 1.1m 记为工况 1，最低扬程 0.30m 记为工况 2，最高扬程 2.80m 记为工况 3，以工况 1 为选择依据，则应选择方案 4；以工况 2 为选择依据，则应选择方案 4；以工况 3 为选择依据，则

应选择方案 3。单工况时泵装置的综合水力特性最优，而在多工况运行时该泵装置的综合特性未必最优，在对不同泵装置方案进行优选时，可借鉴泵装置多工况性能加权评价的方法。

表 6.7　　　　　　　　　　　不同方案泵装置的评价指标

类　别		评价指标	方案 1	方案 2	方案 3	方案 4	优选方案
单工况	工况 1	C. P. I	0.00694	0.00678	0.00673	0.00709	方案 4
	工况 2	C. P. I	0.00464	0.00605	0.00531	0.00748	方案 4
	工况 3	C. P. I	0.00275	0.00321	0.00386	0.00019	方案 3
多工况		M. P. I	0.339770	0.34973	0.34799	0.33537	方案 2

6.3.3　竖井位置对泵装置水力性能的影响

以 6.3.1 节中方案 1 竖井贯流泵装置为研究对象，开展竖井位置对泵装置水力性能的影响分析。前、后置竖井贯流泵装置的三维模型如图 6.37 所示。

（a）前置竖井贯流泵装置　　　　　　　　　　　（b）后置竖井贯流泵装置

图 6.37　前、后置竖井贯流泵装置的三维模型

6.3.3.1　过流部件流态分析

在前、后置竖井贯流泵装置数值计算的基础上，对两套泵装置内部流态进行分析，图 6.38 为各工况时前、后置竖井贯流泵装置水平断面流线图。对于前置竖井贯流泵装置，各工况时竖井式进水流道内部流动可分为三个阶段：第一阶段水流在进口直线收缩段内，水流受流道壁面的约束，水流在水平方向保持平行；第二阶段水流在竖井岔口分为两股，竖井两侧流速逐步增加，流态平顺，无涡漩、回流存在；第三阶段经竖井分隔后的两股水流再次汇集，进入整流段，水流流速迅速增加，流速分布得到较快的调整，为叶轮提供良好的进口条件。水流经过叶轮旋转做功和导叶体的回收环量后进入直管式出水流道，因水流具有一定的环量，致使出水流道内水流扩散不均匀，内部流态紊乱，额外增加了水力损失，影响了泵装置的水力性能。在流量系数 $K_Q = 0.362$ 时，转轮叶根两侧有涡漩出现，导叶体内也存在涡漩；在流量系数 $K_Q = 0.498$ 时，导叶体内出现回流；在流量系数 $K_Q = 0.634$ 时，叶轮及导叶体内未出现涡漩、回流等不良流态，但直管式出水流道内出现了强度较大的涡漩。

对于后置竖井贯流泵装置，各工况时直管式进水流道内流速逐渐增加，流态平顺，无涡漩、回流存在；各工况时竖井式出水流道竖井两侧流态分布不均，流量越小竖井两侧流

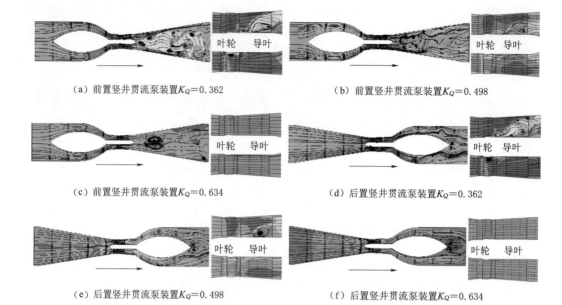

（a）前置竖井贯流泵装置$K_Q=0.362$　　　　　（b）前置竖井贯流泵装置$K_Q=0.498$

（c）前置竖井贯流泵装置$K_Q=0.634$　　　　　（d）后置竖井贯流泵装置$K_Q=0.362$

（e）后置竖井贯流泵装置$K_Q=0.498$　　　　　（f）后置竖井贯流泵装置$K_Q=0.634$

图 6.38　前、后置竖井贯流泵装置水平剖面流线图

态越紊乱，在流量系数 $K_Q=0.362$、0.498、0.634 时，竖井出水岔口处均出现了对称涡漩。

　　不同工况时，叶轮及导叶体内部流态特征与前置竖井贯流泵装置相同。竖井式进水流道与直管式进水流道均可为叶轮提供良好的进水条件，前、后置泵装置整体性能的差异主要取决于出水流道的水力性能。

6.3.3.2　竖井与直管式流道的水力性能分析

　　为进一步分析前、后置竖井贯流泵装置进、出水流道的水力性能，对进水流道采用水力损失、轴向速度分布均匀度、速度加权平均角及平均涡角进行定量的分析比较，对出水流道采用动能恢复系数进行分析比较。

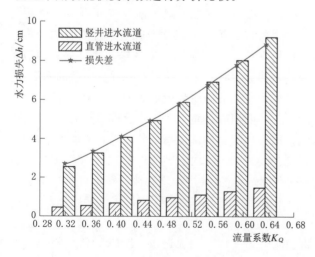

图 6.39　不同进水流道的水力损失

竖井式进水流道的水力损失高于直管式进水流道，竖井式进水流道的水力损失还包括了竖井进口处水流的冲撞损失，两者的水力损失差与流量的二次方成一定的关系。两者的水力损失如图 6.39 所示。两种不同进水流道的出口断面的水力性能差值如图6.40 所示，竖井式进水流道的速度加权平均角高于直管式进水流道，在计算工况范围内速度加权平均角的差值变幅不大，最大差值为 0.937°，最小差值为 0.665°，但轴向速度分布均匀度及平均涡漩角均低于直管式进水流

道，轴向速度分布均匀度的差值随流量的增大而逐渐增大，轴向速度分布均匀度最大降低了 2.30%，最小降低了 1.56%；平均涡漩角最大降低了 0.075°，最小降低了 0.036°。

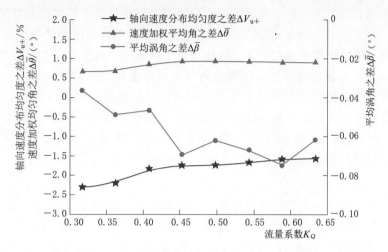

图 6.40　不同进水流道出口断面的水力性能差值

不同出水流道动能恢复系数的计算结果如图 6.41 所示。当流量系数 $K_Q = 0.362 \sim 0.634$ 时，竖井式出水流道的动能恢复系数高于直管式出水流道的动能恢复系数；当流量系数 $K_Q = 0.589 \sim 0.634$ 时，直管式出水流道的动能恢复系数高于竖井式出水流道。两种出水流道的动能恢复系数的差值未呈现出一定的规律性，因进入出水流道内的水流具有环量，水流在出水流道内呈螺旋状，即轴向速度与横向速度的合成运动，不同工况时水流具有的环量也不一样，出水流道对环量的回收也不相同，因此两者间很难具有规律性。

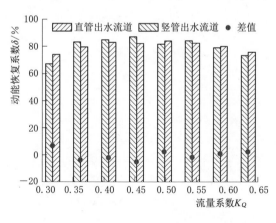

图 6.41　不同出水流道的动能恢复系数

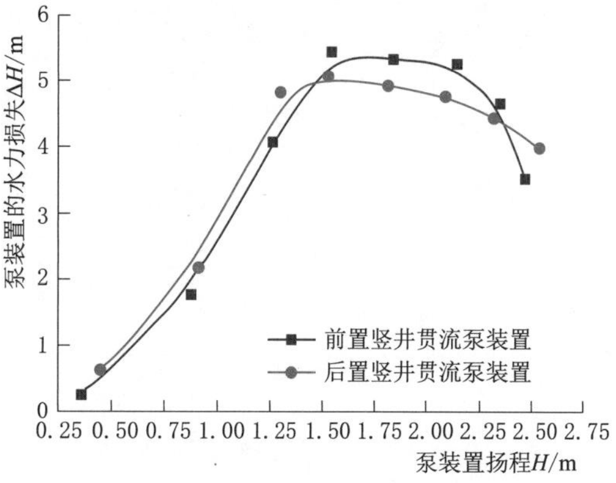

图 6.42　泵装置的水力损失

根据泵装置外特性预测的结果对泵装置整体的水力损失 ΔH 进行计算，计算公式见式（6.8）。

$$\Delta H = \frac{H(1-\eta)}{\eta} \tag{6.8}$$

式中：η 为泵装置的效率；H 为泵装置的扬程；ΔH 为泵装置的水力损失。

依据式（6.8）对前、后置竖井贯流泵装置进行计算分析，结果如图 6.42 所示。泵装置水力损失包括进水流道的水力损失、叶轮的水力损失、导叶体的水力损失及出水流道的水力损失四大部分。前置竖井贯流泵装置与后置竖井贯流泵装置整体的水力损失差随泵装置扬程的改变而变化，由图 6.42 可知两种不同进水流道形式对泵装置整体水力损失的影响很小，因此泵装置效率主要取决于导叶体与出水流道的水力损失大小。当泵装置扬程为 0.43～1.46m 时，后置竖井贯流泵装置水力损失高于前置竖井贯流泵装置，这与直管出水流道的动能恢复系数高于竖井出水流道相对应；当泵装置扬程为 1.25m 时，前置竖井泵装置比前置竖井泵装置水力损失大了 0.35m；当泵装置扬程为 1.53～2.35m 时，前置竖井贯流泵装置水力损失高于后置竖井贯流泵装置，这与图 6.41 中流量系数 K_Q＝0.362～0.453 时竖井出水流道的动能恢复系数高于直管出水流道相对应。

6.3.3.3　前、后置竖井泵装置整体水力性能的比较

前、后置竖井贯流泵装置的外特性预测结果对比曲线如图 6.43 所示，前置竖井贯流泵装置的最优工况时 K_Q＝0.498，K_H＝0.633，η_{bep}＝77.79％；后置竖井贯流泵装置的最优工况时 K_Q＝0.544，K_H＝0.531，η_{bep}＝78.82％。当 K_Q＞0.544 时，后置竖井贯流泵装置效率明显高于前置竖井贯流泵装置；当流量系数 K_Q＝0.362～0.498 时，前置竖井贯流泵装置效率明显高于后置竖井贯流泵装置。对于如何选取前、后置竖井贯流泵装置，应根据泵站的实际情况进行选取，后置竖井贯流泵装置效率曲线相比前置竖井贯流泵装置整体向大流量方向偏移。两套泵装置的整体水力性能较优，均超过国家标准《泵站设计规范》（GB 50265—2010）中 9.1.11 节对轴流泵站与混流泵站的装置效率不宜低于 70％～75％的要求，两种泵站形式均具有广泛的工程应用价值。

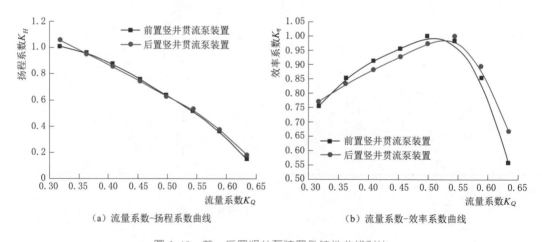

（a）流量系数-扬程系数曲线　　　　　　（b）流量系数-效率系数曲线

图 6.43　前、后置竖井泵装置外特性曲线对比

6.3.4　竖井贯流泵装置的改型探讨

原竖井贯流泵装置的竖井整体处于整个流道内部，占据了流道的大部分过流面积，竖井形线直接影响竖井流道的水力性能，如何在满足保证电机及齿轮箱能布置的条件下，增加竖井流道过流断面面积是值得研究的问题。借鉴灯泡贯流泵装置的灯泡体布置思想，采

用竖井支撑墩对竖井进行支撑，以此增加竖井流道的过流断面面积，减小竖井对水流的阻碍作用。竖井支撑墩的形状选取与竖井相同的形线，图 6.44 给出了 4 种不同方案时竖井支撑墩的平面示意图及竖井流道过流面积增加值。采用最小二乘曲面拟合法对竖井过流断面面积增加值 ΔS、竖井顺水流方向长度 L、竖井过流断面宽度增加值 ΔB 之间的关系进行数据拟合，其相关系数为 0.99999，$\Delta S = f(\Delta B, L)$ 的二元函数关系式见式 (6.9)。

$$
\begin{aligned}
\Delta S = {} & -1.9712 \times 10^{-10} + 254\Delta B - 8.0806 \times 10^{-15}\Delta B^2 + 4.53 \times 10^{-13}L \\
& -5.7817 \times 10^{-15}\Delta BL + 1.961 \times 10^{-17}\Delta B^2 L - 2.5327 \times 10^{-16}L^2 \\
& +3.3216 \times 10^{-18}\Delta BL^2 - 1.1696 \times 10^{-20}L^2\Delta B^2
\end{aligned}
\tag{6.9}
$$

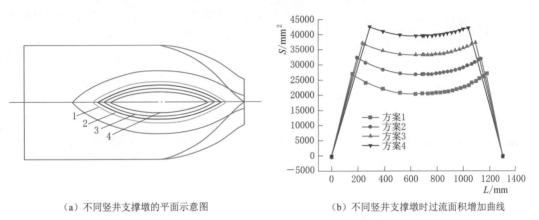

（a）不同竖井支撑墩的平面示意图　　　　（b）不同竖井支撑墩时过流面积增加曲线

图 6.44　不同竖井支撑墩的平面示意图及过流面积增加曲线

兼顾竖井支撑墩的结构特性等，本节采用方案 3 进行建模计算，分析改进前后的前置竖井贯流泵装置水力性能的差异性。改型的前置竖井贯流泵装置三维模型如图 6.45所示。

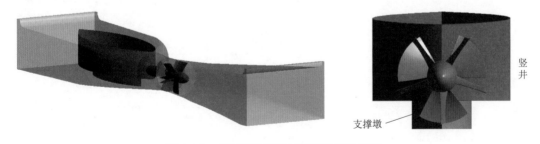

图 6.45　改型的前置竖井泵装置三维模型

通过对改型方案进行数值计算，并对比分析改型竖井进水流道与原方案竖井进水流道间水力性能的差异性，进水流道水力损失曲线如图 6.46 所示，进水流道出口断面的水力性能如图 6.47 所示。改型的进水流道过流断面面积得到增大，降低了流道内部的流速，增大了动能回收，相比原方案，其水力损失得到了减小，从水力损失角度看，改型的竖井进水流道应有益于提高泵装置整体的水力性能。对改型的竖井进水流道出口断面的水力性能进行计算分析，流量系数 $K_Q = 0.317 \sim 0.634$ 时，轴向速度分布均匀与速度加权平均角均降低了很多，轴向速度加权平均角最大降低了 4.88%，平均降低了 4.23%，速度加权平均角最

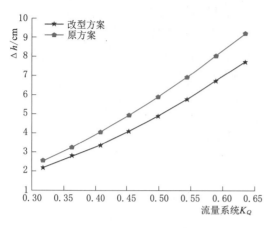

图 6.46　改型前后水力损失对比

大降低了 $2.84°$，平均降低了 $2.58°$，从这两个指标可以看出，改型的竖井进水流道并未对叶轮提供更好的流速分布，反而降低了原流速分布。对于进水流道设计优劣的评判，不能仅从水力损失这一个指标进行判断，而需将水力损失、轴向速度分布均匀度及速度加权平均角综合起来对进水流道的水力性能进行评判，如改型后的进水流道水力损失降低，但其轴向速度分布均匀度及速度加权平均角却没有得到提高。

对改型后泵装置性能的各参数进行无量化处理，分析比较改型前后泵装置的水力性能，对比结果如图 6.48 所示。改型后泵装置的效率变化相比原方案降低的趋势变得平缓，水力损失相比原方案呈增加趋势，最高效率相比原方案降低了很多，因改型后竖井进水流道出口断面的水力性能降低，叶轮进口的流速分布不均匀所致，这与前面分析的进水流道出口断面的水力性能及断面的静压分布相一致。

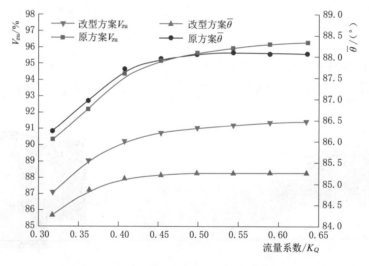

图 6.47　改型前后进水流道水力性能对比

为进一步说明改型前后竖井式进水流道内特性的差异，以叶轮中心为原点，顺水流方向为正方向，选取 4 个不同位置的断面，1—1 断面的位置为 $Z=-0.14\text{m}$，2—2 断面的位置为 $Z=-0.10\text{m}$，3—3 断面的位置为 $Z=-0.28\text{m}$，4—4 断面的位置为 $Z=-0.05\text{m}$（进水流道出口断面），断面位置示意图如图 6.49 所示。流量系数 $K_Q=0.498$（最优工况）时竖井式进水流道 4 个不同位置断面的静压分布云图如图 6.50 所示。改型前后断面的静压分布差异性很大，原方案叶轮进口断面的静压分布较均匀，竖井式进水流道分岔口断面静压分布对称，改型后的进水流道分岔口断面静压分布呈左右对称，而非上下对称，因竖

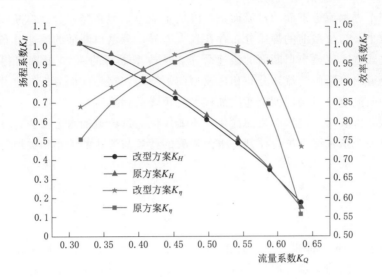

图 6.48　改型前后泵装置性能对比

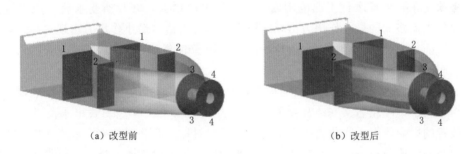

（a）改型前　　　　　　　　　（b）改型后

图 6.49　各断面位置示意图

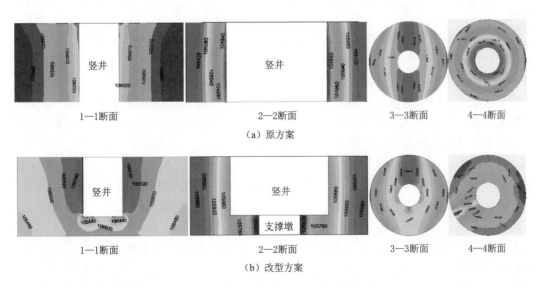

图 6.50　各断面的静压分布云图（单位：Pa）

井支撑墩增加了进水流道下面的过流面积，降低了流速，但在竖井分岔口断面下方的流速较大，静压较小，与改型前的静压分布存在较大差异，分岔口断面的流速分布不均匀性直接影响了竖井式进水流道出口断面的流速分布，从改型方案的 4—4 断面可得出，改型后竖井式进水流道出口断面的流速分布相比改型前不均匀，这与前面分析的改型后进水流道出口断面的轴向流速分布均匀度及速度加权平均角降低相对应。

通过改型分析表明对进水流道的优化，不能仅仅通过流道的水力损失这一个指标进行评判，需要将 3 个指标综合进行评判，水力损失的计算与流速的大小相关但与流速分布的均匀度无关。

6.4　本章小结

（1）明晰了斜 15°轴伸贯流泵装置内部三维流动规律，斜 15°进水流道的肘形弯管内流速分布总体较为均匀，越接近叶轮时，其轴向流速分布受叶轮的影响越大。在设计工况时，半径 $R=72\,\text{mm}$ 的叶片断面翼型的尾部出现了明显的脱流，其余各断面翼型附近相对流速较平顺。在泵装置运行工况范围内，随着流量的增大，叶片所受水流作用力逐渐减小，叶片受水流施加的最大作用力出现在压力面的进水边，最小作用力出现在吸力面的进水边，压力面承受的水压力呈现出由轮毂向轮缘侧逐渐增大的趋势，叶片承受的水力矩随流量增大而减小。

（2）斜 15°进水流道立体变形收缩很小，水流方向拐弯角度小，水流比较平稳，水力损失也相对较小，叶轮名义安装高度取值范围为 $(0.7\sim0.9)D$。斜式出水流道的水力性能对泵装置的影响较大，优化斜式出水流道的形线对提高泵装置效率有重要作用。靠近叶轮进口的断面流速分布呈现出与叶片数相关的特性，单独对进水流道优化时得出的最优断面在泵装置运行中是否仍是最优断面是值得进一步研究的，应考虑叶轮与进水流道的耦合作用。

（3）双向潜水贯流泵装置的灯泡体支撑件及尾部对泵装置整体水力性能有一定的影响，灯泡体采用 5 片支撑件及流线型尾部有利于提高泵装置的双向水力性能。反向运行时，灯泡体段的水力损失与流量的二次方呈线性关系；正向运行时未呈现此关系，因正向运行时灯泡体段内的水流具有环量，其水力损失呈现出与工况相关的规律。正向运行时，灯泡体段内有涡漩出现，流态较差，而反向运行时，灯泡体段内流态较好，无不良流态出现，水流经叶轮旋转做功后以螺旋状进入出水流道内。

（4）正向运行时，流量小于 $5.4\,\text{m}^3/\text{s}$ 时双向潜水贯流泵装置导叶体内部出现漩涡，影响了泵装置的正向水力性能；而反向运行的各工况导叶体内均未出现不良流态。支撑件对 S 翼型叶轮所受轴向力的影响很小，相同流量、反向运行时叶轮所受轴向力略大于正向工况，正反向运行时叶片表面的静压分布规律相同，仅在流量 $4\,\text{m}^3/\text{s}$ 时，正反向工况叶片表面分布的差异略大。正反向运行时，叶顶间隙均有泄漏涡，其流量 $4\,\text{m}^3/\text{s}$ 时泄漏涡强度相对较大，减小叶顶间隙可提高泵装置水力性能。通过对两套潜水贯流泵装置模型的性能试验，分析比较其综合水力性能，给出了供参考的双向潜水贯流泵装置尺寸：导叶体扩散角为 3°，灯泡体长度为 $2.43D$，灯泡体直径 $0.46D$，泵装置总长 $13.45D$，其中 D 为叶轮直径。

（5）竖井流道水力设计的关键是竖井的外缘形线，归纳分析了竖井形线的演变规律，以椭圆形线和流线形线为基础，根据各竖井形线的特点设计了 4 种不同竖井形线的流道，并对其进行三维建模。对同一泵装置，不同工况时进水流道内压降趋势相同，流量系数越大时压降比下降越大；压降比下降值越大表明流道水力损失越大，流道的外特性与其内特性具有直接相关性。引入出水流道进口旋流的无因次动量参数 S 来定量地表征竖井贯流泵装置运行稳定性情况，流量系数 $K_Q=0.498\sim0.634$ 时，不同竖井型式的贯流泵装置的机组运行稳定性差别并不明显，不同进水流道对泵装置运行稳定性的影响较小。为对比分析竖井形线对泵装置综合水力性能的影响，综合考虑泵装置的多运行工况后引入泵装置多工况性能加权评价方法对 4 套竖井贯流泵装置进行水力性能综合评价分析。在单工况运行时水力特性最优的泵装置，在综合考虑多工况运行时其综合特性未必最优，在实际工程中对泵装置方案的选择应综合考虑泵站实际运行的各特征工况。

（6）通过对前、后置竖井贯流泵装置的全流道 CFD 计算，各工况时竖井式与直管式进水流道内部流线平顺，无漩涡、回流等不良流态出现，两者水力性能差异较小，竖井式进水流道水力损失略大于直管式进水流道，竖井式进水流道的速度加权平均角高于直管式进水流道，在计算工况范围内速度加权平均角的差值变幅不大，最大差值为 $0.937°$，但轴向速度分布均匀度及平均涡漩角均低于直管式进水流道，轴向速度分布均匀度的差值随流量的增大而逐渐增大，轴向速度分布均匀度最大降低了 2.30%，平均涡漩角最大降低了 $0.075°$。直管式和竖井式出水流道的水力性能差异较大，两种出水流道的动能恢复系数的差值未呈现出一定的规律性，出水流道对泵装置整体水力性能的影响较大。前置竖井贯流泵装置与后置竖井贯流泵装置整体的水力损失差随着泵装置扬程的改变而变化，当 $K_Q>0.544$ 时，后置竖井贯流泵装置效率明显高于前置竖井贯流泵装置；当流量系数 $K_Q=0.362\sim0.498$ 时，前置竖井贯流泵装置效率明显高于后置竖井贯流泵装置，后置竖井贯流泵装置效率曲线相比前置竖井贯流泵装置整体向大流量方向偏移。

第 7 章

立式蜗壳混流泵装置内流
特性及水力稳定性

7.1 引言

混流泵又称斜流泵,是一种比转速较高的泵型,广泛应用于农田排灌、防涝排洪、工业市政等领域,混流泵装置根据出水室的不同,通常可分为蜗壳式和导叶式两种。立式蜗壳混流泵装置包括钟形进水流道、叶轮、双螺旋蜗壳压水室及直管式出水流道 4 部分。立式蜗壳混流泵装置结构单线图如图 7.1 所示,立式蜗壳混流泵装置三维模型如图 7.2 所示。

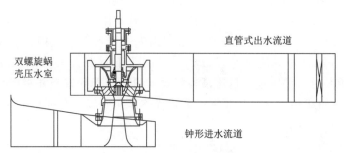

图 7.1 立式蜗壳混流泵装置结构单线图

采用数值模拟技术对该立式蜗壳混流泵装置进行全流道数值模拟,重点分析了该泵装置钟形进水流道的内流特性、叶轮的水力性能及双螺旋蜗壳压水室的内部流动特性。

图 7.2 立式蜗壳混流泵装置三维模型

7.2 立式蜗壳混流泵装置基本参数

立式蜗壳混流泵装置的基本参数为叶轮公称直径为 300mm,叶片数 4 片,转速为 1450r/min,叶片安放角为 0°,叶顶间隙设置为 0.2mm。双螺旋蜗壳压水室内导叶支撑件为 8 片，钟形进水流道和双螺旋蜗壳压水室结构复杂，采用混合网格剖分技术进行剖分，并采用网格加密技术对流动的细部结构进行了局部网格加密处理。经网络无关性分析，立式蜗壳混流泵装置的网格单元数为 3219998 个，网格节点总数为 1353170 个。该泵装置的能量性能试验在江苏省水利动力工程重点实验室的高精度水力机械试验台进行测试，图 7.3 为数值模拟预测和试验测量所得扬程-流量曲线（$H-Q$）及效率-流量曲线（$\eta-Q$）的对比。数值模拟预测的扬程-流量曲线与试验结果吻合较好，仅小流量工况差别较大。这说明数值模拟可以较好地反映混流泵装置内部的流动情况。预测效率-流量曲线高于试验曲线，主要因模型试验的机械损失偏大，计算预测的功率值与试验值有偏差，从曲线的趋势看基本一致。

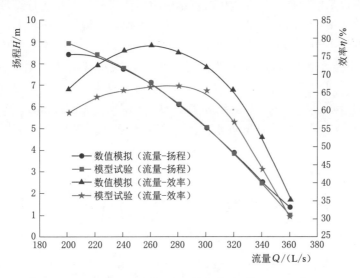

图 7.3 立式蜗壳混流泵装置性能数值预测与模型试验对比

7.3 立式蜗壳混流泵装置内流场及水力性能

立式蜗壳混流泵装置内部流动为复杂的三维流动，通过数值计算可得泵装置内流场的速度、压力分布等信息，依此可判断泵装置设计是否合理，从而为优化设计提供参考。图 7.4 为设计流量时立式蜗壳混流泵装置内部流线图。钟形进水流道内为规则的收缩型流动，靠近隔墩两侧的水流从导水锥顺水侧进入叶轮室，而靠近两外壁侧水流绕过导水锥经流道"ω"形后壁从导水锥逆水侧进入叶轮室，水流从四周进入叶轮室，水流在此阶段逐步收缩，平顺过渡，无回流、漩涡等不良流态出现。通过叶轮旋转做功及双螺旋蜗壳体内环形导叶回收压能和环量，水流从四周汇入双螺旋蜗壳压水室，因蜗壳壁面约束作用，导致隔墩及蜗舌两侧水流比较紊乱，流速分布也不均匀，尤其在隔墩内侧，水流由顶部向底部和由边壁侧向出口侧流动，两股水流交汇形成螺旋状水流进入出水流道，出水流道隔墩两侧均为螺旋状水流，从顺水流方向看，右侧水流旋转强度明显强于左侧，主要原因是叶轮出口环量没被环形导叶很好吸收，水流自身旋转加之蜗壳出水结构形状的复杂性，形成螺旋状水流，从而增加装置水力损失，降低泵装置效率，增加能耗。

图 7.4 设计流量时立式蜗壳混流泵装置内部流线图（$Q=280\text{L/s}$）

7.3.1 钟形进水流道内流场及水力性能

钟形进水流道是低扬程泵站常采用的进水流道形式之一，其显著特点是高度低，适用于地质条件差的泵站，它的缺点是形状复杂，施工不便，且流道宽度较大，对宽度的要求非常严格，如设计不当，易在流道内部产生涡带。钟形进水流道的主要控制尺寸为：D 为叶轮直径，H_{in} 为流道进口高度，L 为流道长度，X 为后壁距，h 为喇叭管悬空高度，B 为流道宽度，H_j 为叶轮进口高度（叶轮室进口断面至进水流道底部的距离），α 为收缩角，$\alpha=6°$，对于其余尺寸进行无量纲换算，$H_{in}=1.4D$，$L=5.25D$，$X=1.3D$，$h=0.57D$，$B=3.45D$。图 7.5 为钟形进水流道的尺寸示意图。图 7.6 为钟形进水流道的三维建模图。

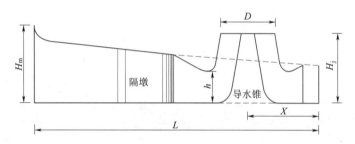

图 7.5 钟形进水流道尺寸示意图

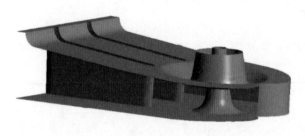

图 7.6 钟形进水流道三维建模图

为直观地反映钟形进水流道内部流场特征，此处给出立式蜗壳混流泵装置流量 Q_{bep} 计算结果流线图，如图 7.7 所示。由计算结果可知，钟形进水流道内的流动可分为 3 个阶段：第 1 阶段是水流在直线收缩段内汇集阶段，第 2 阶段是水流向喇叭管进口处的汇集阶段，第 3 阶段是水流在喇叭管内整流阶段。

第 1 阶段，水流在进口直线收缩段内，因流道内流场边界的约束，流动在水平方向保持流线平行，但在水深方向出现不同程度的弯曲。

第 2 阶段，一部分水流从喇叭管前部直接进入喇叭管外，还有一部分水流绕至流道侧面、后部进入喇叭管。该阶段流线急剧弯曲，流态十分复杂。水流从四周进入喇叭管是钟形进水流道流态的典型特征。

第 3 阶段，水流在喇叭管内急剧收缩，流速迅速增加，同时流速分布得到较快的调整。

第 2、3 阶段尤为重要，第 2 阶段流态较差，易导致漩涡的产生。第 3 阶段若水流流态调整不好，将严重影响流道出口的流速分布，从而对水泵的性能产生不良影响。

图 7.7 钟形进水流道内部流线图（工况 $1.00Q_{bep}$）

图 7.8 为 3 种不同流量时喇叭管进、出口断面速度分布等值线云图，图 7.8 中各数值均以各工况时该断面平均速度为参考值进行无量纲处理，即 v_i/v_{au}，其中：v_i 为断面中各节点的速度值，v_{au} 为该断面的平均速度。在小流量工况（$0.55Q_{bep}$）至大流量工况（$1.25Q_{bep}$）的各工况下，喇叭管进口断面流速分布不均匀，喇叭管进水侧流速大于后壁侧，但左、右两侧流态基本对称，可知水流从四周进入喇叭管，但进口断面流速分布并不均匀。

各工况下，喇叭管进口断面流速分布规律均呈相似的月牙分布，内侧轴向流速高于外侧，在断面内侧靠近导水锥的位置出现速度最大值，喇叭管出口断面流速分布较均匀。

以最优工况为例，截取如图 7.9 所示的 6 个断面获得各断面的轴向速度分布云图，如图 7.10 所示，并计算各断面的轴向速度分布均匀度与速度加权平均角，如图 7.11 所示。由图 7.11 可知：从 1—1 断面（$H_j/D=0.80$）至 3—3 断面（$H_j/D=1.25$），轴向速度分布均匀度逐渐变大，随后至 6—6 断面（$H/D=1.70$）分布均匀度呈下降趋势。从 1—1 断面（$H_j/D=0.80$）至 4—4 断面（$H_j/D=1.40$），速度加权平均角度逐渐变大，随后至 6—6 断面（$H_j/D=1.70$）速度加权平均角度变小。在 4—4 断面（$H_j/D=1.40$）处，速度加权平均角度达到最大值 89.14%，此时轴向速度分布均匀度并未达到最大值，在 3—3 断面（$H_j/D=1.25$）处，轴向速度分布均匀度达到最大值 96.54%，而速度加权平均角度为 84.71%，与最大速度加权平均角度值低了 4.43%。计算结果表明：在 3—3 断面（$H_j/D=1.25$）至 4—4 断面（$H_j/D=1.40$）之间，轴向速度分布均匀度为 94.5% 以上，速度加权平均角度为 84.5% 以上，叶轮室进水条件最好，过大或者过小均不好。通过此次计算表明钟形进水流道的叶轮名义高度 H_j 的取值在 $(1.25\sim1.40)D$ 范围内较好。与常用的肘形进水流道叶轮中心高度 $H_j=(1.5\sim1.8)D$ 相比，高度较小成为钟形进水流道的显著特点，也表明钟形进水流道具有抬高站房底板高程的明显优点。

各工况时，3—3 断面（$H_j/D=1.25$）和 4—4 断面（$H_j/D=1.40$）的轴向速度分布均匀度和速度加权平均角的计算结果如图 7.12 所示，从图中可以看出，在 $0.50Q_{bep}\sim 1.25Q_{bep}$ 流量范围内 3—3 断面和 4—4 断面的轴向流速分布均匀度和速度加权平均角度并没有随着流量不同而不同，而趋于某一定值，表明叶轮进口相对高度 H_j 的取值范围为 $(1.25\sim1.40)D$，该流道可满足较大范围内的流量变化，可为叶轮室进口提供良好的进水条件。

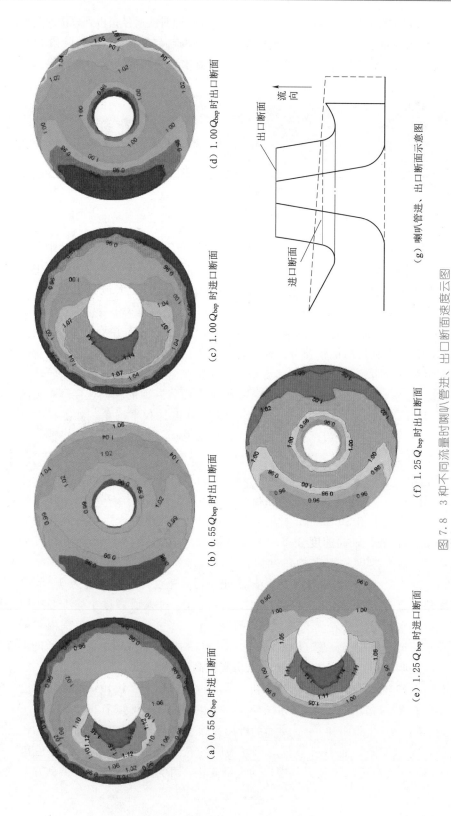

(d) 1.00 Q_{bep} 时出口断面

(c) 1.00 Q_{bep} 时进口断面

(b) 0.55 Q_{bep} 时出口断面

(a) 0.55 Q_{bep} 时进口断面

(g) 喇叭管进、出口断面示意图

(f) 1.25 Q_{bep} 时出口断面

(e) 1.25 Q_{bep} 时进口断面

图 7.8　3 种不同流量时喇叭管进、出口断面速度云图

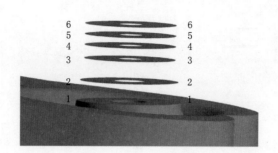

图 7.9 各断面示意图

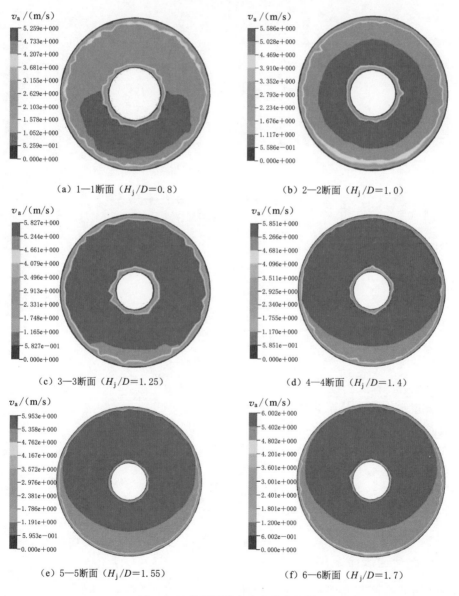

（a）1—1断面（$H_j/D=0.8$）

（b）2—2断面（$H_j/D=1.0$）

（c）3—3断面（$H_j/D=1.25$）

（d）4—4断面（$H_j/D=1.4$）

（e）5—5断面（$H_j/D=1.55$）

（f）6—6断面（$H_j/D=1.7$）

图 7.10 各断面轴向速度分布云图

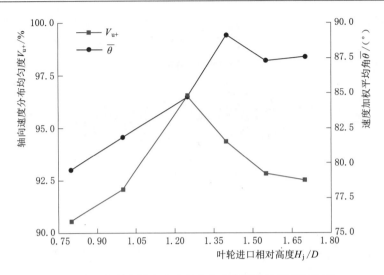

图 7.11　各断面轴向速度分布均匀度与速度加权平均角

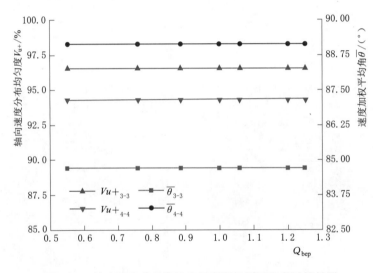

图 7.12　轴向速度分布均匀度与速度加权平均角计算结果

　　钟形流道水力损失是泵装置运行经济性的重要参考指标，流道的水力损失与流量关系曲线如图 7.13 所示。对各工况的计算表明，进水流道水力损失随流量的增大而逐渐增大，并与流量成二次方关系，最优工况时泵装置的进水流道的水力损失为 0.34m。

7.3.2　高比转速混流泵的设计

　　以钟形进水流道出口断面的流速分布作为叶轮设计的初始条件之一，江苏省水

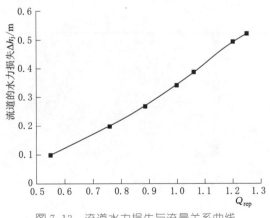

图 7.13　流道水力损失与流量关系曲线

利动力工程重点实验室课题组采用简单径向平衡方程和二维叶栅面元法叶片造型方法初步设计了 HB60 高比转速混流泵叶轮。混流泵叶轮的单线图如图 7.14 所示，混流泵叶轮的物理模型如图 7.15 所示。

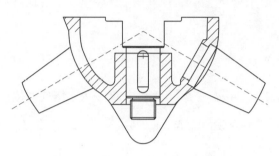

图 7.14　混流泵叶轮的单线图

图 7.15　混流泵叶轮的物理模型

7.3.3　高比转速混流泵的空化性能

空化性能是叶片泵的一个很重要的性能参数。目前设计中对水泵的初生空化的估算主要有两种方法，第一种方法，泵的空化模型试验，也是最传统的方法；第二种方法，泵的 CFD 空化特性数值计算。泵的空化模型试验，对于一种新产品的开发和设计来说，费用和时间成本不菲；而对泵的 CFD 空化特性数值计算可帮助设计者在设计阶段分析泵的空化性能。

三维水力机械空化数值计算耗时比相应能量计算耗时长，且迭代不易收敛，相对于空化计算而言，能量性能的数值计算比较成熟，且在相同条件下计算量将小很多，本节通过能量性能数值计算来验证网格无关性，并以此为基础选择对空化性能计算所需的网格数。本节先采用非空化模型对其进行能量性能的数值计算，待计算收敛后再打开空化模型，进行空化计算，通过改变进口的总压来调节空化的计算条件，逐步减小进口总压，后一次的计算在前一次的计算基础上迭代，这样可以提高计算的收敛速度和收敛残差的稳定性，各项残差均达到 10^{-5}。

对立式蜗壳混流泵装置进行空化求解的计算量非常大，通过 7.3.1 节对钟形进水流道水力性能的分析表明了钟形进水流道可为叶轮进口提供了良好的流态，钟形进水流道出口流态的差异对混流泵空化性能的影响就较小，所以通过对泵段的空化计算来揭示该混流泵叶轮的空化性能。

7.3.3.1　空化模型

目前，对空化的数值计算采用的空化模型很多，根据是否将气、液两相分开，可将空化模型分为分相流模型和混合物均相流模型。混合物均相流模型认为流场内各处空泡相与水流相的时均速度相等，将气、液混合物考虑成一个整体，这种模型比分相流模型简单，混合物均相流模型的重要特征是总方程数减少，各项共享同一压力场、速度场，其连续性方程和动量方程为

$$\frac{\partial \rho_m}{\partial t} + \frac{\partial (\rho_m u_j)}{\partial x_j} = 0 \tag{7.1}$$

水蒸气相的连续性方程为

$$\frac{\partial}{\partial t}(\rho_m t) + \frac{\partial (\rho_m f u_j)}{\partial x_j} = R_E - R_C \tag{7.2}$$

混合相动量方程为

$$\frac{\partial}{\partial t}(\rho_m u_i) + \frac{\partial (\rho_m u_i u_j)}{\partial x_j} = -\frac{\partial P}{\partial x_i} + \rho_m g_i + \frac{\partial}{\partial x_j}\left[(\mu_m + \mu_t)\left(\frac{\partial u_i}{\partial x_j} + \frac{\partial u_j}{\partial x_i}\right)\right] \tag{7.3}$$

式中：下标 m 表示混合相；ρ_m 为混合物的密度，$\rho_m = \alpha\rho_v + \beta\rho_1$，$\beta = 1 - \alpha$，$\alpha$ 为水蒸气的体积分数；f 为水蒸气的质量分数，$f = \dfrac{\alpha\rho_v}{\rho_m}$；$\mu_m$ 为混合物的黏度，$\mu_m = \alpha\mu_v + \beta\mu_1$；$R_E$、$R_C$ 分别为水蒸气产生和凝结过程的源项。

若过流部位的局部区域的绝对压力下降到当时温度下的汽化压力时，水体便在该处开始汽化，产生蒸汽，这是一个复杂的相变过程，此过程通过式（7.2）中的源项来表示，源项的表达式如下：

当 $P \leqslant P_v$ 时
$$R_E = C_E \frac{\sqrt{k}}{\tau} \rho_1 \rho_v (1 - f)\left(\frac{2}{3}\frac{P - P_v}{P_1}\right)^{1/2} \tag{7.4}$$

当 $P > P_v$ 时
$$R_C = C_C \frac{\sqrt{k}}{\tau} \rho_1 \rho_v f \left(\frac{2}{3}\frac{P - P_v}{P_1}\right)^{1/2} \tag{7.5}$$

式中：P_v 为饱和蒸汽压；k 为湍动能；τ 为液体表面张力系数；C_E、C_C 为经验系数，分为取 0.02 和 0.01；下标 v 表示水蒸气相；下标 1 表示液相。

在混合物均相流模型假设下，采用 RNG k-ε 双方程湍流模型对混流泵进行空化性能的数值计算。

7.3.3.2　计算模型及边界条件

计算模型包括入口段、叶轮段和出口段三部分，叶轮的叶片数为 4 片，叶片安放角为 0°，叶片的叶顶间隙为 0.20mm，如图 7.16（a）所示。本节为简化空化问题，以常温 25℃时的清水为工作介质，依据《水泵模型及装置模型验收试验规程》（SL 140—2006）中温度 25℃时水的空化压强，水的密度，水的表面张力的相关数据，对计算模型中的相应参数进行设置，具体数据见表 7.1。进口流体相的体积分数为 1，进口空泡的体积分数设定为 0，即指定进口流体内无空泡存在。固体边壁设置为无滑移壁面；叶轮与进、出水管道间的交界面采用动静交界面。

为了保证计算的准确度，本节在相同的边界条件和网格质量时，采用不同的网格单元数对混流泵水力模型进行无空化流动计算。基于非空化模型计算的结果，对混流泵性能预测的曲线分别如图 7.16（b）～（d）所示。当网格数为 50 万和 60 万时，扬程-流量曲线、扭矩-流量曲线及效率-流量曲线基本吻合；网格数为 25 万和 40 万时，3 种曲线间的差异较大。网格数越多，其计算所需的内存越大，时间越久，因此本文选择 50 万的网格数作为空化计算的网格数。对计算结果有影响的另一个参数是叶片表面紊流无量纲 y^+ 值，其值的大小反映了网格布置疏密程度是否能满足紊流模型适应性的要求，

一般应保证 $y^+ < 200$。

表 7.1　　　　　　　　　　混流泵空化数值计算相关参数设置

名　称	参　数	名　称	参　数
进口边界条件	总压进口（逐渐减小）	湍流模型	RNG $k-\varepsilon$
	空泡体积分析为 0	近壁区处理	可伸缩壁面函数
	流体相的体积分数为 1	空化模型	均质多相流模型
出口边界条件 运动黏度	进口的湍流强度设为 0.5%	水的密度	997.1kg/m³
	流量（保持不变）	空化压强	3175.39Pa
	$0.89 \times 10^{-6} \mathrm{m}^2/\mathrm{s}$	空泡半径	0.01mm

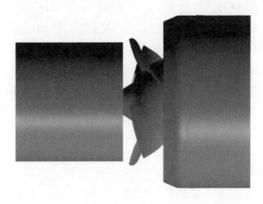

（a）计算区域

（b）扬程-流量曲线

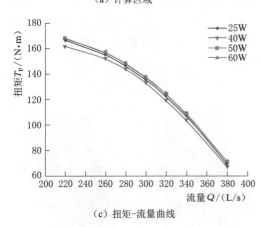

（c）扭矩-流量曲线

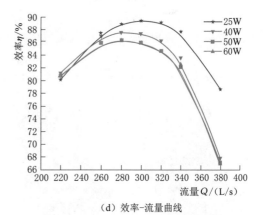

（d）效率-流量曲线

图 7.16　不同网格数时混流泵的性能曲线比较

7.3.3.3　混流泵空化结果分析

在能量性能曲线计算结果的基础上，选择设计工况对应的流量 $Q=280\mathrm{L/s}$ 工况进行空化流动的数值计算。空化的发生会导致泵的效率下降，为检验采用的空化模型预测泵性能的有效性，效率下降值以无空化时的效率值为基准，效率下降值 $\Delta\eta$ 的计算见式 (7.6)，取效率下降 1% 时的空化余量作为临界空化余量，有效汽蚀余量 $NPSH_a$ 的计算见式（7.7），数值计算与模型试验所得泵效率的衰减曲线对比如图 7.17 所示。

$$\Delta \eta = \eta_i - \eta_B \tag{7.6}$$

$$NPSH_a = (P_{local} - P_v)/\rho g \tag{7.7}$$

式中：η_B 为开始时进口总压对应的泵效率；η_i 为进口总压不断降低时对应的泵效率；P_{local} 为叶轮进口前断面的总压平均值；P_v 为对应温度下的汽化压力；ρ 为对应温度下的密度；g 为重力加速度。

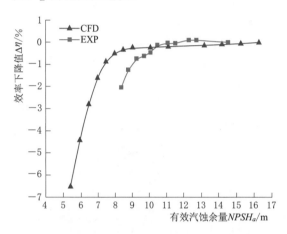

图 7.17　混流泵效率衰减曲线对比

混流泵空化计算预测的空化性能曲线的趋势与试验所得曲线趋于相同，预测的必需汽蚀余量为 7.21m，物理模型试验所得必需汽蚀余量为 8.87m，两者的绝对误差为 1.66m，预测的必需汽蚀余量比试验值小，主要原因是数值计算时各壁面比试验条件下光滑，混流泵内部流动较好，粗糙的壁面更易促使空化的发生，其次均相流混合模型也不能完全地模拟泵内部空化流动的真实情况。

当有效汽蚀余量 $NPSH_a = 9.00m$ 时，混流泵的效率开始出现下降趋势，表明叶轮流道内开始发生空化，随着 $NPSH_a$ 继续减小，叶轮的效率下降得更快，当有效汽蚀余量 $NPSH_a$ 值为 7.00～9.00m 时，混流泵的效率开始出现下降趋势，表明叶轮流道内开始发生空化，随着 $NPSH_a$ 继续减小，叶轮的效率下降得更快，曲线呈现陡降的趋势。图 7.18 给出了混流泵叶轮内部空化发展的 4 个阶段，从图 7.18 中可知，随着 $NPSH_a$ 值的减小，空化区域面积逐渐增大，逐渐增大的空泡区域导致叶轮内部有效过流面积的减小，从而导致叶轮效率的降低。

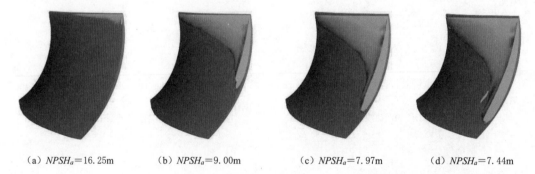

（a）$NPSH_a = 16.25m$　　（b）$NPSH_a = 9.00m$　　（c）$NPSH_a = 7.97m$　　（d）$NPSH_a = 7.44m$

图 7.18　混流泵叶片吸力面附近空泡发展示意图

图 7.19 给出了不同阶段时空化数值计算所得叶片表面含气量的分布情况，红色代表含气量最高处，蓝色部分代表含气量最低处，含气量代表着叶片表面空泡的分布情况，对于混流泵叶轮，空泡首先出现在叶片的进口边附近，因此叶片进口边的水流状态对叶轮

的空化性能起到了主要作用。空化初生时，空泡集中于叶片吸力面的轮缘处，随着 $NPSH_a$ 值的降低，空化区域逐渐增大，当 $NPSH_a < 7.44m$ 时，叶片表面中部出现空泡，且随着 $NPSH_a$ 值的进一步降低，空泡的集中区域延伸到叶片表面中部附近，此时，混流泵内的空化已经完全发展。空蚀区域在空泡集中区域的尾部。空蚀区域最初出现在叶片进水边轮缘附近，随着 $NPSH_a$ 的降低，空蚀区域也在发生变化，当空化完全发展时，空蚀区域主要分布在叶片出水边侧，对叶片的尾部产生侵蚀，且侵蚀强度比叶轮进水边轮缘处严重。

当有效汽蚀余量不同时，叶片不同展向位置（span）静压沿弦向分布如图 7.20 所示（图中 x/l 表示控制点在弦长方向的位置）。不同的有效汽蚀余量时，叶片压力面的静压分布均为轮缘侧较大，轮毂侧较小，随着有效汽蚀余量的降低，不断发展的空泡改变了叶槽内的速度与压力的分布，致使叶片吸力面的压力逐渐减小，压力变小的范围逐渐增加，但整体趋势上仍保持轮缘侧压力大于轮毂侧的压力，叶轮受空化影响最大的部位是叶片的轮缘侧。从图 7.20 （b）～（d）可以看出，叶片吸力面外缘侧的压力均处于负压区，并且随着有效汽蚀余量的减小，静压保持常数的区域逐渐增大，说明此处已被大量的空泡所覆盖。

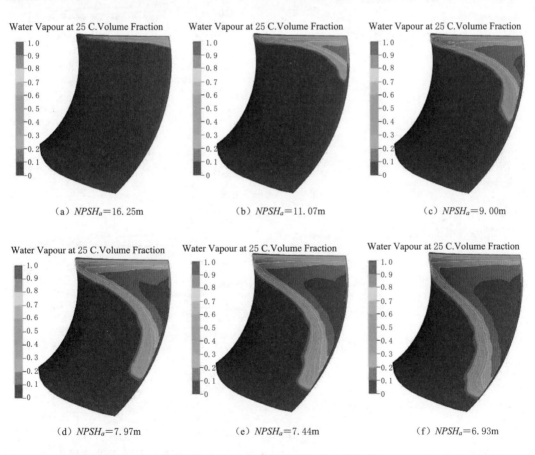

(a) $NPSH_a=16.25m$ (b) $NPSH_a=11.07m$ (c) $NPSH_a=9.00m$

(d) $NPSH_a=7.97m$ (e) $NPSH_a=7.44m$ (f) $NPSH_a=6.93m$

图 7.19（一）　叶片吸力面空泡体积分布

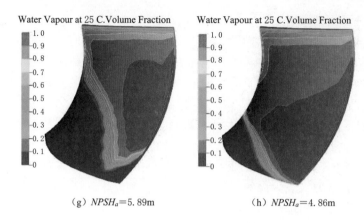

（g）$NPSH_a$=5.89m　　　　　　　（h）$NPSH_a$=4.86m

图 7.19（二）　叶片吸力面空泡体积分布

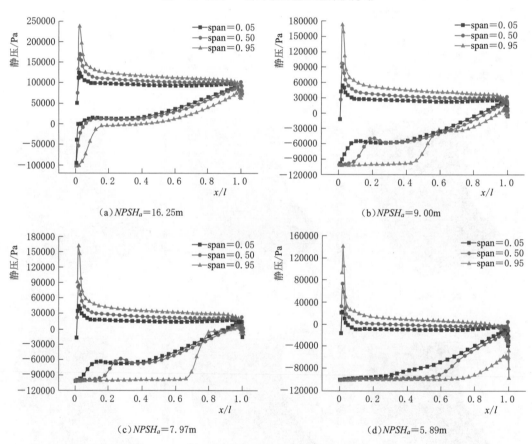

图 7.20　混流泵叶片表面静压分布

7.3.4　高比转速混流泵的能量性能

叶轮在旋转中会产生作用于叶轮表面的轴向力与径向力，本节通过数值计算得到不同工况时叶轮的受力情况，计算结果如图 7.21 所示，叶轮所受轴向力随流量的增大而减小，径向力则随流量的增大先减小后增大，混流泵叶轮所承受的力中轴向力远大于径向力，在最优工况附近，径向力很小，有利于立式蜗壳混流泵装置的稳定运行，叶轮所承受的力对泵装置运行稳定的影响不可忽视。

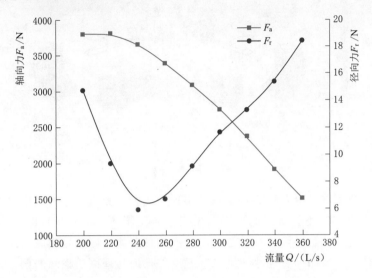

图 7.21　各工况叶轮轴向力/径向力曲线

　　图 7.22 为 3 种工况时叶片表面静压云图。叶片吸力面静压由进水边向出水边逐渐增大，在叶片安放角 0°时，在叶片头部，由于绕流，叶片正背面速度相差很大，导致叶片头

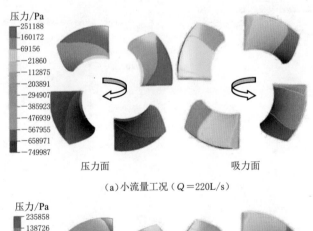

（a）小流量工况（$Q=220$L/s）

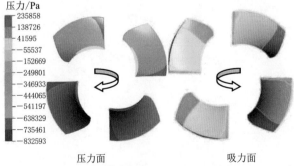

（b）最优工况（$Q=260$L/s）

图 7.22（一）　叶片表面静压分布云图

209

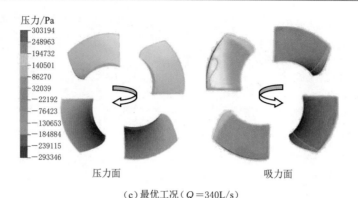

（c）最优工况（$Q = 340$L/s）

图 7.22（二）　叶片表面静压分布云图

部附近的压力急剧下降，叶片压力面进口处出现高压区，吸力面进口处出现低压区，且随流量增大，吸力面进口处负压区范围逐渐增大。各工况下，4 张叶片的压力分布均较一致，表明经钟形进水流道整流作用，进入叶轮室的轴向流速分布均匀度与速度加权平均角均较好，叶片的压力分布差异较小可降低叶轮工作扬程与理论扬程间的偏差。

不同工况时叶片不同展向位置（span）静压沿弦向分布如图 7.23（图中：x/l 表示控制点在弦长方向的位置）所示，叶片压力面分布轮缘侧较大，轮毂侧较小，而吸力面静压

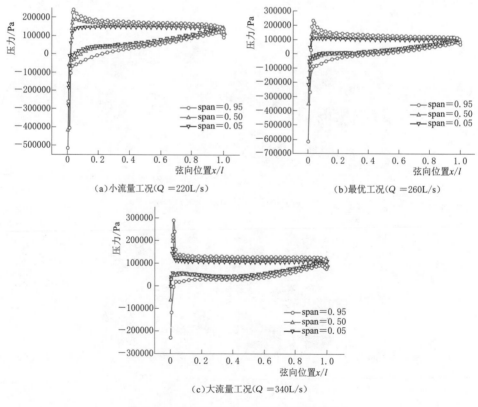

（a）小流量工况（$Q = 220$L/s）　　　　　（b）最优工况（$Q = 260$L/s）

（c）大流量工况（$Q = 340$L/s）

图 7.23　不同工况时叶轮叶片表面静压分布

分布轮缘侧较小，轮毂侧相对较大。叶片导边吸力面为低压区，容易发生汽蚀，这与对叶轮进行空化计算的结果相一致，在叶片吸力面与压力面中部静压分布比较平坦，一旦进口总压降低很容易导致叶片吸力面根部和中部压力低于汽化压力，导致汽蚀，致使混流泵效率下降。

7.3.5　双螺旋蜗壳压水室内流场及水力性能

图 7.24（a）为双螺旋蜗壳压水室特征断面位置的示意图，不同工况时双螺旋蜗壳压水室内部各断面静压分布对称性较好，流态复杂，各工况 A—A 断面和 B—B 断面流线图可见涡漩的存在，水流经混流泵叶轮旋转做功，斜向出流，内外侧流速差及蜗壳壁面的约束作用致使漩涡的产生，漩涡消耗部分能量，增大涡流损失。图 7.24（e）可知小流量工况及最优工况时蜗舌处无漩涡的产生，流态较平顺，大流量工况时，蜗舌处清晰可见漩涡的位置。顺水流方向，蜗壳压水室 C—C 断面在小流量及最优工况时隔墩右侧内水流明显偏向其出口左侧，左侧内水流偏向其出口右侧。在大流量工况时水流对蜗舌的冲击较明显，水流的流速方向和流速大小改变较大，导致漩涡产生。

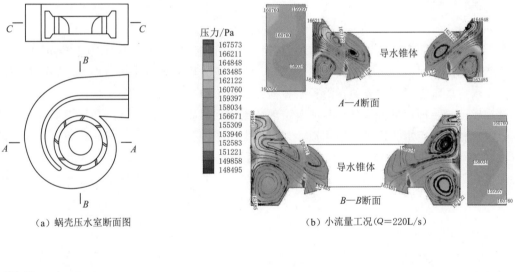

（a）蜗壳压水室断面图　　　　　　　（b）小流量工况（$Q=220\text{L/s}$）

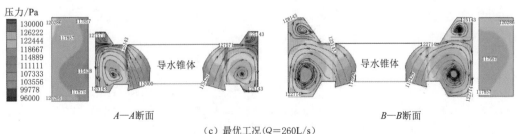

（c）最优工况（$Q=260\text{L/s}$）

图 7.24（一）　不同工况时双螺旋蜗壳压水室断面静压与流线图

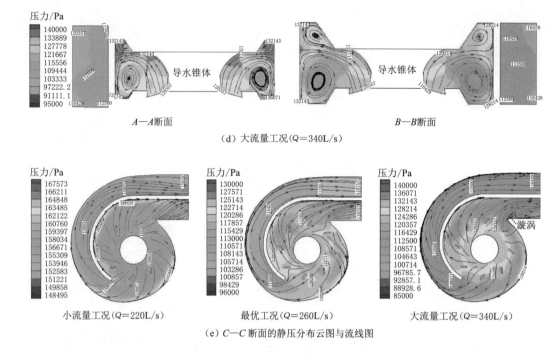

A—A断面　　　　　　　　　　　　　　　　B—B断面

（d）大流量工况（$Q=340$L/s）

小流量工况（$Q=220$L/s）　　　最优工况（$Q=260$L/s）　　　大流量工况（$Q=340$L/s）

（e）C—C断面的静压分布云图与流线图

图 7.24（二）　不同工况时双螺旋蜗壳压水室断面静压与流线图

　　为进一步说明双螺旋蜗壳压水室的内流特性，分别计算了各工况时双螺旋蜗壳压水室出口断面速度加权平均角、轴向流速分布均匀度、压力恢复系数及水力损失，其中双螺旋蜗壳压水室的水力损失主要包括沿程阻力损失、涡流损失及混合损失。采用水力学方法对其计算较困难，即使进行模型试验或泵站现场测试，因流道内部速度场和压力场分布不均匀，很难精准测定水头损失，采用数值计算不失为一种较好的方法。双螺旋蜗壳压水室的水力性能计算结果如图 7.25 所示。当计算流量为 200～360L/s 时，蜗壳压水室各项水力性能值均随流量不同而不同，水力损失呈开口向上的抛物线，压力恢复系数为开口向下的

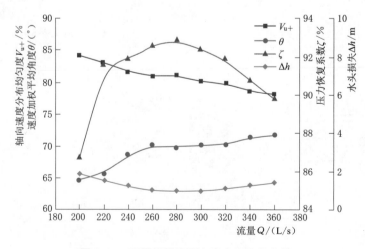

图 7.25　双螺旋蜗壳压水室水力性能曲线

抛物线，压力恢复系数最大值对应水力损失最小值，各工况时蜗壳出水室水力损失值均很大，降低了装置的整体效率。速度加权平均角随流量增大而增大，表明随流道增大，横向速度与轴向速度的夹角越来越小，横向速度占总速度的比例逐渐减小，各工况时蜗壳压水室出口断面速度加权平均角均低于 $75°$，尤其小流量工况时，速度加权平均角低于 $70°$。轴向速度分布均匀度随流量增大而呈减小趋势，流量大、过流面积相同时流速大，流速大小受蜗壳壁面约束，致使其大小、方向改变较大，最终致使出口断面轴向速度分布均匀度较差，各工况均低于 85%，双螺旋蜗壳压水室的水力性能对泵装置效率起到重要的作用。

7.4 立式蜗壳混流泵装置水力稳定性数值及试验

7.4.1 计算模型及参数设置

为监测立式蜗壳混流泵装置内流场的变化，在泵装置内共设置了 7 个压力脉动的监测点，钟形进水流道"ω"形后壁对称布置测点 P1 和 P2，钟形进水流道出口断面布置了 4 个测点 P3～P6，在双螺旋蜗壳压水室内布置一个测点 P7 起到脉动监测的作用。立式蜗壳混流泵装置内流压力脉动监测点布置如图 7.26 所示。选择 3 个特征工况（小流量工况 $0.85Q_{bep}$、设计工况 $1.08Q_{bep}$ 和大流量工况 $1.31Q_{bep}$）进行泵装置非定常湍流场的数值计算分析。设置时间步长 $\Delta t = 1.14942 \times 10^{-4}\text{s}$，每个时间步叶轮旋转 $1°$，其旋转一周需要 360 个步长，叶轮旋转 1 个周期时间 $T = 0.04137931\text{s}$，T 为非定常数值计算的 1

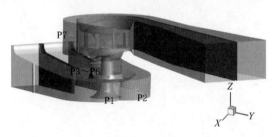

图 7.26 混流泵装置内部水力脉动监测点

个物理周期，共计算了 6 个旋转周期，立式蜗壳混流泵装置非定常流场计算经过 4 个周期以后，速度场和压力场的变化满足了周期性要求，则计算收敛。

7.4.2 泵装置内部三维非定常流场分析

为分析立式蜗壳泵装置非定常流场计算结果，将 $N+1$ 个物理周期平均分为 6 个时段、7 个时间点，则在一个完整物理周期内的各个时间点 t 分别为 NT、$(N+1/6)T$、$(N+2/6)T$、$(N+3/6)T$、$(N+4/6)T$、$(N+5/6)T$、$(N+6/6)T$，其中 NT 和 $(N+6/6)T$ 时间点的流场特性是相同的。

通过上述方法，获得了在叶轮旋转的一个完整干涉周期内立式蜗壳混流泵装置内部流场的变化情况，因篇幅所限，本书仅截取蜗壳压水室的特征断面（Z 方向 $Z=0.05\text{m}$）及其进口断面，对 3 个特征工况下 6 个时间点的断面流场特征量静压分布及漩涡情况进行分析，在不同时刻的各工况蜗壳压水室中间断面及进口断面的静压分布与漩涡如图 7.27 所示。

不同时刻，通过对双螺旋蜗壳压水室内部流场细节的捕捉，漩涡的出现随时间的变化而改变。小流量工况时，双螺旋蜗壳压水室进口断面受叶轮旋转的影响较大，壁面呈现出

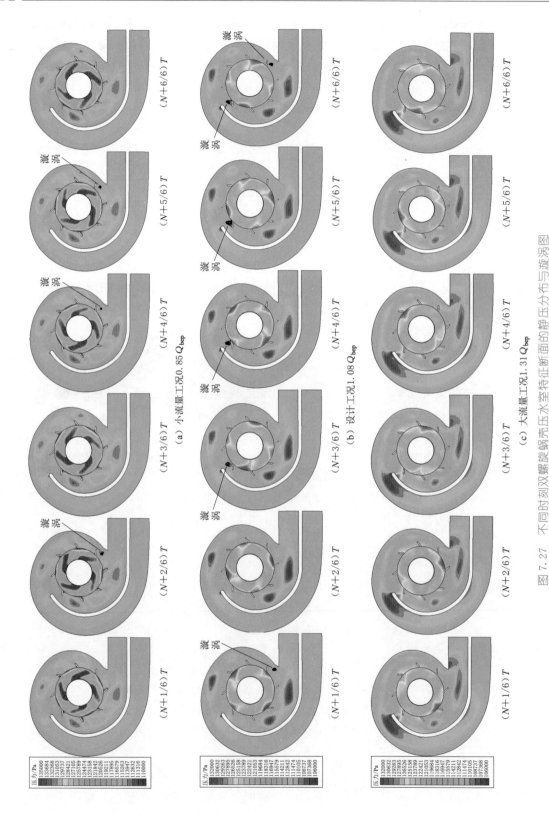

图 7.27　不同时刻双螺旋蜗壳水室特征断面的静压分布与旋涡图

与叶片数对应的 4 个高压区特征，双螺旋蜗壳压水室的横断面静压分布受叶轮旋转的影响较小，主要表现为导叶出口局部区域的静压变化，静压变化的范围为 $110000 \sim 113947 \mathrm{Pa}$。受叶轮旋转的影响，漩涡呈现与叶轮旋转的时间相关特性，漩涡的强度及出现时间随叶轮的旋转而不断发生变化，漩涡出现的位置基本相同，即蜗壳隔舌的上方。设计工况时，双螺旋蜗壳压水室进口断面壁面仍呈现出与叶片数对应的 4 个高压区特征，高压区范围（$129263 \sim 132000 \mathrm{Pa}$）扩大，扩展至导流锥处。漩涡出现的位置随叶轮旋转的位置不同而发生改变，在时刻（$N+1/6$）T 时，漩涡出现在隔舌的上方，至时刻（$N+2/6$）T 时该漩涡已消失，新漩涡于时刻（$N+3/6$）T 时出现于进口隔墩与导叶间，且漩涡强度随时间不断变化，直至下一周期的（$N+1/6$）T 时才消失，在时刻（$N+6/6$）T 时，隔舌处的漩涡再次出现，不同位置漩涡的出现与叶轮旋转呈现出相关特性。大流量工况时，双螺旋蜗壳压水室进口断面的壁面未呈现出与叶片数相对应的 4 个高压区特征，仅呈现出对称的两静压范围（$126526 \sim 132000 \mathrm{Pa}$），但高压区（$129263 \sim 132000 \mathrm{Pa}$）范围内两者的差异性较明显。大流量工况时双螺旋蜗壳压水室进口断面的静压分布已与设计工况、小流量工况不同。叶轮的旋转对双螺旋蜗壳压水室中间截面的静压分布影响主要在 $106000 \sim 111474 \mathrm{Pa}$ 范围内，各时刻该截面未发现漩涡的出现。

通过数值计算获得了立式蜗壳混流泵装置内部 7 个监测点的压力脉动，并用压力系数来表示其结果。采用快速傅里叶变换（FFT）对各监测点的压力脉动时域数据进行分析，可获得各监测点的脉动频谱图，不同工况时各监测点的频谱图分别如图 7.28 所示。

通过数值计算分析可得，不同工况时钟形进水流道"ω"形后壁左侧点的压力脉动系数略高于右侧点，两测点的压力脉动系数最大仅相差 0.107%，进水流道"ω"形后壁左右侧的水流脉动情况基本相同，表明"ω"形后壁左右侧的流态基本相同，这与 7.3 节对立式蜗壳混流泵装置进行三维定常流场计算所得结论相符。钟形进水流道"ω"形后壁两监测点的主频为叶轮转频的 2 倍。

在设计工况与大流量工况时，进水流道出口断面的压力系数沿径向呈现从流道内壁侧至导水锥外壁侧不断增大的趋势。在大流量工况时，测点 6 的压力系数为测点 3 压力系数的 1.10 倍；小流量工况时，测点 6 的压力系数为测点 3 的 1.08 倍；设计工况时，测点 6 的压力系数为测点 3 的 1.05 倍，不同工况时，进水流道出口断面的压力幅值整体变化趋势相同。将不同工况时相同测点的压力系数的比值定义为压力系数比值 b，压力系数比值 b_1、b_2 分别为小流量工况与设计工况、大流量工况与设计工况的测点 3、测点 4、测点 5 及测点 6 的比值，计算结果如图 7.29 所示。压力系数比值 b_1 最大值为 1.46（测点 6），最小值为 1.42（测点 3），平均值为 1.44；压力系数比值 b_2 最大为 1.58（测点 6），最小值为 1.42（测点 3），平均值为 1.56。由压力系数比值 b 可以看出，大流量工况与小流量工况时，钟形进水流道与叶轮间的动静干涉诱发的压力脉动幅值要高于设计工况，3 个工况中尤以大流量工况更明显。不同工况时钟形进水流道出口断面各测点的脉动主频均为转频的 4 倍。

在小流量工况时，蜗壳壁面测点 7 的压力系数为 0.075，其值为设计工况的 1.31 倍，为大流量工况的 1.26 倍，小流量工况时导叶出口剩余环量相比其余两个工况较大，导致蜗壳内水流更为紊乱，诱发的脉动更大。小流量工况与设计工况时，测点 7 的脉动主频为

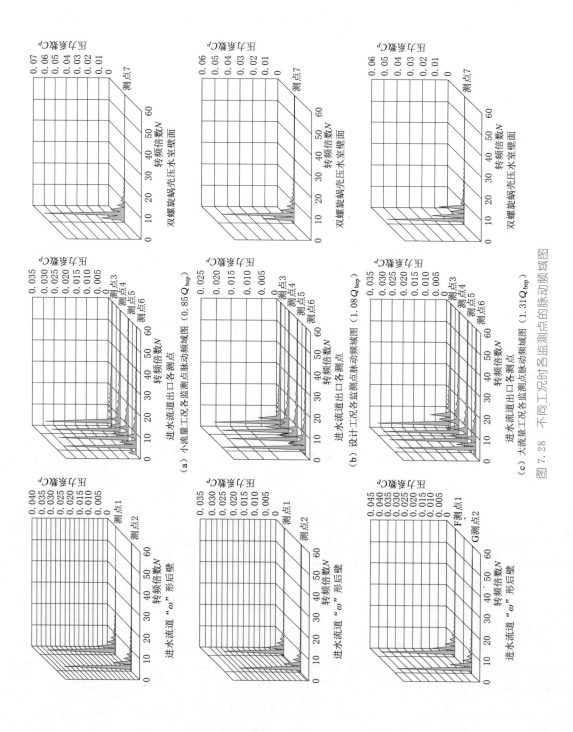

图 7.28　不同工况时各监测点的脉动频域图

转频的 4 倍，大流量工况时测点 7 的脉动主频为转频的 2 倍，大流量工况时导叶出口剩余环量小，蜗壳内水流受叶轮旋转频率的影响较小，脉动主要受蜗壳内部水流流态的自身影响。

7.4.3 泵装置动态特性预测及比较

在立式蜗壳混流泵装置非定常流场数值计算结果的基础上，对泵装置进行动态特性的预测，预测包括流量、扬程、扭矩及效率，其计算公式如下：

$$\overline{Q} = (\sum_{i=1}^{S} \dot{Q}_i)/S$$

$$\overline{H} = (\sum_{i=1}^{S} \dot{H}_i)/S$$

$$\overline{M} = (\sum_{i=1}^{S} \dot{M}_i)/S$$

$$\overline{\eta} = \frac{30\rho g \overline{QH}}{\pi n \overline{M}} \quad (7.8)$$

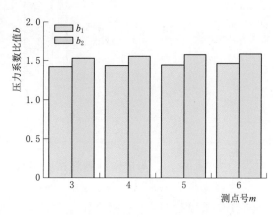

图 7.29 压力系数比值 b

式中：S 为一个周期内的时间步长总数；i 为某个时间步上的相应值；$\dot{Q}$ 为每个时间步上的静态流量；$\dot{H}$ 为每个时间步上的静态扬程；$\dot{M}$ 为每个时间步上的静态扭矩。

在小流量工况，设计工况及大流量工况时预测的立式蜗壳混流泵装置的扬程、效率及叶轮所受扭矩分别如图 7.30 所示。不同工况时，泵装置扬程的定常预测、非定常预测与试验结果均吻合较好；在小流量工况与大流量工况时，非定常数值预测结果与试验结果的相对误差比定常预测分别提高了 0.22% 和 0.46%，两相对误差均小于 0.5%，小流量工况与大流量工况时非定常预测比定常预测更接近于试验结果。相比泵装置扬程的预测结果，叶轮扭矩的数值预测结果差异性较大，大流量工况时非定常预测结果与试验结果的相

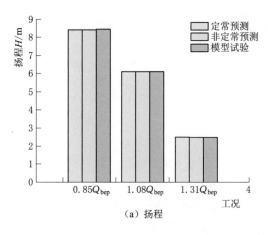

（a）扬程

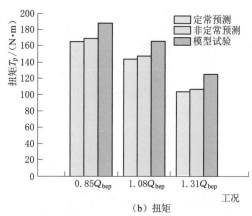

（b）扭矩

图 7.30（一） 数值预测与试验结果比较

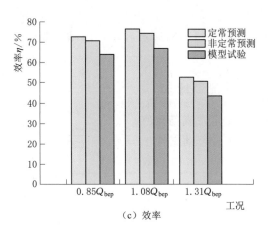

图 7.30（二）　数值预测与试验结果比较

对误差为 14.33%，与定常预测和试验结果的相对误差相比提高了 2.64%，小流量工况时相对误差提高了 2.38%，设计工况时相对误差提高了 2.32%。采用非定常预测的泵装置效率比定常预测更接近于模型试验，最大预测准确率提高了 2.04%，由图 7.30（c）可以看出，非定常预测结果与试验结果的差别仍较大。若仅开展泵装置能量性能的预测，采用三维定常数值计算即可满足工程应用的需要，无需采用耗时的非定常数值计算对泵装置进行能量性能的预测。

7.5　不同水力模型的泵装置性能同台测试

在立式蜗壳混流泵装置的数值分析基础上，采用叶轮 HB60 配合泵装置的进、出水结构进行模型试验，试验所得泵装置综合特性曲线如图 7.31（a）所示。在叶轮 HB60 的基础上，适当减小翼型最大厚度，延长叶片外缘弦长，得到叶轮 HB55，并在叶轮 HB55 的

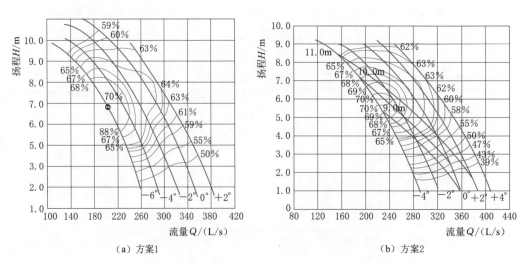

（a）方案1　　　　　　　　　　　　　（b）方案2

图 7.31　混流泵装置综合特性曲线

基础上，采用 iSIGHT-FD 软件对其进行多目标优化，获得最终优化的叶轮 HB55B。为了便于分析，将配 HB60 的泵装置记为方案 1，配 HB55 的泵装置记为方案 2。配 HB55 的泵装置综合特性曲线如图 7.31（b）所示。

　　为进一步说明两副水力模型（HB60 和 HB55）对泵装置水力性能的影响，采用泵装置单工况综合特性指标 C.P.I 比较分析其差异。两副水力模型叶轮直径相同，试验转速相同，分别取两套装置 3 个叶片安放角时最优工况点进行比较，试验结果及分析计算结果见表 7.2。

表 7.2　　　　　　　　　　　　　　两套泵装置单工况综合特性指标比较

类别	叶片 安放角	扬程 H/m	流量 $Q/(L/s)$	效率 $\eta/\%$	单位流量 q	单工况综合特性指标 C.P.I
方案 1	$+2°$	6.047	0.24200	64.22	0.00618	0.39697
	$0°$	5.399	0.23619	65.40	0.00603	0.39455
	$-2°$	5.184	0.21462	65.90	0.00548	0.36126
方案 2	$+2°$	7.084	0.28115	65.01	0.00718	0.46686
	$0°$	6.555	0.27039	67.09	0.00691	0.46336
	$-2°$	6.028	0.24662	69.83	0.00630	0.43988

　　通过泵装置单工况综合特性指标 C.P.I 可以看出，减小翼型厚度和叶片外缘弦长能明显增加泵装置的综合特性。通过对叶片的优化，提高了泵装置的综合特性，初步达到了优化的目的。立式蜗壳混流泵装置的效率较低的主要原因是双螺旋蜗壳压水室内流态紊乱，水力损失较大。方案 2 采用 HB55 的模型泵装置最优工况的性能参数见表 7.3。由表 7.3 可知叶轮 HB55 的空化性能不好，主要因该泵站更新改造要求保留原轮毂，仅进行叶片的重新设计，则叶轮旋转中心的前倾角 30°保持不变，叶片进口和出口半径差所导致的离心力差值就能产生较大的扬程，此泵站更新改造要求设计出设计扬程为 4.7m 的叶轮存在较大困难，若进一步降低扬程需要由反拱翼型产生负升力，此方法必将会进一步降低叶轮的水力效率，相比 HB60 水力模型，HB55 通过减小叶片外缘的叶片厚度，再次降低扬程，进而导致了叶轮空化性能的大幅度降低，对于该泵站只要保证叶轮中心有一定的淹没深度，就能保证空化满足要求。目前，具有代表性的立式混流泵站有南水北调的宝应泵站、上海青草沙泵站和引嫩入白五家子泵站，这三座泵站的设计扬程均高于该更新改造的立式蜗壳混流泵站，这三座泵站的结构都为立轴导叶式混流泵站且均属新建泵站，均采用 CFD 技术对进、出水流道进行优化且水力模型设计仅受泵站扬程、流量的限制，相比较而言该泵站的改造仅限叶片的重新设计，在很多约束条件下需达到预期装置效率目标，开展叶片设计的难度较大，经初步优化后的方案 2 泵装置在叶片安放角为 $-1.3°$，设计扬程工况时效率为 66.1%，相比原泵装置的效率提高了 4%，达到了预期提高泵装置效率 3% 的目标，最终优化后的叶轮使得泵装置效率的提高幅度更大，经更新改造后该泵站顺利开机运行。

　　经 iSIGHT-FD 优化后的 HB55B 混流泵，配钟形进水流道、双螺旋蜗壳压水室共同构成了立式蜗壳混流泵装置模型，该模型试验在河海大学水力机械多功能试验台上进行，并与另外两副水力模型进行了同台测试。

表 7.3　　　　　不同叶片安放角时方案 2 (HB55) 模型泵装置最优工况性能参数

叶片安放角	流量 $Q/(\mathrm{L/s})$	扬程 H/m	效率 $\eta/\%$	汽蚀比转速 C
$+4°$	303.86	6.946	62.96	744
$+2°$	281.15	7.084	65.01	715
$0°$	270.39	6.555	67.09	712
$-2°$	246.62	6.028	69.83	699
$-4°$	217.76	5.914	70.14	732

为便于分析,将 1 号水泵叶轮模型装置设为方案 1,2 号水泵叶轮模型装置设为方案 2,3 号水泵轮模型装置设为方案 3,其中方案 3 为江苏省水利动力工程重点实验室研发的新型混流泵叶轮。同台测试共测试了 3 个叶片安放角时各方案的泵装置能量性能,3 套方案的泵装置试验转速均为 1452r/min,不同叶片安放角时 3 个方案的能量性能试验结果如图 7.33 (a) ~ (c) 所示。方案 1 的最高效率为 68.53%,此时叶片安放角为 $-4°$,流量 $Q=240.9\mathrm{L/s}$,泵装置扬程 $H=6.26\mathrm{m}$;方案 2 的最高效率为 68.19%,此时叶片安放角为 $-4°$,流量 $Q=206.4\mathrm{L/s}$,泵装置扬程 $H=6.71\mathrm{m}$;方案 3 的最高效率为 71.44%,此时叶片安放角为 $-4°$,流量 $Q=210.1\mathrm{L/s}$,泵装置扬程 $H=6.26\mathrm{m}$。

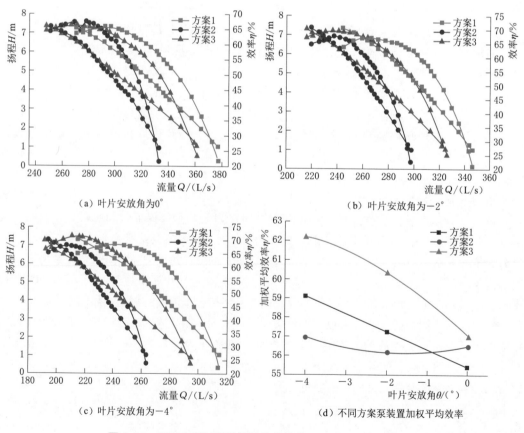

(a) 叶片安放角为 0°　　　　　　　　　(b) 叶片安放角为 $-2°$

(c) 叶片安放角为 $-4°$　　　　　　　　(d) 不同方案泵装置加权平均效率

图 7.32　不同方案时泵装置的性能曲线及加权平均效率分析

3 种方案的泵装置最高效率均较低，在 7.3 节采用 CFD 技术对立式蜗壳混流泵装置进行了全流道内部三维定常流动数值计算，各工况时双螺旋蜗壳压水室的水力损失均较大，最大时占整个装置损失的 80% 以上，且该泵站的更新改造仅限于转轮叶片的重新设计，也进一步限制了泵装置水力性能的大幅度提高。

采用模型泵装置加权平均效率的计算公式对 3 种方案进行分析，即

$$\eta_w = 0.20\eta_d + 0.60\eta_a + 0.15\eta_{min} + 0.15\eta_{max} \tag{7.9}$$

式中：η_w 为泵装置加权平均效率；η_d 为设计扬程时泵装置效率；η_{min} 为最小扬程时泵装置效率；η_{max} 为最大扬程时泵装置效率。

各方案的加权平均效率如图 7.32（d）所示。各叶片安放角时，方案 3 的加权平均效率均最大，在叶片安放角为 −4° 时，相比方案 1 和方案 2，方案 3 的泵装置加权平均效率分别高了 3.09% 和 5.30%；在叶片安放角为 0° 时，方案 2 的泵装置加权平均效率高于方案 1，其余各安放角方案 1 的泵装置加权平均效率高于方案 2。江苏省水利动力工程重点实验室优化设计的混流泵叶轮，经河海大学水力机械多功能试验台的同台测试表明，在设计工况时，采用优化后叶轮 HB55B 的泵装置效率比原方案提高了约 4%。叶片安放角为 0° 时，泵段最高效率为 87.12%，此时流量为 292.56L/s，扬程为 7.173m，对于同类泵站，该水力模型具有广泛地推广应用价值。

7.6　本章小结

本章通过数值模拟技术对立式蜗壳混流泵装置各过流部件及全通道分别进行了内流特性计算，分析了各过流部件及立式蜗壳混流泵装置的水力性能，为同类泵站的设计与改造提供参考。

（1）基于 CFD 计算结果，获得了钟形进水流道内部流动规律，其内部流动分为 3 个阶段，依次为水平收缩汇集段、蜗形吸水室汇集段、喇叭管整流段。钟形进水流道的流动典型特征为水流从四周进入喇叭管，但并非均匀流速进入，喇叭管各断面轴向流速分布均匀度与速度加权平均角度并没有随流量不同而改变，该流道在较大流量范围内可为叶轮提供良好的进水条件。通过对钟形进水流道不同断面的轴向速度分布均匀度与速度加权平均角度的计算，给出了叶轮名义高度合适的取值范围即 1.25D～1.4D。

（2）从混流泵能量特性数值计算出发，在保证网格质量相同的情况下得出适合空化计算所需的网格数，再利用混合物均相流模型，计算混流泵内部的空化流动，计算结果能够定性地反映泵内空化流动的发生和发展过程。空化初生时，空泡集中于混流泵叶片吸力面的进口侧的轮缘处，随着进口总压的降低，空泡区域逐渐增大，当空化完全发展时，空泡主要分布在叶片出口边的轮缘侧。不同有效汽蚀余量时，叶片压力面的静压分布均为轮缘侧大，轮毂侧小，而吸力面的静压分布则随有效汽蚀余量的减小而减小。数值计算所求得的空化特性曲线能模拟出空化发展对泵能量特性影响的过程，与模型试验所测的空化特性曲线趋势相同，其差异主要表现在空化临界点相对滞后，这些同空化模型及边界条件等因素有关，进一步改进空化模型对提高空化的预测精度起到了重要作用。

（3）混流泵叶轮 4 张叶片表面速度对称，叶片的静压分布呈现一定规律，叶片压力面

分布轮缘侧较大，轮毂侧较小，而吸力面静压分布轮缘侧较小，轮毂侧相对较大。叶片导边吸力面为低压区，容易发生汽蚀。叶轮所受轴向力随扬程的增大而增大，径向力则随扬程的增大先减小后增大。设计工况时，在 Y 方向叶轮所受的径向力最小；大流量工况时，在 X 方向叶轮所受的径向力最小；设计工况时，叶轮所受的径向力合力最小，径向力合力平均为 $7.427\mathrm{N \cdot m}$；大流量工况时，叶轮所受平均径向力合力为设计工况时的 2.15 倍，小流量工况时叶轮所受平均径向力合力为设计工况时的 1.30 倍。

（4）在双螺旋蜗壳压水室的特征断面上，静压和流速分布较对称，但均有漩涡出现，双螺旋蜗壳压水室内部流态十分复杂。随着流量增大，双螺旋蜗壳压水室出口断面的轴向流速分布均匀度减小，速度加权平均角增大，水力损失值先减小后增大，各工况时水力损失值均较大，最大时占整个装置损失的 80% 以上，因此双螺旋蜗壳压水室对此类混流泵装置至关重要。

（5）通过对大型立式蜗壳混流泵装置非定常流场的数值计算，分析了双螺旋蜗壳压水室断面的静压随时间的变化规律，获得了漩涡的变化规律，表明非定常流场计算能反映泵装置内部流动的细部结构特征。在 3 种工况时，钟形进水流道"ω"形后壁处的脉动主频均为转频的 2 倍，左右两测点的压力系数最大仅相差 0.107%，"ω"形后壁左右两侧流态相同；钟形进水流道出口断面各测点的脉动主频均为转频的 4 倍，压力系数从轮缘侧至轮毂侧逐渐增大；小流量工况与设计工况时双螺旋蜗壳压水室内监测点的脉动主频与大流量工况时该监测点的脉动主频不同，该监测点的压力系数在设计工况时最小，小流量工况时最大。

（6）不同工况时，定常预测、非定常预测的立式蜗壳混流泵装置的扬程与试验结果均吻合较好；相比立式蜗壳混流泵装置扬程的预测结果，叶轮扭矩的数值预测结果差异性较大，大流量工况时非定常预测与试验结果相对误差为 14.33%，相比定常预测与试验结果的相对误差降低了 2.64%，小流量工况时相对误差降低了 2.38%，设计工况时相对误差降低了 2.32%；非定常预测的立式蜗壳混流泵装置效率比定常预测结果更接近于模型试验，最大预测准确率提高了 2.04%。

第 8 章

可调导叶对轴流泵内流特性的影响

8.1 引言

轴流泵的轴向导叶可分为前置轴向导叶（IGV）和后置轴向导叶（OGV），前置轴向导叶的作用为：①调节工况；②在叶轮进口处形成所需的绝对速度的圆周分量 v_{u1}，从而达到改变叶轮产生的扬程的目的。后置轴向导叶的作用为消除叶轮出口水流环量，转换速度能为压力能。本章通过数值计算和理论分析探究了各工况时不同前（后）置导叶的调节角度、后置导叶的调节方式对轴流泵水力特性的影响，并在此基础上分析前（后）置导叶调节轴流泵运行工况的基本规律及其对轴流泵内流场的影响，为改善非设计工况时轴流泵运行的水力性能提供参考。

8.2 前置可调导叶

8.2.1 前置导叶设计及形状分析

水流在进入前置可调导叶前是轴向流动的，前置可调导叶进口截面上的速度环量 Γ_{qj} 为 0，出口截面上的速度环量为：$\Gamma_{qc} = \pi D v_{u1}$，同理，叶轮出口截面的环量为：$\Gamma_{yc} = \pi D(v_{u2} - v_{u1})$，则前置导叶出口速度环量与叶轮出口截面的速度环量之比为

$$\frac{\Gamma_{qc}}{\Gamma_{yc}} = \frac{v_{u1}}{v_{u2} - v_{u1}}$$

令

$$\frac{\Gamma_{qc}}{\Gamma_{yc}} = m \tag{8.1}$$

式中：比值 m 一般取 $-0.6 \sim -0.5$；相对栅距一般取 $0.8 \sim 1.5$；叶片的弦长为 $0.2 \sim 1.0$ 倍的叶片高度。

前置轴向导叶叶片形状可分为对称型和非对称型，其中对称型包括椭圆形和尖形，非对称形包括镜片形和三角形，形状如图 8.1 所示，图中阴影部分为旋转轴。

基于流线法选取对称尖形为前置导叶的翼型设计了渐变对称前置导叶。为更好地给出系统坐标系下前置导叶的表达式，采用两个坐标系［本地坐标系（前置导叶）与系统坐标系（轴流泵）］相结合的方式进行分析，将前置导叶的本地坐标系下数据转化为系统坐标系下数据，转换计算式见式（8.2），坐标系如图 8.2 所示。

| 椭圆形 | 尖形 | 镜片形 | 三角形 |

（a）对称型　　　　　　　　　　　　　　　　　　　　　（b）非对称型

图 8.1　前置轴向导叶翼型形状

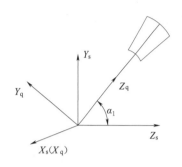

$$\left.\begin{aligned} X_s &= X_q \\ Y_s &= Y_q \cos\alpha_1 + Z_q \sin\alpha_1 \\ X_s &= -Y_q \sin\alpha_1 + Z_q \cos\alpha_1 \end{aligned}\right\} \quad (8.2)$$

$$\left.\begin{aligned} R_s &= \sqrt{X_s^2 + Y_s^2} \\ \theta_s &= \arctan(Y_s/X_s) \\ Z_s &= Z_s \end{aligned}\right\} \quad (8.3)$$

前置导叶以水泵轴为轴心均匀分布，所以采用旋转坐标系进行形状解析更为简单。图 8.3 中 $Z_s R_s$ 平面为轴面，建立旋转坐标系见式（8.3）。本节设计的前置导叶上下面均为圆弧面，采用若干等差半径圆柱将其切开，可得若干截面。采用式（8.3）对前置导叶的离散数据进行变换，其三维模型如图 8.4 所示。

图 8.2　本地坐标与系统坐标

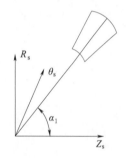

图 8.3　前置导叶子午面

图 8.4　前置导叶三维图

8.2.2　前置可调导叶的调节原理

图 8.5 为前置导叶调节的原理图，当前置导叶的安放角 $\theta = 0°$ 时，叶轮进口的相对速度 w_1 的方向与叶轮进口方向一致，此时轴流泵的效率最高。当调节前置导叶的安放角 θ 时，绝对速度 v_1' 的方向则与前置导叶调节方向一致，若要保证轴流泵的高效率，相对速度 w_1' 的方向也需与叶轮进口方向一致，由图 8.5 可得式（8.4）：

$$\begin{aligned} \frac{Q'}{Q} &= \frac{v_{a0}'}{v_{a0}} = \frac{v_{a0}' \cot\beta}{v_{a0}' \cot\beta + v_{a0}' \cot\alpha} \\ &= \frac{v_{a0}' \cot\beta}{v_{a0}' \cot\beta + v_{a0}' \tan\theta} \\ &= \frac{1}{1 + \tan\theta\tan\beta} \end{aligned} \quad (8.4)$$

前置导叶出口水流方向与叶轮旋转方向相同时，前置导叶安放角为正，反之为负。

当前置导叶安放角 $\theta>0°$ 时，则流量 Q' 比设计流量 Q 小，同时叶轮内部的相对速度 w_1' 也会减小，叶片表面的摩擦损失也随之减小，轴流泵的水力性能将提高。在前置导叶安放角为正值时，流量 Q' 随着 θ 的逐渐增大而逐渐减小，此时轴流泵的最优工况会移向小流量工况。

当前置导叶安放角 $\theta<0°$ 时，则流量 Q' 比设计流量 Q 大，同时叶轮内部的相对速度 w_1' 也会增大，叶片表面的摩擦损失和叶槽内的水力损失均会增大，轴流泵的水力性能将降低。在前置导叶安放角为负值时，流量 Q' 随着 θ 的逐渐减小而逐渐增大，此时轴流泵的最优工况相比无调节时会降低。

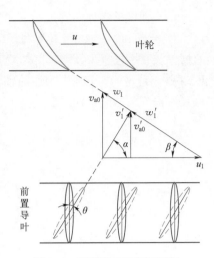

图 8.5　前置导叶调节原理图

轴流泵在运行过程中，当前置导叶安放角从正变到负时，轴流泵的性能曲线向大流量工况偏移，驼峰流量和大流量都将增加。从式（8.4）可知，在前置导叶调节角度不大时，轴流泵的最高效率的改变并不大，轴流泵效率曲线的整体形状变化也不大。

8.2.3　前置可调导叶对轴流泵内流特性的影响

8.2.3.1　计算模型及试验验证

在 8.2.2 节中通过理论分析获取了前置导叶对轴流泵能量性能的影响，本节采用数值计算方法对不同方案的轴流泵进行三维湍流数值计算来分析前置导叶对轴流泵内流特性的影响，重点分析对轴流泵内部流动结构的影响。

轴流泵的三维模型如图 8.6 所示，计算区域包括 5 大部分：进水段、前置导叶体、叶轮、后置导叶体及出水段。前置导叶体的叶片数为 11，后置导叶体的叶片数为 5，叶轮的叶片数为 3，叶片安放角为 0°，叶片的叶顶间隙设置为 0.15mm，叶轮转速为 1450r/min，湍流模型选择 RNG $k\text{-}\varepsilon$，近壁区采用可伸缩壁面函数进行处理，数值计算收敛标准为数值计算各物理量的残差均低于 10^{-4} 且残差值最后趋于稳定，针对进口导叶片可调的特点，

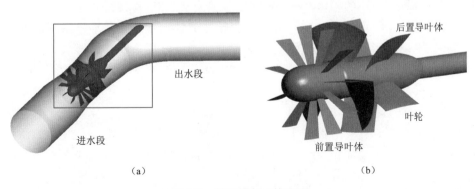

（a）　　　　　　　　　　　　　　　　　（b）

图 8.6　轴流泵的三维模型

共计算了进口导叶片安放角在−20°~+20°范围内 9 个方案。

对不带可调进口导叶体的轴流泵进行三维定常数值计算，根据数值计算结果对轴流泵的扬程及效率进行了预测，并与物理模型试验结果进行了对比，如图 8.7 所示。流量系数 K_Q 在 0.45~0.55 范围内预测的轴流泵效率绝对误差在 1% 以内，数值计算结果可较准确地预测轴流泵的能量性能。

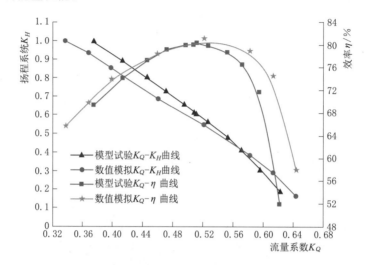

图 8.7　轴流泵能量性能的试验值与计算值对比

8.2.3.2　有无可调进口导叶的轴流泵性能分析

图 8.8 为无前置导叶和前置导叶调节角 $\theta=0°$ 时轴流泵的性能曲线。有前置导叶的轴流泵 $K_Q\text{-}K_H$ 曲线略低于无前置导叶时，主要原因是加了前置导叶后进口段的水力损失增加而导致轴流泵扬程的下降。在流量系数 $K_Q=0.450\sim0.583$ 时，有无前置导叶的轴流泵扬程系数差异性很小，扬程系数仅降低了 1.35%~3.05%，在最优工况 $K_Q=0.521$ 时两者的扬程系数几乎相等。

由图 8.8（b）可知，有前置导叶的轴流泵的扭矩小于无前置导叶的轴流泵，尤其在偏小流量工况时扭矩的减小更加明显，主要因为水流经前置导叶的整流后更加均匀，进入叶轮的水流更加平顺。轴流泵效率取决于扭矩与扬程两部分，对于有无前置导叶的轴流泵，扬程减小与扭矩减小的幅值大小共同决定了轴流泵效率的高低，由图 8.8（a）可知，在流量系数 $K_Q=0.450\sim0.583$ 时，有无前置导叶的轴流泵效率基本一致；在流量系数 $K_Q<0.450$ 时，无前置导叶的轴流泵效率高于有前置导叶的，在偏小流量工况时，轴流泵的效率相差不大，最大差值仅为 0.51%；在流量系数 $K_Q=0.644$ 时，轴流泵扬程系数下降了 11.33%，轴流泵效率降低了 2.34%。

在前置导叶调节角 $\theta=0°$ 时，高效区及偏小流量工况时轴流泵的性能与无前置导叶的轴流泵性能基本接近，此时前置导叶对轴流泵特性影响不大；偏大流量工况时，前置导叶引起的轴流泵水力损失增加较为明显，使得安装前置导叶的轴流泵效率下降较为明显。

8.2.3.3　可调前置导叶对轴流泵性能的影响

参照 8.2.2 节中前置导叶调节角正负的规定，本节共计算了前置导叶片调节角 $\theta=$

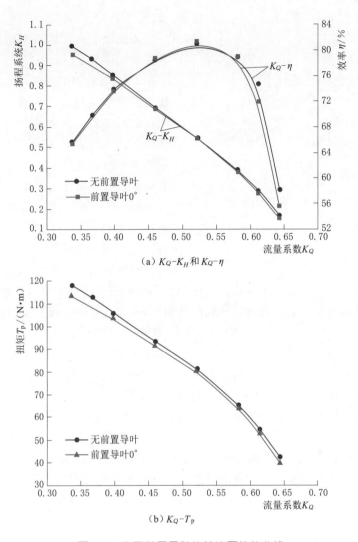

（a）K_Q-K_H和K_Q-η

（b）K_Q-T_p

图 8.8　有无前置导叶的轴流泵性能曲线

$-20°\sim+20°$范围内的 6 种不同调节角时轴流泵的水力性能，图 8.9 给出了 3 种不同调节角时前置导叶体的三维造型图。

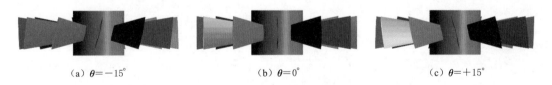

（a）$\theta=-15°$　　　　　　　（b）$\theta=0°$　　　　　　　（c）$\theta=+15°$

图 8.9　不同调节角时前置导叶体的三维造型图

　　不同前置导叶调节角时轴流泵的扬程系数与流量系数的关系曲线如图 8.10 所示。扬程在相同时，随着前置导叶调节角度的减小，轴流泵的流量逐渐增大；在流量相同时，随着前置导叶调节角的减小，轴流泵的扬程逐渐增大，数值计算的预测结果与 8.2.2 节的理论分析结果相同。

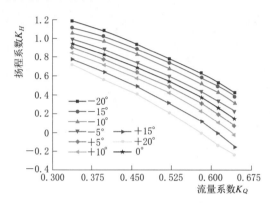

图 8.10　不同前置导叶调节角时轴流泵
的扬程系数与流量系数关系曲线

不同调节角时轴流泵的流量系数与效率曲线如图 8.11 所示。当前置导叶调节角 $\theta > 0°$ 时，随着调节角的增大，轴流泵的最优工况向小流量方向偏移，这与理论分析所得结论相符，但轴流泵的效率呈现出整体降低的趋势，且流量越大，轴流泵效率下降的幅度也越大；调节角度越大，轴流泵效率下降的幅度也越大。当流量系数 $K_Q < 0.398$ 时，不同调节角的轴流泵效率差值也越来越小。当前置导叶调节角 $\theta < 0°$ 时，随着调节角的减小，轴流泵的最优工况点对应的流量未发生改变，其轴流泵最高效率先增大后减小，这与理论分析得出的结论不完全相符合，主要因为理论分析时未考虑前置导叶引起的水力损失与性能改善间的比重问题。由图 8.11 可知：当调节角 $\theta = -5°$ 和 $+5°$，流量系数 $0.330 < K_Q < 0.582$ 时，轴流泵的效率差值小于 3.0%，由此可知，对于前置导叶在小范围内调节时（$-2.5° < \theta < +2.5°$），轴流泵的水力性能差异性会很小。

通过上述的分析可知：对于轴流泵的前置导叶调节，若需改变其运行工况，应将调节角向负角度调节，避免向正角度调节，正角度的调节虽然改变了最高效率点的位置但轴流泵的效率呈整体下降趋势，同时应避免在小范围内调节前置导叶。

各调节角时前置导叶体的水力损失如图 8.12 所示。随着调节角的增大（$\theta > 0°$）或减小（$\theta < 0°$），前置导叶体的水力损失都逐渐增大，在流量系数 $K_Q = 0.337 \sim 0.644$ 时，前置导叶体的水力损失与流量满足二次方关系，由此可知，前置导叶体对轴流泵水力性能的影响包括两个方面：①前置导叶体的水力损失；②叶轮的水力性能。

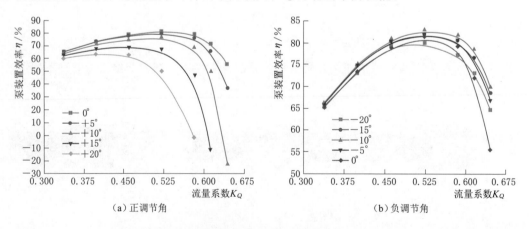

（a）正调节角　　　　　　　　　　　（b）负调节角

图 8.11　不同调节角时轴流泵流量系数与效率曲线

在对各调节角的轴流泵能量性能预测的基础上，采用 2.3.2 节的程序对数值计算数据进行处理获得了如图 8.13 所示的前置导叶调节轴流泵的综合特性曲线。

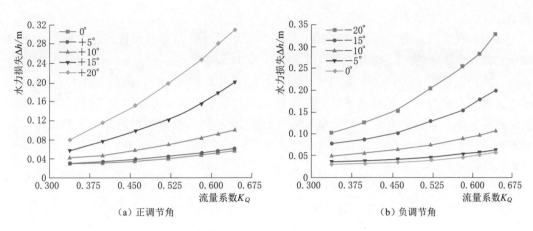

(a) 正调节角   (b) 负调节角

图 8.12　不同调节角时前置导叶体的水力损失

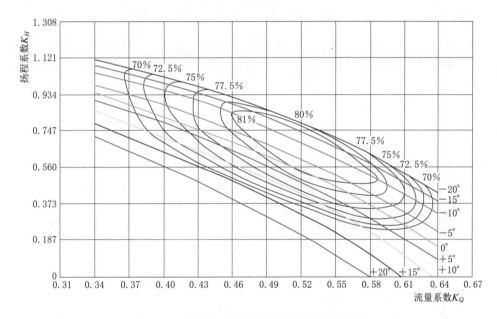

图 8.13　前置导叶调节轴流泵的综合特性曲线

前置导叶体对轴流泵性能的影响主要有进口导叶片的安放角、轴流泵流量、轴流泵扬程 3 个因素，且由图 8.11 可知，前置可调导叶体对轴流泵效率及扬程的影响具有一定的规律性，以数值模拟为基础，采用多元非线性回归分析方法（Multiple Non-liner Regression）构造了可调前置导叶对轴流泵性能预测的数学模型，进一步揭示了前置导叶体的导叶片安放角对轴流泵效率的影响规律，并为具有同类调节结构的流体机械性能预测提供了一种快捷方法。

建立因变量 y 与各自变量 $x_i (i=1, 2, 3, \cdots, n)$ 之间的多元非线性回归数学模型，即

$$
\begin{aligned}
y = f(x_1, x_2, \cdots, x_m) &= a_0 + a_1 x_1 + a_2 x_2 \\
&+ \cdots + a_3 x_1 x_2^{m-1} + \cdots + a_m x_i^m
\end{aligned}
\tag{8.5}
$$

229

式中：a_0 为回归常数；a_m 为偏回归系数（m 为正整数）。

采用非线性回归的 Gauss – Newton 算法对该非线性回归方程系数进行求解。将进口导叶片安放角 θ 记为 x_1，流量系数 K_Q 记为 x_2，扬程系数 K_H 记为 y_1，可得非线性回归方程，其判定系数 R^2 为 0.996；将进口导叶片安放角 K_Q 记为 x_1，流量系数 K_Q 记为 x_2，轴流泵效率 η 记为 y_2，可得非线性回归方程，其判定系数 R^2 为 0.981。回归方程中的回归常数和偏回归系数见表 8.1。因回归方程的表达式相同，仅方程中回归常数和偏回归系数不同，这里给出通用表达式见式（8.6），即二元三次非线性回归预测数学模型的通用方程式。

$$y = a + bx_1 + cx_2 + dx_1^2 + ex_2^2 + fx_1x_2$$
$$+ gx_1^3 + hx_2^3 + ix_1x_2^2 + jx_1^2x_2 \tag{8.6}$$

表 8.1　　　　　　　　二元三次非线性回归预测数学模型的常数及系数

参数	值	参数	值
a_1	1.47771	a_2	187.664
b_1	0.00409	b_2	−894.678
c_1	−1.92948	c_2	−53.2174
d_1	2.57764	d_2	2476.35
e_1	2.3447	e_2	−0.53419
f_1	−0.04829	f_2	121.96
g_1	−1.52329	g_2	−2121.67
h_1	−3.92597	h_2	−0.0003
i_1	0.02653	i_2	0.6854
j_1	−0.00027	j_2	−63.6274

注　a_1、b_1、c_1、d_1、e_1、f_1、g_1、h_1、i_1、j_1 为回归方程的常数及系数值；a_2、b_2、c_2、d_2、e_2、f_2、g_2、h_2、i_2、j_2 为回归方程的常数及系数值。

8.2.4　前置可调导叶对叶轮水力性能的影响

根据数值计算结果，得出了不同安放角时前置导叶片出口边的速度分布，如图 8.14（a）、（b）及（c）所示，横坐标为无量纲距离 l^*，l^* 的计算见式（8.7）。

$$l^* = l_i/l \tag{8.7}$$

式中：l 为前置导叶片出口边总长；l_i 为前置导叶片出口边上各点距起点（即前置导叶轮毂处）的距离；该出口边线距叶片出口边的距离为 3 倍的前置导叶出口倒圆半径，如图 8.14（d）所示。

在各工况时，前置导叶片出口边的轴向速度分布均呈 U 形分布规律；前置导叶片调节角的不同影响到导叶片出口边的轴向速度分布规律，表明了前置导叶片调节角变化时其内部流动规律也发生了改变，这与 8.2.3.3 节的前置导叶水力损失分析相对应。调节角 θ 数值相等（如 $\theta = \pm10°$），前置导叶体内任一截面的过流面积相等，记为 A_i，其中 i 为截面号，在相同流量 Q 时，截面 i 的平均流速 Q/A_i 也应相等，其速度分布规律在理论上分

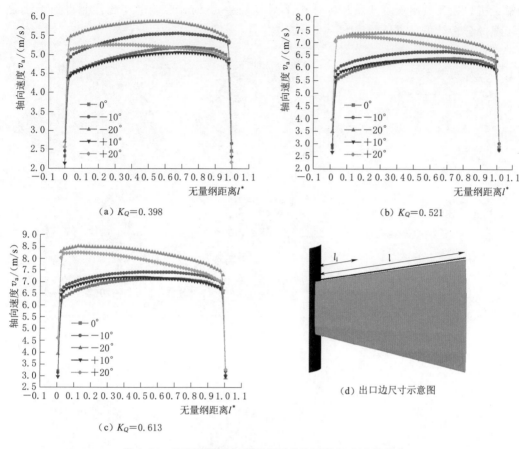

图 8.14 不同调节角时前置导叶片出口边轴向速度分布

布也应一致。数值计算结果表明,水流沿前置导叶中轴线进入导叶体内后,因前置导叶片的存在、叶轮与前置导叶间动静耦合作用共同改变了其原有的速度分布规律,造成了导叶片出口边轴向速度分布不同。前置导叶对轴流泵水力性能的影响,需综合考虑前置导叶体自身的水力性能。在 $l^* = 0.018 \sim 0.985$ 范围内,调节角 $\theta = -20°$ 时出口边各点的轴向速度均大于其他各调节角。

选取 3 个特征调节角,叶片表面的静压分布分别如图 8.15~图 8.17 所示。不同调节角度时,叶片表明的静压分布也不相同。在流量系数 $K_Q = 0.398$ 时,靠近叶片进口边的叶片压力面的静压分布整体趋势相同,呈现出规律性的降低;在叶片压力面中间及靠近出口边区域,叶片表面的静压分布规律则不相同,静压值在 118400~122000Pa 范围内,静压分布情况差异性很大。不同调节角时,沿进口边至出口边,叶片吸力面的静压呈逐级增加的趋势,静压分布呈条形状。

在流量系数 $K_Q = 0.521$ 时,叶片压力面的差异性主要表现在 115000~124000Pa 范围内的静压分布趋势上,在调节角 $\theta = -20°$ 时,叶片压力面的静压值为 115000Pa 的面积达到了 95% 以上,在叶片压力面靠近进口边处已出现了负压区,表明了前置导叶片向负角度调节时降低了叶轮的空化性能,降低叶轮的使用寿命。在调节角 $\theta = +20°$ 时,叶片吸力

231

面靠近进口边区域出现了非负压区，相比调节角 $\theta=0°$ 时，叶轮的空化性能得到了改善，此工况的分析结果与流量系数 $K_Q=0.398$ 相同。

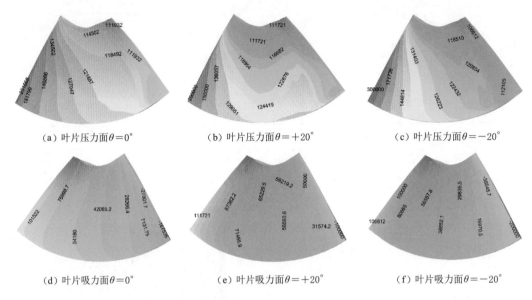

(a) 叶片压力面 $\theta=0°$　　　(b) 叶片压力面 $\theta=+20°$　　　(c) 叶片压力面 $\theta=-20°$

(d) 叶片吸力面 $\theta=0°$　　　(e) 叶片吸力面 $\theta=+20°$　　　(f) 叶片吸力面 $\theta=-20°$

图 8.15　叶片表面静压分布（$K_Q=0.398$）

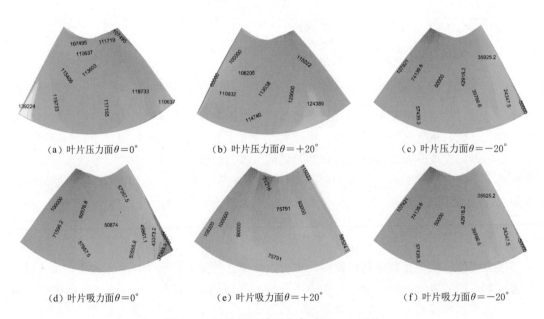

(a) 叶片压力面 $\theta=0°$　　　(b) 叶片压力面 $\theta=+20°$　　　(c) 叶片压力面 $\theta=-20°$

(d) 叶片吸力面 $\theta=0°$　　　(e) 叶片吸力面 $\theta=+20°$　　　(f) 叶片吸力面 $\theta=-20°$

图 8.16　叶片表面静压分布（$K_Q=0.521$）

在流量系数 $K_Q=0.613$ 时，叶片压力面的静压分布差异主要在 $110000\sim118000\text{Pa}$ 之间，叶片吸力面的静压分布趋势均不同。在调节角 $\theta=-20°$ 时，叶片吸力面中部区域出现了局部低压区，约占整个叶片吸力面面积的 12.5%。

定性分析了不同前置导叶调节角对叶轮的静压分布的影响，为进一步定量分析叶轮叶

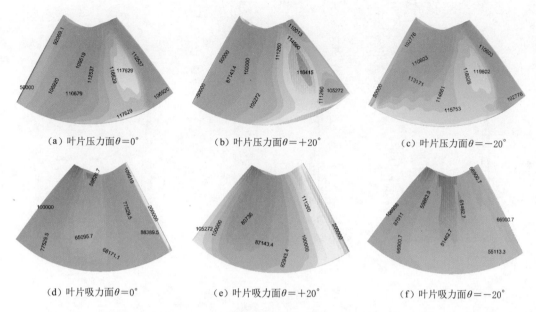

(a) 叶片压力面 $\theta=0°$　　(b) 叶片压力面 $\theta=+20°$　　(c) 叶片压力面 $\theta=-20°$

(d) 叶片吸力面 $\theta=0°$　　(e) 叶片吸力面 $\theta=+20°$　　(f) 叶片吸力面 $\theta=-20°$

图 8.17　叶片表面静压分布（$K_Q=0.613$）

片表面的静压分布，给出了不同展向位置时叶片表面静压数据图，如图 8.18 所示。在流量系数 $K_Q=0.398$ 时，不同前置导叶调节角，叶片表面的压力面静压值总大于吸力面的静压值，轮缘处的静压高于轮毂处；在不同展向位置时，靠近叶片进口边的吸力面静压值随着调节角度的增大而增大，沿着流线方向，差别越来越小，直至出口边处；在调节角 $\theta=-20°$ 时，出口边的叶片吸力面的静压值仍最小，且从轮毂至轮缘侧，静压值随调节角的变化规律越明显。在调节角 $\theta=-20°$ 时，随着流量系数 K_Q 增大至 0.521，在叶片展向位置 span=0.05 和 0.50 处，靠近叶片进口边压力面与吸力面的静压分布均出现了交叉，即吸力面的压力高于压力面，此处叶片进口出现了负冲角。当流量系数进一步增大至 $K_Q=0.613$ 时，整张叶片的进口侧区域均出现了吸力面的静压值高于压力面的现象，即整张叶片的进口边均出现了负冲角，静压值下降的幅度很大。前置导叶片调节角对叶轮叶片的静压分布影响主要表现在叶片的进口边和轮毂附近区域。对不同前置导叶片调节角时叶轮的空化性能进行了预测。

在流量系数 $K_Q=0.398$ 时，必需汽蚀余量 $NPSH_{re}$ 的预测结果如下：

前置导叶调节角 $\theta=0°$ 时　　$NPSH_{re}=\dfrac{10^5}{\rho g}-\dfrac{26966.1}{\rho g}+0.24=7.68(\mathrm{m})$

前置导叶调节角 $\theta=+20°$ 时　　$NPSH_{re}=\dfrac{10^5}{\rho g}-\dfrac{52241.6}{\rho g}+0.24=5.11(\mathrm{m})$

前置导叶调节角 $\theta=-20°$ 时　　$NPSH_{re}=\dfrac{10^5}{\rho g}-\dfrac{4961.36}{\rho g}+0.24=9.93(\mathrm{m})$

在流量系数 $K_Q=0.521$ 时，必需汽蚀余量 $NPSH_{re}$ 的预测结果如下：

前置导叶调节角 $\theta=0°$ 时　　$NPSH_{re}=\dfrac{10^5}{\rho g}-\dfrac{51815}{\rho g}+0.24=5.15(\mathrm{m})$

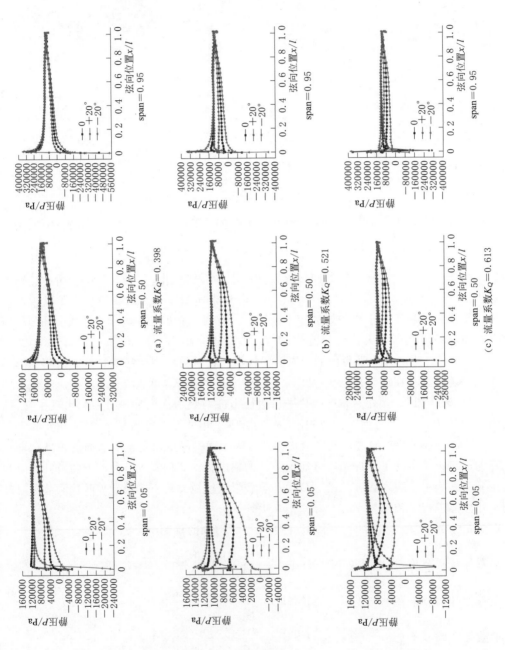

图 8.18　不同工况时叶片各展向位置的静压分布

前置导叶调节角 $\theta = +20°$ 时　$NPSH_{re} = \dfrac{10^5}{\rho g} - \dfrac{78751.3}{\rho g} + 0.24 = 2.41(\mathrm{m})$

前置导叶调节角 $\theta = -20°$ 时　$NPSH_{re} = \dfrac{10^5}{\rho g} - \dfrac{20646}{\rho g} + 0.24 = 8.33(\mathrm{m})$

在流量系数 $K_Q = 0.613$ 时，必需汽蚀余量 $NPSH_{re}$ 的预测结果如下：

前置导叶调节角 $\theta = 0°$ 时　$NPSH_{re} = \dfrac{10^5}{\rho g} - \dfrac{63145.4}{\rho g} + 0.24 = 4.00(\mathrm{m})$

前置导叶调节角 $\theta = +20°$ 时　$NPSH_{re} = \dfrac{10^5}{\rho g} - \dfrac{80481.9}{\rho g} + 0.24 = 2.23(\mathrm{m})$

前置导叶调节角 $\theta = -20°$ 时　$NPSH_{re} = \dfrac{10^5}{\rho g} - \dfrac{35217.7}{\rho g} + 0.24 = 6.84(\mathrm{m})$

通过对轴流泵叶轮必需汽蚀余量的预测分析，前置导叶调节角对叶轮的空化性能产生直接影响，调节角向正角度调节时，产生正预旋可提高轴流泵叶轮的空化性能；调节角向负角度调节时，产生负预旋则降低其空化性能。

8.3　后置可调导叶

后置导叶与前置导叶不同，属于扩压叶槽。后置导叶按照设计工况设计并以某一固定安放角安装在导叶毂上，轴流泵在非设计工况运行时，导叶片头部会存在冲角，使导叶体内部产生漩涡从而增加水力损失。本节通过研究后置导叶的调节来减小导叶体内的水力损失，使得叶轮出口的水流方向与导叶片的进口边方向相同，同时，为使水流流过导叶体后不具有圆周方向的分速度，导叶片的出口边应是轴向的。通常情况下后置导叶的出口安放角一般取 $90°$ 或 $80° \sim 90°$ 之间。

基于上述的分析，本节预计采用两种不同调节方式对后置导叶片进行调节：①全调式后置导叶方法，即通过调节后置导叶片，确保导叶片的进口边方向与水流流出叶轮的方向保持一致，减小导叶体内的水流撞击损失，因导叶片整体调节，在轴流泵运行工况范围较大时，则不能保证导叶片的出口安放角满足出口安放角的设计要求，导叶体出口水流具有一定的周向速度；②半调式后置导叶方法，即通过调节后置导叶的前端部分，确保叶轮出口水流方向与导叶片进口方向一致，又可确保水流沿法向流出导叶体。两种调节方式如图 8.19 所示。本节主要研究全调式后置导叶对轴流泵水力性能的影响。

图 8.19　可调后置导叶的调节方式

8.3.1　后置可调轴向导叶对轴流泵性能影响的理论分析

当后置导叶片进口水流冲角为 $0°$ 时，则导叶进口安放角计算式为

$$\theta = \arctan \dfrac{v_{1a}}{k_0 v_{1u}} \tag{8.8}$$

其中
$$v_{1a} = \frac{Q}{\pi(R_s^2 - R_h^2)}; \qquad k_0 = 1 - \frac{ZS_{1u}}{\pi D_c}$$

式中：k_0 为导叶进口处的排挤系数；v_{1a} 为导叶进口轴面速度；v_{1u} 为导叶进口处水流绝对速度的圆周分量；D_c 为计算流面的进口直径；S_{1u} 为导叶片进口处的圆周方向厚度，$S_{1u} = S_1/\sin\theta$，S_1 为导叶片进口处的真实厚度。

根据叶轮叶片出口与导叶体叶片进口之间的流动遵循动量矩定理，则 $v_{1u}R_d = v_{0u}R_y = \text{const}$，当导叶计算流面的半径与叶轮计算流面相对应，则 $v_{1u} = v_{0u}$。

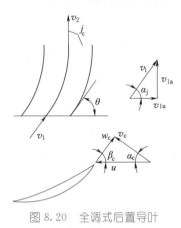

图 8.20　全调式后置导叶
调节原理图

后置导叶体的设计需给定 6 个初始参数，即流量、扬程、转速、叶片数、内外半径，其中流量和扬程是按设计工况给定的，在设计工况时后置导叶的安放角 α 可以确定；对于非设计工况时，后置导叶的安放角并不适合，将增加导叶体进口的撞击水力损失。如图 8.20 所示，u 为叶轮出口的圆周速度；v_c 为叶轮出口的绝对速度；w_c 为叶轮出口的相对速度；α_c 为叶轮出口的绝对液角；β_c 为叶轮出口的相对液角，可近似认为叶片出口的水流相对流速 w_c 的方向与叶片表面相切，可取叶轮出口的相对液角 β_c 等于叶轮的叶片出口安放角。θ_d 为设计后置导叶的安放角；θ_i 为不同工况时后置导叶的安放角。叶轮出口的绝对液角 α_c 的计算公式为

$$\alpha_c = \arctan\left[\frac{60Q}{2\pi^2(R_c^2 - r_c^2)R_c n - 60Q\cot\beta_c}\right] \qquad (8.9)$$

式中：R_c 为叶轮出口侧泵壳半径；r_c 为叶轮出口侧轮毂半径；n 为叶轮转速。

若需导叶片进口水流冲击损失最小，则需导叶片安放角 $\theta_i = \alpha_j = \alpha_c$，联立式（8.8）与式（8.9）可得

$$\theta_i = \arctan\left(\frac{\pi D_c \tan\alpha_c}{\pi D_c - ZS_{1u}}\right) \qquad (8.10)$$

则全调式后置导叶的调节角度为

$$\Delta\theta = \theta_i - \theta_d \qquad (8.11)$$

8.3.2　后置可调轴向导叶对轴流泵水力性能的影响

本节研究的后置导叶体的设计方法为：取出特征工况点叶轮出口的三维流场作为导叶设计的进口流场，导叶出口水流方向设为轴向，采用与叶轮相同的叶栅造型方法进行导叶片的设计。在设计的固定后置导叶体基础上，采用数值模拟技术计算分析后置可调导叶体对轴流泵水力性能的影响。后置导叶体的扩散角为 6°，导叶体的叶片数为 5，叶轮的叶片数为 3，计算转速为 1450r/min。轴流泵的网格单元数为 1027463 个，湍流模型选择 RNG k-ε，固体壁面采用无滑移条件，近壁区采用可伸缩壁面函数进行处理，进口采用速度进口，出口采用压力出口条件，计算收敛精度设置为 1.0×10^{-5}。为便于分析，定义全调式后置导叶的调节角以顺时针转动为正，逆时针转动为负，图 8.21 给出了轴流泵三维模型

及 3 种调节角时的轴向后置导叶图。

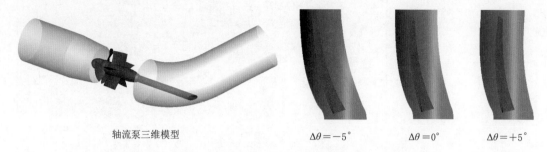

图 8.21　轴流泵三维模型及 3 种调节角的全调式后置导叶图

　　通过对 7 组不同调节角的后置导叶的轴流泵进行三维定常数值计算，对轴流泵的能量性能进行预测，预测结果如图 8.22 所示。相同工况时，轴流泵的效率、扬程并未与调节角呈现出某一固定的规律，主要因为调节角对导叶体内流场及轴流泵的影响是复杂的，且后置导叶体与叶轮间存在动静干涉、后置导叶出流角的改变对出水管道水力性能也产生影响。对于大流量工况时，若需改善轴流泵的水力性能，需将后置导叶的调节角向顺时针方向偏转，相反对于小流量工况时，则需将后置导叶的调节角向逆时针方向偏转。当将后置导叶的调节角沿顺时针方向增大时，轴流泵的高效区向大流量方向偏移，沿逆时针方向增大时，高效区向小流量方向偏移，通过调节固定后置导叶的调节角从而达到改善导叶体内部流态，消除导叶片进口冲角及尾部脱流等不良流态的目的，进而提高轴流泵的效率。

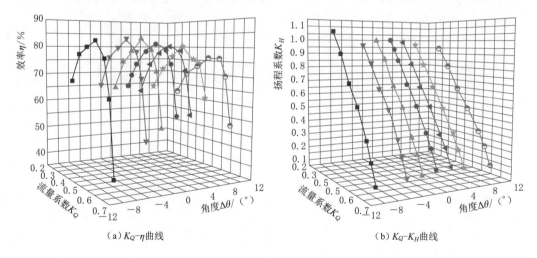

图 8.22　不同后置导叶安放角时轴流泵的性能曲线

　　选取 3 个特征工况（$K_Q=0.398$、$K_Q=0.521$、$K_Q=0.644$）对不同调节角时的后置导叶片的流态进行分析。图 8.23～图 8.25 分别给出了 3 个特征工况时的导叶片翼型绕流矢量图。

　　在流量系数 $K_Q=0.398$ 时，原设计方案（$\Delta\theta=0°$）在后置导叶的非工作面约 1/4 处（从进口侧计）出现漩涡区，叶片进口处出现回流，导叶片尾部流动情况良好，漩涡的存在是产生导叶体水力损失的主要原因，经计算，该工况时导叶体段水力损失占轴流泵扬程

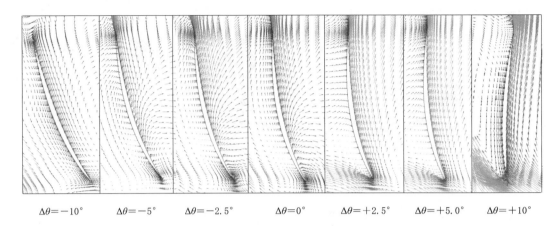

图 8.23　不同后置导叶调节角时导叶段翼型绕流矢量图（$K_Q = 0.398$）

的 21.41%。当后置导叶调节角度逐渐向正角度增大时，导叶体水力损失也逐渐增大，在调节角 $\Delta\theta = +10°$ 时，导叶体水力损失比未调节时增加了 38.66%，轴流泵效率下降了 3.93%，从图 8.23 可知，此时导叶片尾部出现了回流，且回流范围影响至导叶片的进口，进口处水流直接撞击导叶片的工作面，额外增加了撞击水力损失。当后置导叶调节角度逐渐向负角度增大时，导叶体水力损失先减小后增大，在调节角 $\Delta\theta = -2.5°$ 时，导叶体水力损失比未调节时减小了 6.41%，轴流泵效率提高了 0.74%。随着全调式后置导叶的调节角度向负角度继续增大，导叶体段水力损失也开始增大，轴流泵效率逐渐降低，从图 8.23 可知，随着调节角逐渐增大，导叶片非工作面的漩涡区逐渐增大，当调节角 $\Delta\theta = -2.5°$ 时，漩涡已影响了导叶片非工作面整个区域。

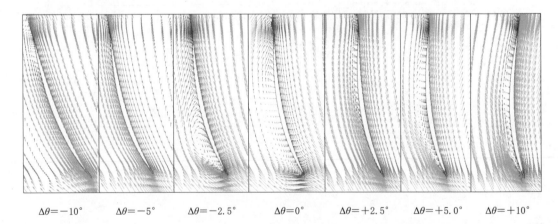

图 8.24　不同后置导叶安放角时导叶段翼型绕流矢量图（$K_Q = 0.521$）

在流量系数 $K_Q = 0.521$ 时，原设计方案（$\Delta\theta = 0°$）在后置导叶的非工作面约 1/2 近壁区域出现漩涡，导叶片尾部出现漩涡，该工况时导叶体水力损失占轴流泵扬程的 8.22%。在后置导叶调节角度 $\Delta\theta = +2.5°$ 和 $\Delta\theta = +5.0°$ 时，相比未调节时导叶体的水力损失均增加了约 55%，轴流泵效率下降了约 1%；在 $\Delta\theta = +10.0°$ 时，导叶体水力损失增加了 118.55%，轴流泵效率下降了 4.86%，从图 8.24 可知，在 $\Delta\theta = +2.5°$ 和 $\Delta\theta = +5.0°$ 时，漩涡区集中于导叶片的非工作面的中部,调节角度增大至 $\Delta\theta=+10.0°$ 时,漩涡区域已扩大至导叶片的进口。当后置导叶调节角度逐渐向负角度增大时,导叶体水力损失先减小后增大,在调节角 $\Delta\theta=-5.0°$ 时,相比未调节时导叶体水力损失减小了 14.55%,轴流泵效率提高了 1.59%。随着全调式后置导叶的调节角度向负角度继续增大,导叶体段水力损失也开始增大,轴流泵效率逐渐降低,当调节角增大至 $\Delta\theta=-10.0°$ 时,导叶片非工作面尾部出现漩涡,主要由导叶片尾部脱流所致,从而导致导叶体水力损失的增加。

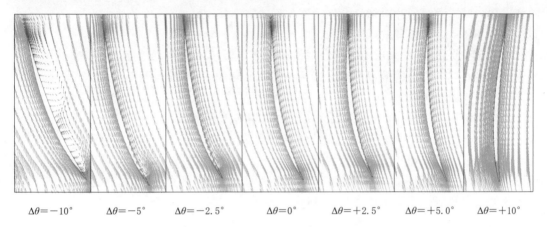

$\Delta\theta=-10°$ $\qquad$ $\Delta\theta=-5°$ $\qquad$ $\Delta\theta=-2.5°$ $\qquad$ $\Delta\theta=0°$ $\qquad$ $\Delta\theta=+2.5°$ $\qquad$ $\Delta\theta=+5.0°$ $\qquad$ $\Delta\theta=+10°$

图 8.25 不同后置导叶安放角时导叶段翼型绕流矢量图($K_Q=0.644$)

在流量系数 $K_Q=0.644$ 时,后置导叶的调节角度沿逆时针方向不断增大,导叶片工作面的漩涡区不断扩大,导叶体的水力损失也不断增大,当 $\Delta\theta=-10.0°$ 时,相比未调节时导叶体的水力损失增加了约 297%,轴流泵效率下降了约 17.87%,从图 8.25 中可知,在 $\Delta\theta=-10°$ 时,漩涡区分布于导叶片工作面的前 1/4 处及中后部 3/4 处,漩涡直接引起轴流泵效率的大幅度下降。在后置导叶的调节角 $\Delta\theta=0°$,$\Delta\theta=+2.5°$ 和 $\Delta\theta=+5.0°$ 时,导叶片的翼型绕流未见脱流和漩涡存在,在 $\Delta\theta=10°$ 时,导叶片的尾部出现了脱流,增加了水力损失。在轴流泵的数值计算中,考虑了叶轮与导叶体、导叶体及出水流道的相互耦合作用,经计算表明,在 $\Delta\theta=+5.0°$ 时,与原方案相比,导叶体的水力损失减少了 14.65%,轴流泵效率提高了 5.29%。通过上述分析,再次表明了全调式后置导叶对轴流泵性能具有一定的改善作用。

8.3.3 基于 BP - ANN 的后置可调导叶对轴流泵性能的预测

根据后置可调导叶对轴流泵性能影响的计算结果分析,尚无某一具体的数学模型可用于全调式后置导叶的调节角度对轴流泵能量性能的预测,且同时给出不同工况时合理的全调式后置导叶的调节角度,因此本节采用的 BP - ANN(back propagation network - artificial neural networks)模型预测全调式后置导叶对轴流泵能量性能的影响。

人工神经网络(artificial neural networks,ANN)也称为神经网络(NNs),是模拟生物神经网络进行信息处理的一种数学模型。根据神经元连接方式的不同,人工神经网络可分为:①分层网络,即将一个神经网络模型中所有神经元按照功能分层若干层;②相互连接型网络,即网络中任意两个单元之间都可达的。根据学习方式的不同,人工神经网络可分为：①有导师学习型，也称监督学习型，即它需组织一批证书的输入输出数据对；②无导师学习型，也称无监督学习型，即仅有一批输入数据；③再励学习型，也称强化学习型，即这种学习介于两种情况之间。具有代表性的模型主要有 BP 神经网络、感知神经网络、径向基函数网络（RBF 网络）、反馈网络、自组织网络模型。BP 神经网络主要有 4 个优点：①非线性映射能力；②自学习和自适应能力；③泛化能力；④容错能力。据统计，$80\% \sim 90\%$ 的神经网络模型都采用了 BP 神经网络或者它的变形，本节采用 BP 神经网络建立全调式后置导叶对轴流泵外特性预测的数学模型。

8.3.3.1　BP－ANN 模型的网络结构

BP 神经网络是一种多层前馈神经网络，其名字源于网络训练过程中，调整网络权值的算法是误差反向传播的学习算法，即为 BP 学习算法。BP 神经网络由输入层、隐含层和输出层构成。基于改进 BP－ANN 的全调式后置导叶对轴流泵性能影响的预测模型选用两层 BP 网络结构，输入层和隐含层采用双曲正切 S 型函数 tansig()，输出层采用纯线性函数 purelin()。输入层神经元数目为样本指标数 A_i，隐含层节点数需在实际运行中进行反复训练，设为 A_y，输出层神经元数目设为 A_o，则网格结构为 $A_i \times A_y \times A_o$。训练函数采用弹性 BP 算法 trainrp()，其可用于批量模式训练，具有收敛速度快，数据占用存储空间小的优点。神经网络结构如图 8.26 所示。

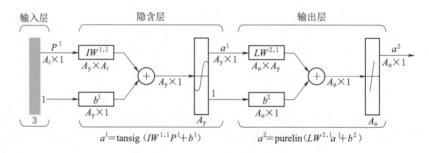

图 8.26　BP－ANN 网络结构图

选取后置导叶的调节角 θ、叶轮的扭矩 T_p、轴流泵的流量 Q、轴流泵的扬程 H 作为网络的输入变量，BP 网络结构输入层的神经元数目为 4，输出层神经元数目为 1，即为轴流泵效率。隐含层神经元数量的确定采用经验公式，见式（8.12）。

$$A_y = \sqrt{A_i + A_o} + a \tag{8.12}$$

式中，a 为常数且 $1 < a < 10$。参照式（8.12），并经试验比较试凑确定隐含层神经元数目为 1，BP 神经网络结构为 $4 \times 9 \times 1$。

8.3.3.2　训练样本及其归一化处理

为了训练和测试建立的 BP 神经网络预测模型，共采用了 7 组不同后置导叶调节角的轴流泵数值计算结果，每组共计算了 7 个工况，共计 49 组数据。将 49 组数据分为两部分，一部分为训练样本，另一部分用于检验 BP 神经网络的预测模型。为了保证 BP 神经网络的学习精度，给出尽可能多的训练样本，随机选取其中的 42 组数据为训练样本，剩余 7 组数据用于检验预测模型。为计算方便及防止部分神经元达到饱和状态，在预测模型训练前对样本的输入进行归一化处理，在 Matlab 中采用 premnmx() 函数对输入值和

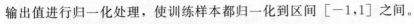

输出值进行归一化处理，使训练样本都归一化到区间 ［－1,1］ 之间。

8.3.3.3 预测模型的建立和训练

在 Matlab 中采用 newff 函数建立 BP－ANN 网络，格式如下：

net ＝newff(P,T,S,TF,BTF,BLF,PF,IPF,OPF,DDF)；

net 为生成的 BP－ANN 网络对象，其中：P 表示输入组数；T 表示目标输出数组；S 表示隐含层的单元个数；TF 表示各层的转移函数，默认为隐含层为 "tansig"，输出层为 "purelin"；BTF 表示 BP 网络的训练函数；BLF 表示权值的学习函数；PF 表示目标性能函数；IPF 表示输入的处理函数的行单元阵列；OPF 表示输出的处理函数的行单元阵列；DDF 表示数据划分函数。

利用 8.3.2 节的 42 组轴流泵数值计算结果对预测模型进行训练，训练后的预测模型才能满足实际应用的要求，BP－ANN 网络预测模型的部分源代码如下：

net. trainParam. epochs＝50000；　％训练次数

net. trainParam. lr＝0.08；　％学习效率

net. trainParam. goal＝1e－5；　％网络的目标误差

［net,tr］＝train(net,PP,TT)；　％网络训练函数

经过 48956 步的训练，网络性能达到要求，误差变化曲线如图 8.27 所示。借助 Matlab 中的 postreg() 函数对 BP－ANN 网络的预测值和目标输出值进行线性回归分析。图 8.28 中，output 为网络输出矢量，即预测值，Target 为目标输出矢量，即样本的实验值，可知 BP－ANN 网络的输出和目标输出的相关系数 R 为 0.99998，表明了二者的相关性很好，说明了本节建立的 BP－ANN 预测模型的泛化能力很好。

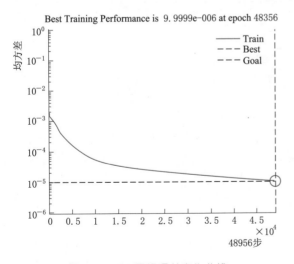

图 8.27　BP 网络误差变化曲线

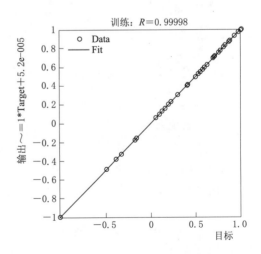

图 8.28　BP 网络回归分析结果

8.3.3.4 网络的仿真和验证

基于 BP－ANN 模型仿真和预测的主要源代码如下：

```
a=kx－minx(:,ones(1,size(kx,2)));
b=maxx－minx;
kn=2 * a./b(:,ones(1,size(a,2)))－1;
skn=sim(net,kn);    ％ skn 为经 BP－ANN 网络作用后得到的仿真值
ky=postmnmx(skn,miny,maxy);    ％ 对 skn 进行反归一化处理
```

　　用调节角 $\Delta\theta=+5°$ 时全调式后置导叶的轴流泵各工况数值计算结果作为检验样本，对 BP－ANN 模型的有效性进行验证，并将预测结果和数值计算结果进行对比。7 个检验样本参数及预测结果见表 8.2，由表 8.2 数据分析可知：BP－ANN 模型用预测的最大相对偏差为 -0.98%，最小相对偏差为 0.03%，平均相对偏差为 0.35%；由检验样本的预测结果分析可知，BP－ANN 网络模型的预测精度在 1％ 以内，可满足工程实际应用的要求。

表 8.2　　　　　　　　　　　　检 验 样 本 参 数

输入样本				CFD 计算结果	BP－ANN 预测结果	相对偏差 /％
流量系数 K_Q	扬程系数 K_H	扭矩 $T_p/(N \cdot m)$	调节角度 $\Delta\theta/(°)$			
0.337	1.005	119.942	+5	65.053	65.255	0.31
0.398	0.824	105.162	+5	71.913	71.892	0.03
0.460	0.671	92.795	+5	76.527	76.497	0.04
0.521	0.539	80.752	+5	80.076	80.043	0.04
0.582	0.365	64.514	+5	75.890	76.630	0.98
0.613	0.288	54.436	+5	74.546	74.478	0.09
0.644	0.175	41.081	+5	63.268	62.661	0.96

8.3.4　基于联合方法对全调式后置导叶的轴流泵性能预测的验证

　　在 8.3.3 节中，建立了基于 BP－ANN 全调式后置导叶的轴流泵能量性能的预测模型，在对轴流泵预测中需要提供 4 个已知参数：调节角、流量系数（流量）、扭矩、扬程。本节在 8.3.2 节数值计算的基础上，通过多元非线性回归分析方法获得调节角、流量系数及扭矩的函数关系曲面（判定系数 $R^2=0.998$）和调节角、流量系数及扬程系数的函数关系曲面（判定系数 $R^2=0.997$），如图 8.29 所示，基于此可预测轴流泵的扭矩和扬程系数。

　　至此，采用联合方法（即理论分析、模型预测）对不同调节角度的轴流泵效率进行预测。若需确定不同工况时后置导叶的安放角，由式（8.11）即可求得。本章研究对象为江苏省水利动力工程重点实验室研发的 ZM25 叶轮，由相关参数可求得不同工况时后置导叶的安放角，见表 8.3。各工况时调节后调式后置导叶的轴流泵能量性能参数见表 8.4。

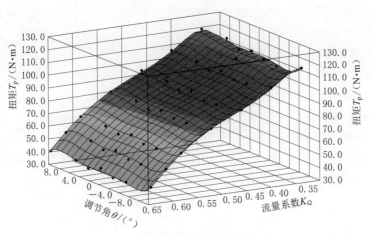

（a）调节角-流量系数-扭矩曲面

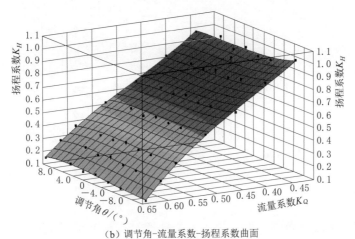

（b）调节角-流量系数-扬程系数曲面

图 8.29　非线性二元函数拟合曲面

表 8.3 各工况时全调式后置导叶对应调节角度

流量系数 K_Q	合理角度 θ_i	原角度 θ_d	调节角度 $\Delta\theta$
0.521（340L/s）	59.64°	64.8°	−5.16°
0.552（360L/s）	63.31°	64.8°	+1.49°
0.664（420L/s）	68.53°	64.8°	+3.73°

表 8.4 各工况时调节后全调式后置导叶的轴流泵能量性能参数

流量系数 K_Q	扭矩 T_p/(N·m)	扬程系数 K_H	轴流泵效率 η/%
0.521（340L/s）	77.825	0.541	83.55
0.552（360L/s）	72.081	0.458	80.79
0.664（420L/s）	40.360	0.171	60.96

当 $K_Q=0.521$ 时，采用联合方法对该工况进行预测，得出后置导叶片调节角为 −5.16°，预测的轴流泵效率为 83.55%，与该工况后置导叶调节角 $\Delta\theta=-5°$ 时轴流泵数

值计算预测的效率（82.678%）相接近，绝对误差小于 1%；当 $K_Q = 0.664$ 时，后置导叶片调节角为 $\Delta\theta = +3.73°$，采用 BP - ANN 预测的轴流泵效率为 60.96%，其值高于调节角 $\Delta\theta = +2.5°$ 时的轴流泵效率 57.76%，略低于调节角 $\Delta\theta = +5°$ 时的轴流泵效率 63.27%，绝对误差为 2.31%，调节角公式是基于许多理想条件进行推导的，未考虑叶轮与后置导叶间的动静干涉作用等。

为进一步验证该方法的可行性，基于 ANSYS CFX 对后置导叶调节角 $\Delta\theta = +1.49°$ 时且流量系数 $K_Q = 0.552$ 的轴流泵进行三维定常数值计算，获得了该工况时导叶段翼型绕流矢量图，如图 8.30 所示，翼型绕流无脱流、漩涡等不良流态出现，预测的轴流泵效率 η 为 81.12%，与联合方法预测的效率值相对差值为 0.41%。

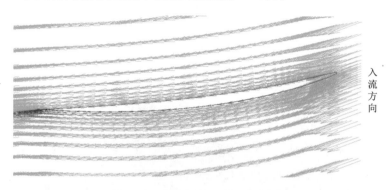

图 8.30 导叶段翼型绕流矢量图

8.4 本章小结

（1）在前置导叶安放角为 0° 时，相比不带前置可调导叶的轴流泵，在高效区及小流量工况时带前置导叶轴流泵的能量性能变化很小；大流量工况时，前置导叶引起的轴流泵水力损失增加较为明显，使得安装前置导叶的轴流泵效率下降较为明显。可调前置导叶安放角从正角度变到负角度时，轴流泵的能量性能曲线向大流量工况偏移，湍振流量和大流量都将增加。在前置导叶安放角度较小时，轴流泵最高效率的变化并不大，轴流泵流量效率曲线的整体趋势变化也不大。

（2）当前置导叶安放角为正角度时，随安放角的增大，轴流泵的最优工况向小流量方向偏移，但轴流泵的效率呈现出整体降低的趋势，且流量越大，轴流泵效率下降的幅度越大；安放角度越大，轴流泵效率下降的幅度也越大。在流量系数 $K_Q < 0.398$ 时，带不同安放角的前置导叶轴流泵效率差值也越来越小。当进口导叶安放角为负角度时，随安放角的减小，轴流泵的最优工况点对应的流量未发生改变，其轴流泵最高效率先增大后减小。

（3）各工况时进口导叶片出口边线的轴向速度分布均呈 U 形分布规律；前置导叶片安放角的改变直接影响导叶片出口边的轴向速度分布规律，其对叶轮叶片的静压分布的影响主要表现在叶片的进口边和轮毂附近区域。

（4）调节后置导叶对轴流泵能量性能的改变具有一定的效果，当后置导叶调节角沿顺时针方向增大时，轴流泵的高效区向大流量方向偏移；沿逆时针方向增大时，轴流泵的高效区向小流量方向偏移。通过调节后置导叶片的调节角可达到改善导叶体内部流态、消除导叶片进口冲角及尾部脱流等不良流态的目的，进而提高轴流泵的水力效率。

（5）应用 BP-ANN 网络建立了全调节后置导叶对轴流泵水力性能影响的预测模型，该网络结构为 $4×9×1$，选取后置导叶体的调节角 $\Delta\theta$、叶轮的扭矩 T_p、轴流泵流量系数 K_Q、轴流泵扬程系数 K_H 作为网格的输入变量，输出变量为轴流泵效率。BP-ANN 预测模型经实际应用表明网络的预测精度在 1% 以内，能满足实际工程应用的要求，可为轴流泵的水力性能改善及导叶体的设计提供理论参考。

第 9 章

低扬程泵装置的多目标
自动优化设计

9.1　引言

　　低扬程泵装置流道的设计过去常采用一维水力设计方法，以沿流道断面中心线的各断面平均流速光滑变化为目标进行设计，其断面的平均流速等于设计流量除以断面面积。通过一维水力设计获得流道的断面图，再进行三维建模与数值计算分析，并人工修改不合理的流道型线，直至获得满意的结果，设计过程较为烦琐且工作量大。目前，大型低扬程泵站流道的设计常采用流道的三维优化水力设计方法，即根据水泵叶轮进口对流道的要求建立目标函数，以目标函数最优为依据，人为地修改流道边界条件，并采用三维数值计算方法完成一系列设计方案的流道流场计算，根据流场结果逐一修改，再进行流道参数的优化。为突破传统设计方法的束缚，本章建立了低扬程泵装置的多目标自动优化设计的三维水力优化设计方法，该方法可大大降低研究设计人员的工作量，在求解低扬程泵装置的多目标优化问题时，不仅需要优越的优化算法，还需要解决优化数学模型的建立，目标函数以及约束条件的计算方法，优化算法、目标函数以及约束条件相关处理程序间数据传递等问题，解决了这些问题，多目标优化算法才有可能应用于实际工程中。

　　本章将重点介绍低扬程泵装置流道及低扬程泵装置的多目标多约束优化数学模型的建立，及自动优化设计系统构建的相关内容。

9.2　多目标优化的基本概念及优化算法

9.2.1　多目标优化的基本概念

　　多目标优化指在满足给定约束条件的前提下，从设计变量的取值范围内搜索到最佳设计变量值，以达到多个设计目标所决定的设计对象的整体性能最优。多目标优化问题从1896 年法国经济学家 V. Pareto 首次提出，到 1968 年 Z. Johnsen 系统地提出关于多目标决策模型的系统总结，先后经过了六七十年的时间，但是，多目标优化的真正兴旺发达时期，并且正式作为一个数学分支进行系统的研究是在 20 世纪 70 年代后期。1975 年，M. Zeleny 出版了第一本关于多目标优化问题的论文集，至今，多目标优化问题不仅在理论上取得了很多重要成果，一套平行于单目标优化的理论正在形成和日臻完善，并且在应用范围上也越来越广泛，如在工程技术、经济规划、交通运输以及军事决策等领域的应用表现出极大的优势。

大多数实际工程的优化问题均属于多目标优化问题，多目标优化问题（multi-objective optimization problem，MOP），又称为多性能优化问题（multi-performance optimization problem）或矢量优化问题（vector optimization problem）。

多目标优化问题的数学模型可描述如下：

目标函数： $\text{Min：} f_1 = f_1(X)$ ，…， $\text{Max：} f_N = f_N(X)$

约束条件： $a_i \leqslant x_i \leqslant b_i \quad (i=0, 1, 2, \cdots, N_b)$

$$H_j(X) = Aeq \quad (j=0, 1, 2, \cdots, N_c)$$

$$G_k(X) \leqslant Beq \quad (k=0, 1, 2, \cdots, N_d)$$

设计变量： $X = [x_0, x_1, \cdots, x_N]^T$ (9.1)

式中：a_i、b_i 为第 i 个设计变量 x_i 的上、下限；N_b 为设计变量的个数；f_N 为第 N 个目标函数；N_c 为非上、下限等式约束的个数；N_d 为非上、下限不等式约束的个数。

9.2.2 优化算法

传统的多目标优化问题的算法可分为直接算法和间接算法。直接法是指针对优化问题本身直接去求解，如单变量多目标优化算法、线性多目标优化算法及可行集有限时的优序算法。间接算法是指根据问题的实际背景和具体的容许型，在各种意义下将多目标问题转化为单目标问题，间接算法还可分为：① 转化成一个单目标问题的算法；② 转化为多个单目标问题的算法；③ 非统一模型的算法。间接算法最大的缺点就是在转化过程中，往往顾此失彼，在实际应用时常常需要决策者提供一些新的信息才能做出最后的决策，然而间接算法又是最传统的多目标优化问题的方法。

针对传统多目标优化算法的缺点，国外学者在单目标遗传算法的基础上进行了改进。1985 年，J. D. Schaffer 对单目标遗传算法进行了改进，开发出了第一个多目标遗传算法 VEGA；1993 年，C. M. Fonseca 和 P. J. Fleming 开发了基于 Pareto Optimality 优化条件的多目标遗传算法（MOGA）；1994 年，N. Srinivas 和 K. Deb 为了解决 MOGA 方法在某些问题中解不收敛的问题，开发了新的多目标遗传算法 NSGA；1999 年，E. Zitzler 和 L. Thiele 将单目标遗传算法中精英性（Elitism）引入到多目标遗传算法，开发了多目标遗传算法 SPEA；2001 年，E. Zitzler 对 SPEA II 改进型中的杂交算子和选择方法进行了改进，得到了新的多目标遗传算法 NCGA，同年 K. Deb 和 S. Agrawal 借鉴了 SPEA II 的特点，对 NSGA 算法进行了改进，得到了带精英策略的非支配排序遗传算法 NSGA II[110]。

iSIGHT 软件提供的优化算法可分为以下 3 类：

（1）探索优化算法。该方法不受凸（凹）面、光滑性或设计空间连续性的限制，避免了在局部出现最优解的情况，如 Multi-Island GA（多岛遗传算法）、ASA（自适应模拟退火算法）、NCGA（领域培植遗传算法）和 NSGA-II（非支配解排序遗传算法）。

（2）定向启发式优化算法（DHS）。该方法是 iSIGHT 软件受专利保护的特有算法，它根据用户在关系表中提供的信息对设计参数进行操作。在该表中，用户需要对每一参数和其特性进行描述，告诉 DHS 如何按一种与其大小量级以及影响力相一致的方式调整设计变量。通过告诉优化引擎怎么改变设计变量，用户可以有效地将大部分冗余设计点从设计空间剔除，因为这个原因，当参数的关系确定后，DHS 可以比标注数值优化方法更高地进行搜索。

（3）数值优化算法。数值优化算法相比探索优化算法和定向启发式优化算法更为普遍。该方法通常假设设计空间是单峰值的、凸性的、连续的，如 LSGRG（通用归约梯度法）、NLPQL（序列平方规划法）、Hooke - Jeeves（直接搜索算法）和 MMFD（改良可行方向法）。

iSIGHT 中包含两种基于遗传算法的多目标优化算法：NCGA（领域培植遗传算法）和 NSGA - Ⅱ（非支配解排序遗传算法）。在 iSIGHT 中采用 NSGA - Ⅱ方法，不需要人为设置各目标的权重及比例系数，多目标优化算法会自动计算出所有权重组合下的最优方案，本章对泵装置流道的多目标多约束的优化采用非支配解排序遗传算法。

针对多目标多约束优化的数学模型特点，构建流道的多目标优化设计的关键和难点之一就是建立恰当的流道多目标优化数学模型。在深入分析流道的几何特征和数值描述方法的基础上，本节提出了以若干关键控制尺寸为流道优化设计模型的设计变量。

9.3　流道多目标优化的数学模型

针对多目标多约束优化的数学模型特点，构建流道的多目标优化设计的关键和难点之一就是建立恰当的流道多目标优化数学模型。在深入分析流道的几何特征和数值描述方法的基础上，本节提出了以若干关键控制尺寸为流道优化设计模型的设计变量。

9.3.1　进水流道的多目标优化数学模型

进水流道的多目标优化数学模型以轴向速度分布均匀度 V_{u+}、速度加权平均角 $\bar{\theta}$ 及进水流道的水力损失 Δh 为目标函数，约束条件为进水流道的各关键控制尺寸。

目标函数：

（1）Max：
$$V_{u+} = \left[1 - \frac{1}{\overline{v}_a} \sqrt{\sum_{i=1}^{N} (v_{ai} - \overline{v}_a)^2 / N}\,\right] \times 100\%$$

（2）Min：
$$\Delta h_j = \frac{E_{inj} - E_{outj}}{\rho g}$$

（3）Max：
$$\bar{\theta} = \frac{\sum_{i=1}^{N} \left(90° - \arctan \dfrac{v_{Li}}{v_{ai}}\right)}{\sum_{i=1}^{N} v_{ai}}$$

约束条件：①进水流道的长度：$L_1 \leqslant L_i \leqslant L_2$；②进水流道的宽度：$B_1 \leqslant B_i \leqslant B_2$；③进水流道的高度：$H_{L1} \leqslant H_{Li} \leqslant H_{L2}$；④倾角：$j_{q1} \leqslant j_{qi} \leqslant j_{q2}$。

设计变量：L_i，B_i，H_{Li}，j_{qi}。

约束条件的选取与进水流道的三维体形建模具有一定的关系，流道的三维体形建模应将非关键控制尺寸与关键控制尺寸进行关联，可确保非关键控制尺寸随关键控制尺寸的改变而改变。

9.3.2 出水流道的多目标优化数学模型

出水流道的多目标优化数学模型以动能恢复系数 δ 和出水流道的水力损失 Δh 为目标函数，约束条件为出水流道的各关键控制尺寸。

目标函数：

（1）Max：
$$\delta = \frac{\overline{v}_{\mathrm{cin}}^2/2g - (\Delta h_c + \overline{v}_{\mathrm{cout}}^2/2g)}{\overline{v}_{\mathrm{cin}}^2/2g}$$

（2）Min：
$$\Delta h_c = \frac{E_{\mathrm{inc}} - E_{\mathrm{outc}}}{\rho g}$$

约束条件的选取及设置方法与进水流道相同，这里不再赘述。

9.4　基于 iSIGHT 的流道多目标自动优化平台的构建

若设计人员自编程序解决多目标优化问题，不仅会给设计人员带来很大困难，还会大大增加优化设计的工作量，耗时耗力。相比人工编程求解多目标优化问题，商业化的集成优化平台具有集成、方便、快捷的优点，并且国外已取得了较大进展，现在市场上占较大份额的集成设计框架有 Phoenix Integration 的 ModelCenter - AnalysisSever、Engenious 的 iSIGHT 和 Technoso 的 AML 等，其中 iSIGHT 占 51％左右。经过 30 年的不断开发，iSIGHT 软件已得到大量世界级客服的广泛使用和认可，例如：通用电气 GE 公司采用 iSIGHT 软件为波音 787 飞机设计的 GEnx 发动机，实现单机减重 250 磅，比油耗下降 1％，每个引擎节省近 25 万美元，整个工作在 3 个月内完成；空中客车公司（Airbus）将 iSIGHT 成功应用于 A340 - 600、A400M、A322、A380 等多种机型的设计中，使飞机研制总费用（从新飞机设计到市场销售）降低 5％，减少飞机最后研制阶段成本 5％，缩短飞机研制周期 30％；福特汽车针对 Camless 无凸轮轴系统，优化执行器与发动机的气门控制模块，确保所有气门的最佳位置，实现有效降低近 20％的污染排放和发动机负荷有效控制[110]。这些成功的应用案例表明 iSIGHT 软件在多学科和多目标优化中有着很大的优势。iSIGHT 软件能够集成商用 CAD、CAE 和自编软件的多学科、多目标的联合仿真，实现传统手工设计、分析和优化流程的自动化和标准化，进行多方案自动评估比较，提高设计效率、缩短设计周期。因此本章将已成熟的工程设计优化软件 iSIGHT 引入到泵装置流道的多目标多约束优化设计中。

在 iSIGHT 软件中实现泵装置进出水流道的多目标自动优化，需解决如何在 iSIGHT 软件中对研究对象进行数学方程的表达及建模。一个工程问题在应用实施时需要分为以下 4 步：

（1）过程集成。低扬程泵装置流道优化问题是反复迭代的，支持工具有 CAD、CAE，还可能有电子表格 Excel 等。iSIGHT 软件使用了非插入方法，因此可以驱动上述商业化设计工具，而且还可以驱动商业化设计工具组织内部开发的代码，其代码可以采用

Microsoft Visual C++、Visual Fortran 和 Unix 脚本编写。在集成到 iSIGHT 进行工程设计时，首先需要解决的就是把设计中的各个环节集成到一起。

（2）问题定义。完成过程集成后，需要定义优化对象的输入及输出条件，优化变量的初始值及目标函数。设计问题的求解策略和所求解问题的范围、类型紧密相关，既可以为简单的评价分析，也可以为复杂的多目标、多学科的优化设计，对于本节的研究，优化问题为多目标多约束的优化设计问题。

（3）设计自动执行。泵装置流道优化设计的瓶颈问题之一：选择设计可选方案并作出相应调整以执行这些可选方案的反复过程。iSIGHT 作为一个智能软件，可以自动选择设计点并执行仿真计算过程，从而实现设计过程的自动优化。iSIGHT 的智能性通过一套设计探索工具来实现，这些工具包括了实验设计、优化、逼近模型和质量工程方法。

（4）数学分析和可视化。在流道的优化设计过程中，可以通过图形或者表格形式的用户界面对设计过程进行实时监控，在监控过程中可以随时调整设计定义，改进优化策略。

为建立一套泵装置进出水流道及泵装置整体的全三维多目标多约束的优化系统，本章构建了三大模块：流道形体三维参数化造型模块、流道形体三维湍流数值计算模块及目标函数求解模块，其中，流道的三维湍流数值计算模块包括网格自动剖分模块和自动数值计算模块。通过将三大模块集成于 iSIGHT 优化平台上，从而建立起一个完整的泵装置进出水流道的多目标多约束三维自动优化系统，该系统的构成如图 9.1 所示，流道的多目标多约束优化流程如图 9.2 所示。

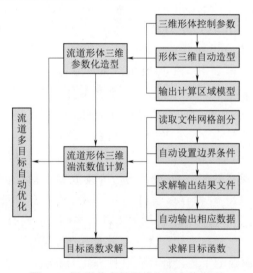

图 9.1　流道的多目标优化平台的构成

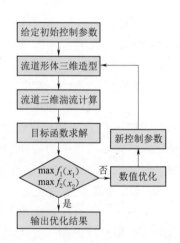

图 9.2　流道的多目标多约束优化流程图

9.4.1　流道形体参数化三维造型模块

为构建进出水流道的三维参数化造型模块，基于 Visual C++6.0 编写了自动读取三维造型控制尺寸的输入文件 LD. exp，并按输入文件的数据进行三维实体造型（LD. prt 文件）、输出三维造型数据文件 LD. x_t 的相应程序，流道的三维造型模块自动更新程序 ugupdate. exe 的部分语句如下：

```
#include <iostream>
#include <string>
#include <uf.h>
#include <uf_modl.h>
#include <uf_part.h>
#include <uf_modl_expressions.h>
using namespace std;
#pragma comment(lib,"D:\\Program Files\\UGS\\NX 6.0\\UGOPEN\\libufun.lib")
#define visualsan_nuaa_202_run(x)\
if(0!=x)\
{\
    char msg[133];\
    uf_get_fail_message( x,msg );\
    cout<<msg;\
    return -1;\
}
……
//打开模型文件
UF_PART_load_status_t st;
tag_t   prt_id;
//打开 prt 文件
visualsan_nuaa_202_run ( uf_part_open( prt.c_str(),&prt_id,&st ) );
//更新模型文件
visualsan_nuaa_202_run ( uf_modl_import_exp( (char*)ep.c_str() ,0) );
//更新模型
visualsan_nuaa_202_run ( uf_modl_update() );
//写入文件
visualsan_nuaa_202_run ( uf_part_save() );
//关闭 prt 文件
visualsan_nuaa_202_run ( uf_part_close(prt_id,1,1) );
// visualsan_nuaa_202_run ( uf_part_free_load_status(&st) );
visualsan_nuaa_202_run ( uf_terminate() );
……
```

为了使该程序可以嵌入列 iSIGHT 中，编写了 ug_xt.bat 批处理文件，批处理文件的语句为："D:\Program Files\UGS\NX 6.0\UGII\ugupdate.exe" LD.prt LD.exp "D:\Program Files\UGS\NX 6.0\UGII\LD.x_t"。

该模块的相应文件如图 9.3 所示。通过上述编写的程序，实现了流道三维参数的自动读取、自动更新模型及自动输出结果文件。

图 9.3　流道形体参数化三维造型模块的相应文件

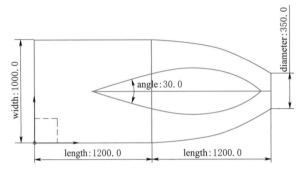

图 9.4　竖井式流道的控制参数

为验证该模块能否顺利运行，以简化的竖井式进水流道为例，对本模块进行验证。本节仅以竖井式流道的竖井前缘夹角 angle、出口断面直径 diameter 及收缩角 angle1 作为变量进行参数化建模的更新与修改，相应控制参数如图 9.4 所示，变换前后的参数见表 9.1，各方案的三维建模如图 9.5 所示。

表 9.1　　　　　　　　　流道三维模型的 3 个控制参数

类　别	竖井前缘夹角/(°)	出口断面直径/mm	收缩角/(°)
变换前	30	350	1.5
变换后	20	300	3

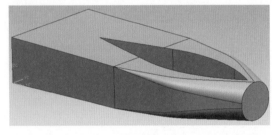 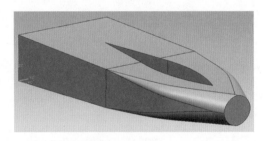

（a）方案1　　　　　　　　　　　　　　　　　（b）方案2

图 9.5　不同方案的流道三维模型

9.4.2　流道的三维湍流数值计算模块

在 9.4.1 节中，流道形体的参数化三维造型模块已经完成，并输出计算域文件 LD. x _ t，本节中，将通过网格剖分软件 ANSYS ICEM CFD、前处理软件 ANSYS CFX - Pre、求解器软件 ANSYS CFX - Slove 及后处理软件 ANSYS CFX - Post 这四种不同功能的软件实现流道的三维湍流数值计算的自动运行。为了实现 4 部分程序能够集成于 iSIGHT 软件中，编写了 4 个软件的批处理文件，如图 9.6 所示，并通过各软件自有的录制功能生成其对应的命令流文件。

流道三维湍流数值计算模块中 4 个软件的各部分输入、启动及输出文件见表 9.2。icemug. bat 批处理文件通过读取 LD. x _ t 文件，实现在 ANSYS ICEM CFD 中的三维造

图 9.6 流道的三维湍流数值计算的批处理文件

型,并采用结构化网格对三维造型进行网格剖分,输出 LD. cfx5 文件。cfxpre. bat 批处理文件通过读取 LD. cfx5 文件,对流道进行边界条件、求解方法进行设置,并输出求解文件 LD. def。cfxsolve. bat 批处理文件通过读取求解文件 LD. def,进行流道内三维湍流场的求解并输出 LD. res 文件。cfxpost. bat 批处理文件通过读取 LD. res 结果文件,对于进水流道则输出目标函数的自变量数据 inlet. csv、outlet. csv、vzu. csv 及 jd. csv 4 个数据文件;对于出水流道则输出目标函数的自变量数据为 inlet. csv、outlet. csv 两个数据文件。

表 9.2 4 个软件的相应处理文件

类 别	输入文件	启动文件	输出文件	命令流文件
ANSYS ICEM CFD	LD. x _ t	icemug. bat	LD. cfx5	LD. rpl
ANSYS CFX – Pre	LD. cfx5	cfxpre. bat	LD. def	LD. pre
ANSYS CFX – Slove	LD. def	cfxsolve. bat	LD. res	
ANSYS CFX – Post	LD. res	cfxpost. bat	jg. csv	LD. cse

各批处理的语句如下:

ANSYS ICEM CFD 的批处理文件的语句:

"C:\Program Files\Ansys Inc\v100\icemcfd\win\bin\icemcfd. bat" −batch −script "D:\Program Files\UGS\NX 6. 0\UGII\LD. rpl"

ANSYS CFX – Pre 的批处理文件的语句:

"C:\Program Files\Ansys Inc\CFX\CFX−10. 0\bin\cfx5pre" −batch "D:\Program Files\UGS\NX 6. 0\UGII\LD. pre"

ANSYS CFX – Slove 的批处理文件的语句:

"C:\Program Files\Ansys Inc\CFX\CFX−10. 0\bin\cfx5solve" −def "D:\Program Files\UGS\NX 6. 0\UGII\LD. def"

ANSYS CFX – Post 的批处理文件的语句:

"C:\Program Files\Ansys Inc\CFX\CFX−10. 0\bin\cfx5post" −session LDpost. cse

对于进、出水流道的三维数值计算,网格剖分在 ANSYS ICEM CFD 中完成,可采用非结构化网格或结构化网格剖分,若采用结构化网格剖分则利用初次剖分的 Block 块文件,每次控制参数改变后的流道形体三维模型均采用该 Block 块文件,可确保每次网格剖分质量的差异性不大,图 9.7 为肘形进水流道的结构化网格的 Block 分块。

9.4.3 流道的目标函数求解模块

对于 ANSYS CFX – Post 后处理软件生成的 4 个结果文件(进水流道)及两个结果文

图 9.7　肘形进水流道的结构化网格的 Block 分块图

图 9.8　数据分析程序及 del. bat 文件

图 9.9　进水流道输出结果文件内容

件（出水流道），采用 Matlab 编程对结果文件的数据进行处理，并输出目标函数文件 jg. txt，处理程序的编写与 2.2.2 节的方法相同，这里不再赘述，仅输出文件格式不同，数据分析 sjfx. exe 输出结果为 txt 文件，sjfx. exe 程序如图 9.8 所示，输出结果文件内容如图 9.9 所示，进水流道的目标函数计算结果输出的相应语句如下：

fid＝fopen('jg. txt','wt')

fprintf(fid,'%s','水力损失＝')

a＝hl

b＝vzu

c＝Theta

fprintf(fid,'%12. 8f\n',a)

fprintf(fid,'%s','轴向速度分布均匀度＝')

fprintf(fid,'%12. 8f\n',b)

fprintf(fid,'%s','速度加权平均角＝')

fprintf(fid,'%12. 8f\n',c)

fclose(fid)

出水流道的目标函数计算结果输出的相应语句如下：

fid＝fopen('jg. txt','wt')

fprintf(fid,'%s','水力损失＝')

a＝hl

b＝kerc

fprintf(fid,'%12.8f\n',a)

fprintf(fid,'%s','轴向速度分布均匀度＝')

fprintf(fid,'%12.8f\n',b)

fclose(fid)

此外在计算过程中还需用批处理文件 del. bat 来删除中间生成的多余文件，del. bat 文件如图 9.8 所示，del. bat 批处理文件的语句如下：

del "D:\Program Files\UGS\NX 6.0\UGII\LD_001. res" "D:\Program Files\UGS\NX 6.0\UG II\LD_001. out"

9.4.4 多目标约束自动优化设计平台的构建

流道自动优化设计的框架、数据流的传递以及所有文件的准备在 9.4.1～9.4.3 节中已做了详细介绍，本节的任务则是将各部分集成于 iSIGHT-FD 软件中，从而达到流道的多目标多约束自动优化设计的目的。优化软件 iSIGHT-FD 将传统的手工式的"设计—分析—优化"过程集成自动化，有效组合多种智能优化技术，协助研究者完成多学科多目标的设计优化，缩短设计周期。

流道的自动优化设计在 iSIGHT-FD 优化平台中的计算控制流程如图 9.10 所示。优化初始参数、输出目标函数及数据流传递如图 9.11 所示，运行界面如图 9.12 所示。各模块的主要作用在上述各节中已做了相应介绍，这里不再赘述。

图 9.10　iSIGHT-FD 优化平台中的计算控制流程图

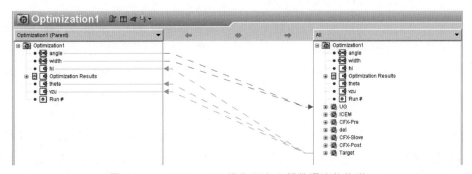

图 9.11　iSIGHT-FD 优化平台内部数据流的传递

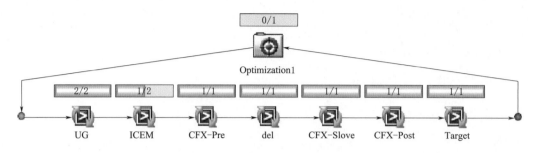

图 9.12　iSIGHT – FD 优化运行界面

9.5　流道水力性能的理论分析

在 9.3 节和 9.4 节解决了进、出水流道的多目标自动优化设计研究方法的目标函数、约束条件和决策变量等关键问题，构建了流道三维复杂形体参数化造型设计数学模型、成型建模系统，流道内三维湍流数值计算、目标函数的求解及优化。若需更好地对进、出水流实现多目标的自动优化，则需要从理论上对进、出水流道的水力性能进行分析，了解进、出水流道的水力性能与其自身哪些设计参数相关。

9.5.1　进水流道水力性能的理论分析

对进水流道的水力损失进行分析，进水流道的水力损失包括沿程水力损失和局部水力损失，其中局部水力损失包括几何结构变化的局部水力损失及出口动能损失两部分。

进水流道的沿程水力损失为：$\Delta h_1 = \zeta_1 Q^2$；局部水力损失为：$\Delta h_2 = \zeta_2 Q^2$；出口的动能损失为：$\Delta h_2 = \gamma Q^2 / 2g A_c^2$，其中 A_c 为进水流道出口断面面积即叶轮进口断面面积，则进水流道的总水力损失 Δh 为

$$\Delta h = \left(\zeta_1 + \zeta_2 + \frac{\gamma}{2g A_c^2} \right) Q^2 \tag{9.2}$$

由式（9.2）可知进水流道的水力损失与流量的二次方成正比关系，进水流道的水力性能取决于控制其三维体形变化的关键几何参数。

9.5.2　出水流道水力性能的理论分析

出水流道的水流受导叶体出口环量的影响造成了流道的附加水力损失，导叶体出口剩余环量的大小取决于导叶体对环量的回收能力。本节对低扬程泵装置出水流道水力损失进行分析，首先假设导叶体出口剩余环量为 0，出水流道中的水流为轴向流动，并沿过水断面上各点的速度分布均匀。对此，出水流道中的水力损失可分为两大类：水流在出水流道内部的水力损失和出口动能损失，其中出水流道的内部水力损失又可分为沿程损失和局部损失。本节以直扩式出水流道为例对这 3 种水力损失分别进行讨论，直扩式出水流道分析示意图如图 9.13 所示。

（1）沿程损失 h_1。

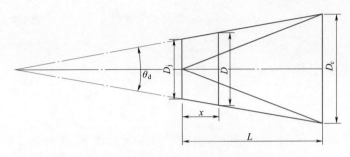

图 9.13 直扩式出水流道分析示意图

取一长为 $\mathrm{d}x$ 的微元管段，其沿程损失为

$$\mathrm{d}h_1 = \zeta \frac{1}{D} \frac{v^2}{2g} \mathrm{d}x$$

出水流道全长的沿程损失为

$$h_1 = \int_0^L \zeta \frac{1}{D} \frac{v^2}{2g} \mathrm{d}x \tag{9.3}$$

设速度为均匀分布，则

$$v = \frac{Q}{A} = \frac{4Q}{\pi D^2}$$

可得

$$D = D_j + 2x \tan \frac{\theta_d}{2}$$

将上两式中的 v、D 值代入式（9.3）中，并认为 ζ 为常数，然后进行积分，得

$$h_1 = \frac{\zeta Q^2}{g\pi^2 D_j^4 \tan \dfrac{\theta_d}{2}} \left[1 - \frac{1}{\left(1 + 2 \dfrac{L}{D_j} \tan \dfrac{\theta_d}{2}\right)^4} \right] = \frac{\zeta}{8 \tan \dfrac{\theta_d}{2}} \frac{v_j^2 - v_c^2}{2g} \tag{9.4}$$

（2）局部损失 h_2。局部损失按一般经验公式可得

$$h_2 = 3.2 \left(\tan \frac{\theta_d}{2} \right)^{1.25} \frac{(v_j - v_c)^2}{2g} \tag{9.5}$$

（3）出口动能损失 h_3。

$$h_3 = \gamma \frac{v_c^2}{2g} \tag{9.6}$$

出水流道总水力损失 Δh 为

$$\Delta h = h_1 + h_2 + h_3$$

将 h_1、h_2 和 h_3 代入上式中可得

$$\Delta h = \frac{\zeta}{8 \tan \dfrac{\theta_d}{2}} \frac{v_j^2 - v_c^2}{2g} + 3.2 \left(\tan \frac{\theta_d}{2} \right)^{1.25} \frac{(v_j - v_c)^2}{2g} + \gamma \frac{v_c^2}{2g} \tag{9.7}$$

假定 $v_c / v_j = m$，则出水流道对于导叶出口动能的相对损失为

$$\xi_v^* = \frac{2g\Delta h}{v_j^2} = \frac{\zeta}{8\tan\frac{\theta_d}{2}}(1-m^2) + 3.2\left(\tan\frac{\theta_d}{2}\right)^{1.25}(1-m)^2 + m^2$$

出水流道的回能系数 η_v

$$\eta_v = 1 - \xi_v^* = 1 - \left[\frac{\lambda}{8\tan\frac{\theta_d}{2}}(1-m^2) + 3.2\left(\tan\frac{\theta_d}{2}\right)^{1.25}(1-m)^2 + m^2\right] \quad (9.8)$$

由式（9.8）可知，出水流道的回能系数 η_v 和相对损失 ξ_v^* 由当量扩散角 θ_d 和出水流道进、出口的速度之比决定。又因为

$$m = \frac{v_c}{v_j} = \left(\frac{D_j}{D_c}\right)^2$$

可见 η_v 和 ξ_v^* 与出水流道的绝对尺寸无关，只取决于出水流道的几何形状参数，即 θ_d 和 D_j/D_c 比值。

因此对于出水流道的设计，应按照阻力损失最小原理及泵装置的具体条件确定出水流道的几何尺寸，即确定出水流道进口断面直径 D_j、相对长度 L/D_j、当量扩散角 θ_d 以及其他尺寸等。

实际上在泵装置出水流道内的水流并不是完全轴向流动，而是具有某种程度的旋转，同时沿过水断面的速度分布也是不均匀的，这就使得在出水流道中，实际水流的水力损失与按上述假设推出的结果有所不同。对出水流道中的实际水流，由于沿半径水流轴向速度和切向速度的分布都不均匀，流动状态复杂，因此，不能通过数学分析的方法计算流速分布，而必须对各种工况进行试验，从中得出某些规律，作为分析和设计的依据。

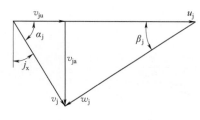

图 9.14　出水流道进口速度三角形

对泵装置进行全流道的三维定常数值计算分析，结果表明，出水流道进口断面的水流旋转强度对出水流道的回能系数有很大影响。当液流为轴向流动时，其回能系数并非最大；出水流道进口的速度三角形如图 9.14 所示，当液流具有微小正环量而旋转时，却有最高的压能恢复系数，即沿半径水流旋转角 j_x 为 $15°\sim25°$，出水流道回能系数达到最大值。

$$j_x = \frac{\pi}{2} - \alpha_j = \arctan\frac{v_{ju}}{v_{ja}} \quad (9.9)$$

图 9.14 和式（9.9）中，v_j 为绝对速度；w_j 为相对速度；u_j 为牵连速度；v_{ju} 为 v_j 的圆周分速度；v_{ja} 为 v_j 的轴向分速度。

当水流旋转角 j_x 增大到 $32°$ 时，回能系数下降 $30\%\sim35\%$，这种现象可用环量对出水流道有双重影响来解释：

（1）微小正环量所产生的离心力将阻止和减少水流在边壁的脱流现象，从而提高压能恢复系数。

（2）旋转流动的动能 $v_{uj}^2/2g$ 比轴向流动的动能 $v_{aj}^2/2g$ 更难被出水流道的扩散所恢复，从而降低了压能恢复系数。旋转流动和轴向流动的作用恰好相反。当平均水流旋转角

$j_x=10°\sim25°$时，压能恢复系数 ζ 最大，说明此时前者的影响比后者更大些。

对于每一个相对长度 L/D_j，都有一个最优当量扩散角与之对应，此时出水流道的水力损失最小。随着出水流道相对长度的减小，最优当量扩散角增大，但压能恢复系数下降。这种规律与假设水流为轴向均匀流动时相同。只是在相同的出水流道长度时，对应的最优当量扩散角的值比假设轴向均匀流动时的要大 $1°\sim2°$，建议出水流道的当量扩散角取 $9°\sim12°$。

9.6 流道的自动优化设计案例

以 S 形轴伸式贯流泵装置的进、出水结构为对象进行设计和优化，并力图突破传统 S 形轴伸式贯流泵装置进、出水结构的水力性能瓶颈。

9.6.1 流道的几何数学模型描述

9.6.1.1 进水流道的几何数学模型描述

根据《Untersuchung über die Strömungen des Wassers in konvergenten und divergenten Kanälen》一书中流道断面面积沿流道长度的变化对速度分布规律的研究结果，速度分布如图 9.15 所示。图 9.15 中 b 为流道宽度的一半，x 为研究的点与流道轴线间的距离。由图 9.15 可知，在收缩流道内，速度沿流道断面的分布最均匀，因此，泵装置的进水流道采用收缩流道，以便为叶轮提供更均匀的速度分布。

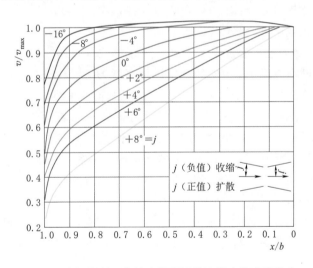

图 9.15 在矩形断面收缩流道和扩散流道内的速度分布

S 形轴伸贯流泵装置的进水流道采用矩形断面收缩至圆形断面（叶轮进口断面）的形式，进水流道的形状相对简单，可将影响其形状的独立变量分解出来，如图 9.16 所示。流道相应尺寸如下：B_j 为进口断面宽，H_j 为高，D_c 为出口断面的直径。

上缘型线 $y_1=f_1(x)$、下缘型线 $y_2=f_2(x)$、流道宽度变化规律 $B=B(x)$、高度变化规律 $H=H(x)$、收缩断面的长半轴变化规律 $L_b=Z(x)$ 及短半轴变化规律 $L_a=y(x)$ 均可设定为四次多项式函数：

$$y_1 = f_1(x) = a_1 + b_1 x + c_1 x^2 + d_1 x^3$$
$$+ e_1 x^4 + f_1 x^5 \qquad (9.10)$$

$$y_2 = f_2(x) = a_2 + b_2 x + c_2 x^2 + d_2 x^3$$
$$+ e_2 x^4 + f_2 x^5 \qquad (9.11)$$

$$B = B(x) = a_3 + b_3 x + c_3 x^2 + d_3 x^3$$
$$+ e_3 x^4 + f_3 x^5 \qquad (9.12)$$

$$H = H(x) = a_4 + b_4 x + c_4 x^2 + d_4 x^3$$
$$+ e_4 x^4 + f_4 x^5 \qquad (9.13)$$

$$L_b = Z(x) = a_5 + b_5 x + c_5 x^2$$
$$+ d_5 x^3 + e_5 x^4 \qquad (9.14)$$

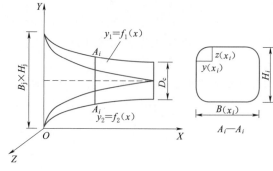

图 9.16　进水流道的几何参数

$$L_a = y(x) = a_6 + b_6 x + c_6 x^2 + d_6 x^3 + e_6 x^4 \qquad (9.15)$$

为了使水流尽可能平顺，式（9.10）～式（9.15）均需满足各自端点的几何边界条件：

对于上缘型线 $y_1 = f_1(x)$：则 $f_1(0) = B_j$；$f_1(L) = \dfrac{B_j + D_c}{2}$

对于下缘型线 $y_1 = f_2(x)$：则 $f_2(0) = 0$；$f_2(L) = \dfrac{B_j - D_c}{2}$

对于流道宽度变化规律 $B = B(x)$：则 $B(0) = B_j$；$B(L) = D_c$

对于流道高度变化规律 $H = H(x)$：则 $H(0) = H_j$

对于长半轴变化规律 $L_b = Z(x)$：则 $Z(0) = 0$；$Z(L) = 0.5 D_c$

对于短半轴变化规律 $L_a = y(x)$：则 $y(0) = 0$；$y(L) = 0.5 D_c$

假设某 $A_i—A_i$ 断面上中心点坐标为 x_i，可依据式（9.10）～式（9.14）获得该断面的相应几何尺寸：断面宽度 $B_{i1} = B_i(x_i)$，断面高度 $H_{i1} = f_1(x_i) - f_2(x_i)$，长半轴长度 $L_b = z(x_i)$，短半轴长度 $L_a = y(x_i)$。若 $L_b = L_a$，则衔接弧线为 1/4 的圆弧；若 $L_b \neq L_a$，则衔接弧线为 1/4 的椭圆弧线。根据这 4 个尺寸可将 $A_i—A_i$ 断面绘制出来，并求出断面面积，定义该处的断面面积为 A_i，该处的流道中心线长度为 $x_i (0 \leqslant x_i \leqslant L)$，两者满足函数关系 $A_i = f(x_i)$，该函数可为线性函数或设计规定的函数关系，在流道断面 i 处的流速为 $v_i = Q/A_i = Q/f(x_i)$，并可保证进水流道的断面面积、断面流速均沿流道中心线均匀变化。

9.6.1.2　出水流道的几何数学模型描述

对于 S 形轴伸贯流泵装置的出水流道，包括出水弯管段和直扩散段两部分，其中弯管段水力设计的优劣直接影响泵装置整体的水力性能，对 S 形轴伸贯流泵装置的弯管段进行分析及设计。

对于流经弯管的流体，假定的理论流谱为

$$vr = \text{const} \qquad (9.16)$$

式中：v 为沿流线的速度；r 为流动过程的曲率半径。

当速度很大，或平均曲率半径 r 与管径 d 之比（r/d）很大时才符合流谱的理论假定。当速度很小，或 r/d 很小时，在转角的后半部分，水流将移向弯管壁的外侧。在理想的液体中，速度变化是由压力分布变化引起的，因此，在靠近弯管的内壁处速度增加的同时压力降低；在转角外壁处速度降低的同时压力增大。

若出水流道回收更多的压能，则需降低速度值，降低速度值需增大过流面积，同时减弱弯管内部两个对称螺旋横向流动的强度。

在渐变段中，在选择中间断面的轮廓型式时一般希望满足 3 方面的要求：①流速均匀变化，即在流量一定时，断面面积成线性变化；②各断面的主要轮廓成线性变化；③各断面形状应构成封闭型曲线。同时满足这 3 方面的要求是不可能的，只能近似地予以满足。

出水流道的中间断面形状可分为 3 种：①圆形断面；②边倒圆（椭圆）的矩形断面；③椭圆形断面。过去在设计圆形到矩形的渐变段时，最常用的方法是在矩形断面的对角线上，附一个 1/4 的斜圆锥。圆锥的半径在矩形断面处为零，然后按线性变化到圆形断面的半径。这种形状的渐变段轮廓匀称，施工方面，但其主要缺点是面积不呈线性变化，水流经过时，要随时改变流速，故水力条件较差。

印度柯马尔·辛伊教授曾提出一种修正方法，建议用四段圆弧组成渐变段中各中间断面，并使各边圆弧的顶点呈直线变化。在此前提下，推导了一组比较繁复的计算圆弧半径和中心夹角的公式。这种形状的渐变段轮廓比较匀称，面积很接近直线变化，施工也不困难，但其缺点是在四段圆弧交角处会出现应力集中现象，对渐变段结构的受力条件不利。

传统 S 形轴伸贯流泵装置的弯管段均采用圆形断面或边倒圆的矩形断面进行过渡，根据前面对渐变段设计所提出的要求和上述几种方法中存在的问题，建立采用椭圆曲线来确定整个渐变段的断面形状。椭圆曲线是由圆形向矩形过渡的超越曲线，圆形又是椭圆的特殊形态，所以采用椭圆作为从圆形过渡到矩形的中间过渡断面形式。综合考虑上述的分析内容，本节将采用椭圆形断面对弯管段进行设计，在控制尺寸相同情况下，采用椭圆形断面可适当增加叶轮直径，纵横比的变大更有利于水流的扩散，降低水流速度，使得出水流道能更好地回收压能，按照一定的规律改变椭圆的长短轴，便可做到渐变段的轮廓匀称；调整椭圆方程的指数，便可以做到断面面积近似地成线性变化。

对于确定的出水流道进口断面直径 D_j，D_j 值与导叶体出口断面直径相等；出水流道出口断面的尺寸高度 H_c 及宽度 B_c，出水流道中心轴线长度 L，以上述变量来计算出水流道当量扩散角 θ_d，确定泵装置的设计流量 Q_d，则

$$v_c = \frac{Q_d}{B_c H_c} \quad (v_c \leqslant 1.5 \mathrm{m/s}) \tag{9.17}$$

由图 9.17 可得式（9.18）：

$$\theta_d = \arctan \frac{\sqrt{H_c B_c}/\pi - 0.5D_j}{L} \tag{9.18}$$

则出水流道中心轴线长度 L 为

$$L = 0.5(1.1284D_j^2 \sqrt{B_c H_c} - D_j)/\tan\left(\frac{\theta_d}{2}\right) \quad (9° \leqslant \theta \leqslant 12°) \tag{9.19}$$

出水流道的弯管段为圆形断面扩散至椭圆形断面，直扩段为椭圆形断面扩散至矩形断面，出水流道的相应几何参数如图 9.17 所示。弯管段的相应尺寸如下：B_c 为出口断面宽，H_c 为高，D_j 为进口断面的直径，该尺寸取决于导叶体出口断面的直径。出水流道结构形状较为复杂，将其分为两部分再用数学模型对其进行描述。

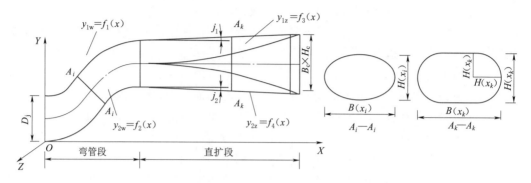

图 9.17　出水流道的几何参数

弯管段的上缘型线 $y_{1w}=f_1(x)$、下缘型线 $y_{2w}=f_2(x)$、流道宽度变化规律 $B=B(x)$、椭圆的短半轴变化规律即为流道的高度变化规律 $H=H(x)$，长半轴变化规律即为流道宽度变化规律 $B=B(x)$。上、下缘型线较为复杂，采用五次多项式函数表示，其余均采用四次多项式函数表示。

弯管段上缘型线变化规律：

$$y_{1w}=f_1(x)=a_1+b_1x+c_1x^2+d_1x^3+e_1x^4+f_1x^5 \tag{9.20}$$

弯管段下缘型线变化规律：

$$y_{2w}=f_2(x)=a_2+b_2x+c_2x^2+d_2x^3+e_2x^4+f_2x^5 \tag{9.21}$$

弯管段短轴变化规律（出水流道的高度变化规律）：

$$H=H(x)=a_3+b_3x+c_3x^2+d_3x^3+e_3x^4+f_3x^5 \tag{9.22}$$

弯管段长轴变化规律（出水流道的宽度变化规律）：

$$B=B(x)=a_4+b_4x+c_4x^2+d_4x^3+e_4x^4+f_4x^5 \tag{9.23}$$

直扩段的上缘型线 $y_{1z}=f_3(x)$、下缘型线 $y_{2z}=f_4(x)$、流道宽度变化规律为 $B=B(x)$、高度变化规律为 $H=H(x)$、直管段内各断面中定义到圆弧长半轴变化规律为 $L_b=z(x)$，短半轴变化规律为 $L_a=y(x)$，各变化规律函数均可采用四次多项式表示。

直扩段的上缘型线变化规律：

$$y_{1z}=f_3(x)=a_5+b_5x+c_5x^2+d_5x^3+e_5x^4 \tag{9.24}$$

直扩段的下缘型线变化规律：

$$y_{2z}=f_4(x)=a_6+b_6x+c_6x^2+d_6x^3+e_6x^4 \tag{9.25}$$

直扩段的断面长半轴变化规律：

$$L_b=z(x)=a_7+b_7x+c_7x^2+d_7x^3+e_7x^4 \tag{9.26}$$

直扩段的断面短半轴变化规律：

$$L_a=y(x)=a_8+b_8x+c_8x^2+d_8x^3+e_8x^4 \tag{9.27}$$

对出水流道，先假定直扩段的中心轴线长度为 L_z，则弯管段的中心轴线长度为 $L-L_z$，直扩段的上倾角 j_1、下倾角 j_2 为

$$j_1=\arctan\frac{f_3(L)-f_3(L-L_z)}{L_z} ; \quad j_2=\arctan\frac{f_4(L)-f_4(L-L_z)}{L_z}$$

式（9.20）～式（9.27）均需满足各自端点的几何边界条件：

对弯管段的上缘型线 $y_{1w} = f_1(x)$，则

$f_1(0) = D_j$；$f_1(L-L_z) = B_c - 2f_3(L) + f_3(L-L_z)$；$f_1(L-L_z) = f_3(L-L_z)$

对弯管段的下缘型线 $y_{2w} = f_2(x)$，则

$$f_2(0) = 0；f_2(L-L_z) = f_4(L-L_z)$$

对直扩段的上、下缘型线 $y_{1z} = f_3(x)$，$y_{2z} = f_4(x)$，则

$$f_3(L) = f_4(L) + H_c$$

对出水流道的宽度变化规律 $B = B(x)$，则

$$B(0) = D_j；B(L) = B_C$$

对出水流道的宽度变化规律 $H = H(x)$，则

$$H(0) = D_j = f_1(0) - f_2(0)；H(L) = H_c = f_3(L) - f_4(L)$$

$$H(L-L_z) = f_1(L-L_z) - f_2(L-L_z) = f_3(L-L_z) - f_4(L-L_z)$$

对直扩段的短半轴变化规律 $L_a = y(x)$，则

$$H(L-L_z) = y(L-L_z)；y(L) = 0$$

对直扩段的长半轴变化规律 $L_b = z(x)$，则

$$z(L) = B(L) = B_C$$

给定弯管段内某 $A_i - A_i$ 断面上中心点坐标为 x_i，上缘点 x_{i1}，可依据式（9.22）和式（9.23）获得该断面的几何尺寸：椭圆长轴 $B(x_i)$，短轴 $H(x_i)$，上缘点 $f_1(x_i)$，下缘点 $f_1(0.5x_{i1} + 0.5x_i)$，由此可做出该椭圆断面。

给定直扩段内某 $B_k - B_k$ 断面上中心点坐标为 x_k，上缘点 x_{k1}，可依据式（9.23）~式（9.26）获得该断面的几何尺寸：宽度 $B(x_k)$，高度 $H(x_k)$，长半轴 $z(x_k)$，短半轴 $y(x_k)$，Y 轴方向（宽度方向）的线段 $B(x_k) - 2z(x_k)$，Z 轴方向（高度方向）的线段 $H(x_k) - 2y(x_k)$，上缘点 $f_3(x_{k1})$，下缘点 $f_4(0.5x_{k1} + 0.5x_k)$。

9.6.2 流道的自动优化设计

在以上各节中，对流道的自动优化平台及 S 形轴伸贯流泵装置的进、出水流道的水力性能进行了几何数学模型描述，依据 9.6.1 节的相关内容对进、出水流道进行初步设计并采用优化平台进行自动优化设计。

9.6.2.1 进水流道的自动优化设计

针对初设的进水流道进行参数化建模，其流道参数化文件 jsld. exp 中相应的 4 个可调控制参数表达如下：

进水流道的进口高度：[mm] height＝450

进水流道的进口宽度：[mm] width＝400

进水流道的上倾角：[degree] upjd＝2.5

进水流道的下倾角：[degree] downjd＝2.5

对进水流道的多目标自动优化，进水流道出口的断面尺寸为固定值即叶轮进口直径，本节对流道优化时将流道长度也设置为固定值，仅对上述的 4 个变量进行优化。

为了更加真实地模拟进水流道内部三维流动，对进水流道的进、出口断面进行相应延伸后分别作为进、出口边界进行条件设置。进水流道参数化三维计算模型如图 9.18 所示，

并对进水流道进行结构化网格剖分，进水流道初始化结构分块如图 9.19 所示。进水流道自动优化设计的相关参数设置见表 9.3。

表 9.3　　　　　　　　　　　进水流道自动优化设计的相关参数设置

主要条件	参数设置	主要条件	参数设置
约束条件	$350 \leqslant height \leqslant 550$	目标函数	水力损失
	$2° \leqslant$ 上、下倾角 $j_q \leqslant 9°$		轴向速度分布均匀度
	$700 \leqslant width \leqslant 1000$		速度加权平均角
进口	300L/s	出口	平均静压
网格剖分	结构化网格	固壁	无滑移
湍流模型	RNG $k-\varepsilon$	近壁区	可伸缩壁面函数
假设	定常、不可压	计算方法	全隐式多网格耦合算法

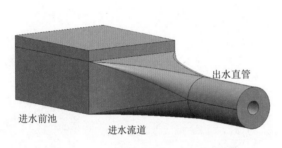

图 9.18　进水流道参数化三维计算模型

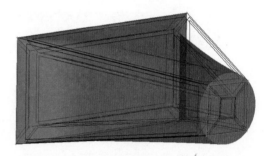

图 9.19　进水流道初始化结构分块图

优化前后的进水流道控制参数及三维图见表 9.4，相比优化前进水流道的几何尺寸，优化后的进水流道上倾角减小了 4°，下倾角增加了 0.5°，流道高度减小了 70mm，流道宽度减小了 120mm。经三维流动计算可知，水力损失减小了 12.61%，轴向速度分布均匀度提高了 1.86%，速度加权平均角提高了 2.63°。经三维自动优化后的进水流道的水力性能得到了较明显的提高。

优化后进水流道三维形体的相关方程如下：

上缘型线方程为
$$y = -3.7044x^5 + 10.7167x^4 - 11.6577x^3 + 6.1128x^2 - 1.7720x + 0.9969$$

下缘型线方程为
$$y = 3.8013x^5 - 11.0383x^4 + 12.0361x^3 - 6.2931x^2 + 1.8005x + 0.0033$$

高度变化方程为
$$y = -2.2907x^5 + 6.7712x^4 - 7.5188x^3 + 4.0060x^2 - 1.1732x + 0.9979$$

宽度变化方程为
$$y = -7.506x^5 + 21.7550x^4 - 23.6938x^3 + 12.4059x^2 - 3.5726x + 0.9937$$

长半轴变化方程为
$$y = 2.4781x^4 - 4.6636x^3 + 2.8902x^2 + 0.2952x + 3.2862 \times 10^5$$

短半轴变化方程为

$$y=0.7825x^4-1.2728x^3+0.6128x^2+0.8753x+0.0011$$

优化后的进水流道的部分断面及三维模型如图 9.20 所示,优化前、后的流道相关控制尺寸及三视图对比见表 9.4。

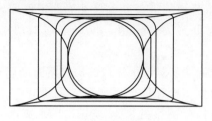 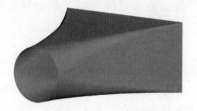

(a) 断面图　　　　　　　　　　　　　　　(b) 三维模型

图 9.20　优化后的进水流道断面及三维图

表 9.4　　　　　　　　　　　　优化前后的流道控制参数及三维图对比

类　别	优化前	优化后
上倾角/(°)	7.0	3
下倾角/(°)	2.5	3
流道高度/mm	450	380
流道宽度/mm	900	780
流道长度/mm	900	900
优化前、后的流道平面图		
优化前、后的流道侧面图		
优化前、后的流道正面图		
水力损失/cm	3.878	3.389
轴向速度分布均匀度/%	94.47	96.33
速度加权平均角/(°)	84.741	87.366

9.6.2.2　出水流道的自动优化设计

针对初设的出水流道进行参数化建模,将变量参数设置为可调,其他相关参数预期关联,当可调参数改变时,流道三维形体也将发生改变,参数化文件 csld.exp 中相应的两个可调参数如下：

弯管段的长度：[mm] lengthw＝720

弯管段的出口椭圆断面中心至泵轴线长度：[mm] lengthz＝372

对出水流道的多目标自动优化，其出水流道的进口断面尺寸为固定值即导叶出口直径，本节对出水流道优化时将流道长度也设置为固定值，仅对上述的两个变量进行优化。

为了更加真实地模拟进水流道内部三维流动，对出水流道的出口断面进行相应延伸后作为出口边界进行条件设置。出水流道参数化三维计算模型如图 9.21 所示，并对出水流道进行结构化网格剖分，出水流道初始化结构分块如图 9.22 所示。出水流道自动优化设计的相关参数设置见表 9.5。

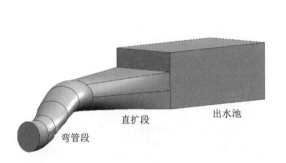

图 9.21　出水流道参数化三维计算模型　　　　图 9.22　出水流道初始化结构分块图

表 9.5　　　　　　　　　　　出水流道自动优化设计的相关参数设置

主要条件	优化平台	主要条件	优化平台
约束条件	650≤lengthw≤780	目标函数	水力损失
	365≤lengthz≤400		动能恢复系数
	lengthc＝1840	流量	300L/s
进口	流速（平均环量）	出口	平均静压
网格剖分	结构化网格	固壁	无滑移
湍流模型	RNG k-ε	近壁区	可伸缩壁面函数
假设	定常、不可压	计算方法	全隐式多网格耦合算法

优化前、后出水流道的控制参数及三维模型见表 9.6。相比优化前，出水流道的水力损失减小了约 24.91%，动能恢复系数增加了 6.65%，当量扩散角增加了 0.38°。

优化后出水流道的弯管段与直扩段的断面如图 9.23 所示。出水流道各部分的相关方程如下：

弯管段的中心轴线曲线方程为

$$y = 8.8762x^5 - 21.4116x^4 - 15.5594x^3 - 2.5809x^2 + 0.2760x + 0.2921$$

弯管段的上缘型线方程为

$$y = 3.5769x^5 - 5.2040x^4 - 0.6991x^3 + 3.2766x^2 - 0.3379x + 0.4504$$

弯管段的下缘型线方程为

$$y = 10.0766x^5 - 29.3363x^4 - 27.2371x^3 - 8.0623x^2 + 1.0886x - 0.0082$$

出水流道的高度变化方程为

$$y = 24.6498x^5 - 64.3999x^4 + 60.3072x^3 - 24.4396x^2 + 4.4250x + 0.4635$$

出水流道的宽度变化方程为

$$y = 9.8421x^5 - 27.7068x^4 + 28.8536x^3 - 13.6005x^2 + 3.3933x + 0.2199$$

表 9.6 优化前、后的出水流道控制参数及三维图对比

类　别	优化前	优化后
弯管段的长度/mm	720	668
弯管段出口椭圆断面的中心至泵轴线的长度/mm	365	380
优化前、后的流道平面图		
优化前、后的流道侧面图		
优化前、后的流道正面图		
水力损失/cm	27.34	20.53
动能恢复系数/%	90.25	96.90
当量扩散角/(°)	9.6	9.98

(a) 弯管段

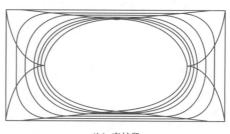

(b) 直扩段

图 9.23 优化后出水流道的弯管段与直扩段的断面图

优化前、后出水流道的立面型线如图 9.24 所示,优化后出水流道的相对尺寸如图 9.25 所示。通过表 9.6 中优化前、后出水流道的三视图及图 9.24 的立面型线可知,弯管段的形体变化最大,出水流道水力性能的提高主要因弯管段形体的改变。图 9.26 给出了弯管段的三视图。

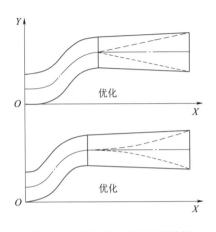

图 9.24   优化前、后出水流道的
立面型线

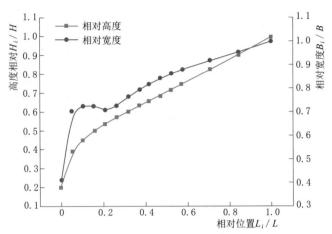

图 9.25   优化后出水流道的相对尺寸

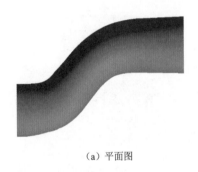

（a）平面图

（b）侧面图

（c）轴视图

图 9.26   弯管段三维图

9.7   低扬程泵装置整体数值优化方法探讨

对低扬程泵装置进行自动优化设计的关键在于约束变量的选取，低扬程泵装置由进水流道、叶轮、导叶及出水流道四部分构成，每个过流部件都有相应的关键控制参数，且过流部件间存在相互影响，因此泵装置整体优化的实现技术难度非常大，本节仅对此方法的实现途径进行技术分析。

9.7.1   泵装置整体优化的多目标函数及约束条件

泵装置水力性能的优化目标为泵装置效率，计算公式见式（9.27），即

（1）泵装置的水力效率目标：$\eta_{zz} = \dfrac{30\rho g QH_{zz}}{\pi n T_p}$。

（2）叶轮的空化预测值[88]：$NPSH_{re} = \dfrac{10^5}{\rho g} - \dfrac{P_{min}}{\rho g} + 0.24$。

（3）监测点的压力脉动相对幅值：$\min(A_r)$。

计算低扬程泵装置效率可采用 ANSYS CFX 内部提供的专用计算函数，或通过 ANSYS CFX - Post 导出相关数据文件，并将导出过程录制成宏文件，再通过编程处理这些数据文件最后输出目标函数值。

泵装置整体优化的约束条件根据优化的任务进行确定，若需进行叶轮翼型的优化，则

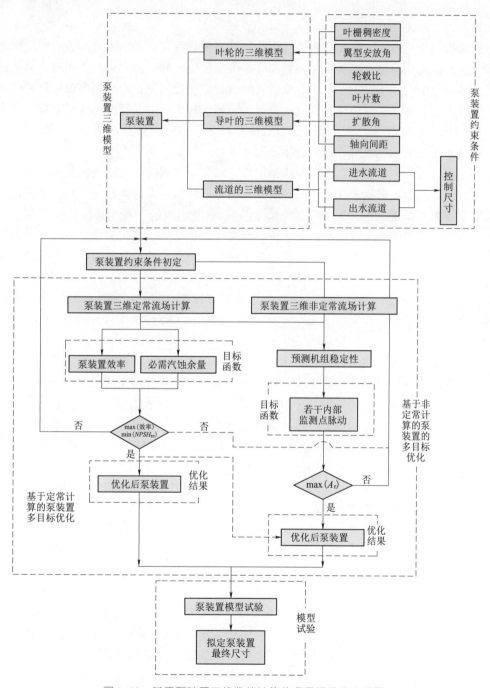

图 9.27　基于泵装置三维数值计算的多目标优化流程图

需建立翼型的相关几何模型表达式；若进行进、出水流道结构尺寸的优化，则需给出进、出水流道结构尺寸相应的几何约束条件，如 9.3 节中所述。

9.7.2　泵装置整体优化的流程分析

参阅 9.4 节中进、出水流道多目标优化的流程图，图 9.27 给出了基于泵装置三维数值计算的多目标优化流程图。

根据数值计算方法，泵装置多目标优化问题可分为两种：①基于泵装置三维定常数值计算的多目标优化问题；②基于泵装置三维非定常数值计算的多目标优化问题。第 2 种泵装置目标函数中包含了第 1 种，对于泵装置的多目标优化问题，考虑到当前计算机存储容量、计算速度以及多目标优化的目的，建议采用第 1 种方法对泵装置的变量参数进行多目标优化。由图 9.27 可知，基于泵装置数值计算的多目标优化包括两部分，泵装置的约束条件、目标函数及优化求解过程，具体步骤如下：

（1）泵装置约束条件确定及三维建模组装。对于泵装置的 4 大组成部分：叶轮、导叶体及进、出水流道。根据工程及研究对象初步拟定设计对象及约束范围，将其余控制参数以这些变量为基础建立相关数学模型或尺寸关联（三维建模）。对于无需优化的对象，则直接建模，若其中某些尺寸随某设计变量的改变而发生变化，则仍需建立相关数学模型或尺寸关联，避免因某设计变量的改变而无法组装成泵装置。泵装置各过流部件参数化建模可选择 UG、ProE、Catia 以及 Solidworks 等。各部分建模后生成 .x_t 文件，在 ICEM CFD、gambit 等中进行网格剖分并导出前处理所需的文件格式，通过录制宏文件由计算机自动完成这些工程。在完成 4 大部分网格剖分的基础上，在 ANSYS CFX、Fluent 等软件的前处理中进行边界条件设置同时录制宏文件。

（2）优化过程及目标函数确定。在完成前处理的基础上，通过求解器对泵装置进行三维定常或非定常的数值计算，并生成后处理文件格式，在后处理文件格式中导出目标函数求解所需的原始文件，泵装置的目标函数根据求解方法不同来确定，9.7.1 节给出了可供参考的 3 个目标函数。通过编程对原始文件进行数据处理得出目标函数值。在 iSIGHT 等集成优化平台或 Matlab 等可编程开放软件的基础上将各部分软件进行系统集成，选定优化方法后对泵装置进行多目标协同优化。

在数值优化得出的泵装置的基础上，通过泵装置模型试验对数值计算结果进行进一步的验证，试验验证是泵装置研究的一个重要和必不可缺的过程。通过模型试验验证得出的结论既可验证数值计算结果，也可补充数值计算无法获取的其他性能参数，如振动等。

9.8　本章小结

（1）在对低扬程泵装置进、出水流道水力性能理论分析的基础上，建立了泵装置进、出水流道的多目标优化数学模型，并基于 iSIGHT - FD 优化软件构建了泵装置进、出水流道的自动优化平台，为泵装置流道的优化设计提供了全新的多目标多约束优化技术手段。

（2）以轴伸式贯流泵装置的进、出水流道为优化目标，在流道的几何数学模型描述的基础上采用多目标优化平台对其进行自动优化，优化后的进水流道水力损失减小了 12.61%，轴向速度分布均匀度提高了 1.86%，速度加权平均角提高了 3.10°；优化后的出水流道水力损失减小了 24.91%，动能恢复系数提高了 6.65%，当量扩散角变为 9.98°，从流道水力性能参数的定量分析可知，基于 iSIGHT 优化软件建立的多目标自动优化平台是可行的。

（3）在泵装置流道多目标优化设计的基础上，提出了泵装置多目标多约束优化的数学模型，并给出了泵装置多目标多约束优化的流程图。

● 附录

工 程 应 用 简 况

　　作者所在的扬州大学江苏省水利动力工程重点实验室长期承担低扬程泵及泵站的数值优化及模型试验研究工作，目前，本研究成果已在安徽省五河泵站、江苏省七浦塘拓浚整治工程江边泵站、江苏省扬州市黄金坝闸站工程、安徽省双摆渡泵站、江苏省临洪东站的更新改造、江苏省泰州市中干河闸站、江苏省张家港市五节桥港泵站、安徽省蜀山泵站及江苏省溧阳新村枢纽泵站等 17 座工程中进行了应用。整体技术成果应用的部分泵站如附图 1～附图 4 所示。基于低扬程泵装置全流道的进、出水流道优化技术应用的部分泵站如附图 5 和附图 6 所示，优化后泵站实施的结构如附图 7～附图 10 所示。

附图 1　安徽省五河泵站（箱涵式双向立式轴流泵装置）

附图 2　江苏省扬州市黄金坝闸站（平面 S 形轴伸贯流泵装置）

附图3　江苏省溧阳新村枢纽泵站（前置竖井贯流泵装置）

附图4　江苏省泰州市中干河闸站（潜水贯流泵装置）

附图5　安徽省蜀山泵站　　　　　　　　附图6　安徽省双摆渡泵站

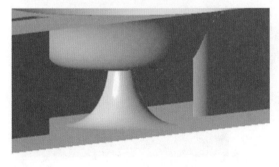

附图7　江边泵站的箱涵式双向进水流道

附图 8 江边泵站的箱涵式双向出水流道

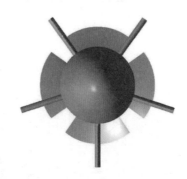

附图 9 江苏省泰州市中干河闸站（灯泡段）

附图 10 江苏省扬州市黄金坝闸站

作者作为低扬程泵装置模型试验技术负责人参与的部分低扬程泵站物理模型试验如附图 11~附图 16 所示。

附图 11 江西省黄家坝泵站　　　　　　　附图 12 安徽省三铺湖泵站

附图 13　江苏省茭陵一站

附图 14　浙江省钱江泵站

附图 15　江苏省淮安市里运河控制工程

附图 16　江苏省盐城市南洋中心河泵站

参 考 文 献

[1] 中国灌溉排水发展中心，水利部农村饮水安全中心. 2016 年中国灌溉排水发展研究报告 [R]. 2018.

[2] 陈坚，李琪，许建中，等. 中国泵站工程现状及"十一五"期间泵站更新改造任务 [J]. 水利水电科技进展，2008 (2)：84 - 88.

[3] 王福军. 我国大型灌溉泵站的技术现状与发展趋势 [J]. 中国水利，2009 (23)：19 - 21.

[4] 靳建市. 浅谈我国城市防洪的特点与变化趋势 [J]. 科技致富向导，2011 (9)：65，52.

[5] 何喜军. 引水泵站有效改善城市的水环境 [J]. 中国科技信息，2005 (20)：110.

[6] 刘超. 南水北调工程高比转速水泵装置的有关问题研究 [J]. 水力发电学报，2005，24 (1)：88 - 92，101.

[7] Quangha Thai, Changjin Lee. The cavitation behavior with short length blades in centrifugal pump [J]. Journal of Mechnical Science and Technology, 2010, 24 (10): 2007 - 2016.

[8] Wu Dazhuan, Wang Leqin, Hao Zongrui, et al. Experimental study on hydrodynamic performance of a cavitating centrifugal pump during transient operation [J]. Journal of Mechanical Science and Technology, 2010, 24 (2): 575 - 582.

[9] Van Esch. Bart, Cheng Li. Unsteady operation of a mixed - flow pump and the influence of tip clearance [C] //ASME - JSME - KSME 2011 Joint Fluids Engineering Conference, AJK 2011, July 24 - 29, Hamamatsu, Japan.

[10] Jorge Parrondo, Javier Pérez, Raúl Barrio, et al. A simple acoustic model to characterize the internal low frequency sound field in centrifugal pumps [J]. Applied Acoustics, 2011 (72): 59 - 64.

[11] 杨敏，闵思明，王福军. 双蜗壳泵压力脉动特性及叶轮径向力数值模拟 [J]. 农业机械学报，2009，40 (11)：83 - 88.

[12] Cheng Li, Van Esch. B. P. M. Blade interaction forces in a mixed - flow pump with vaned diffuser [C] //Proceedings of the ASME Fluids Engineering Division Summer Conference, 2009.

[13] Zhang Desheng, Shi Weidong, Chen Bin. Unsteady flow analysis and experimental investigation of axial - flow pump [J]. Journal of Hydrodynamics, Ser. B, 2010, 22 (1): 35 - 43.

[14] Feng Jianjun, Friedrich - Karl Benra, Hans Josef Dohmen. Investigation of periodically unsteady flow in a radial pump by CFD simulations and LDV measurements [J]. Journal of Turbomachinery, 2011 (133): 011004 - 1 - 011004 - 11.

[15] Raúl Barrio, Jorge Parrondo, Eduardo Blanco. Numerical analysis of the unsteady flow in the near-tongue region in a volute - type centrifugal pump for different operating points [J]. Computers & Fluid, 2010, 39 (5): 859 - 870.

[16] Liu Demin, Liu Xiaobing. Vabration analysis of turbine based on fluid - structure coupling [J]. Chinese Journal of Mechanical Engineering, 2008, 21 (4): 40 - 43.

[17] 李志峰，王乐勤，戴维平，等. 离心泵启动过程的涡动力学诊断 [J]. 工程热物理学报，2010，31 (1)：48 - 51.

[18] R. Spence, J. Amaral - Teixeira. Investigation into pressure pulsations in a centrifugal pump using numerical methods supported by industrial tests [J]. Computers & fluids, 2008 (37): 690 - 704.

[19] 张克危. 流体机械原理（上）[M]. 北京：机械工业出版社，2001.

[20] 张勤昭，曹树良，陆力. 高比转数混流泵导叶设计计算 [J]. 农业机械学报，2008，39 (2): 73 - 76.

[21] L. M. C Ferro, L. M. C Gato, A. F. O Falcāo. Design and experimental validation of the inlet guide vane system of a mini hydraulic bulb - turbine [J]. Renewable Energy, 2010, 35 (9): 1920 - 1928.

[22] 黄学军，陈斌，张克危，等. 可调导叶式潜水贯流泵的设计 [J]. 水泵技术，2011 (1): 25 - 28, 17.

[23] 黄经国. 用可调进口导叶调节特性的大型混流泵 [J]. 流体机械，2000，28 (4): 37 - 40.

[24] 孔繁余，王文廷，黄道见，等. 前置导叶调节混流泵性能的数值模拟 [J]. 农业工程学报，2010，26 (10): 124 - 128.

[25] 曹树良，谭磊，桂绍波. 离心泵前置导叶设计与试验 [J]. 农业机械学报，2010，41 (Z1): 1 - 5.

[26] Qian Zhongdong, Wang Yan, Huai Wenxin, et al. Numerical simulation of water flow in an axial flow pump with adjustable guide vanes [J]. Journal of Mechanical Science and Technology, 2010, 24 (4): 971 - 976.

[27] 刘超. 水泵及水泵站 [M]. 北京：中国水利水电出版社，2009.

[28] 汤方平，袁家博，周济人. 轴流泵进出水流道水力损失的试验研究 [J]. 排灌机械，1995，13 (3): 13 - 14.

[29] 成立. 泵站水流运动特性及水力性能数值模拟研究 [D]. 南京：河海大学，2006.

[30] 仇宝云. 大中型水泵装置理论与关键技术 [M]. 北京：中国水利水电出版社，2005.

[31] 陆林广，吴开平，冷豫，等. 泵站出水流道模型水力损失的测试 [J]. 排灌机械，2005，23 (5): 23 - 26.

[32] 杨帆，刘超，汤方平，等. 大型立式轴流泵装置流道内部流动特性分析 [J]. 农业机械学报，2011，42 (5): 39 - 43, 55.

[33] 张庆范，吴桐林，靳子清，等. 贯流泵装置模型的初步试验研究 [J]. 排灌机械，1984 (4): 18 - 22.

[34] 张庆范，吴桐林，靳子清. 贯流泵装置的试验研究 [J]. 农业机械学报，1985 (2): 38 - 46.

[35] 冯汉民，王林锁，袁伟声，等. 贯流泵站（前池灯泡式）进口淹没深度的试验研究 [J]. 江苏农学院学报，1986，7 (3): 35 - 41.

[36] 袁伟声，费平屏，吴镇国. 前置灯泡贯流式泵站模型试验研究 [J]. 水泵技术，1989 (4): 34 - 40.

[37] 由彩堂，何成连，闵京声，等. 定桨贯流泵模型装置水力特性测试 [J]. 水利水电工程设计，1995 (4): 51 - 55.

[38] 施卫东. 浙江盐官下河泵站轴流泵装置模型的研究 [J]. 农业工程学报，1999，15 (2): 85 - 89.

[39] 刘超，周济人，汤方平，等. 低扬程双向流道泵装置研究 [J]. 农业机械学报，2001，32 (1): 49 - 51.

[40] Liu Chao, Jin Yan, Zhou Jiren, et al. Numerical simulation and experimental study of a two - floor structure pumping system [C] //Proceedings of Power2010, ASME Power 2010, July 13 - 15, 2010, Chicago, IL, USA.

[41] 汤方平，刘超，谢伟东，等. 双向潜水贯流泵装置水力模型研究 [J]. 农业机械学报，2004，35 (5): 74 - 77.

［42］ 陈松山，葛强，周正富，等. 泵装置模型试验模拟方法分析［J］. 水力发电学报，2006，25（5）：135-140.

［43］ 陈松山，周正富，何钟宁，等. 30°斜式进水流道数模分析与泵装置特性试验研究［J］. 水力发电学报，2012，31（3）：204-208，216.

［44］ 杨帆，杨德志，王忠伟，等. 泵装置飞逸特性试验研究与分析［J］. 水泵技术，2010（12）：1-4.

［45］ 杨帆，刘超，汤方平，等. 灌排双向立式泵装置内部水流压力脉动特性［J］. 排灌机械工程学报，2011，29（4）：316-321.

［46］ 施卫东，张德胜，关醒凡，等. 后置灯泡式贯流泵装置模型的优化与试验研究［J］. 水利学报，2010，41（10）：1248-1253.

［47］ 杨敬江. 排涝泵站立式轴流泵装置模型试验［J］. 排灌机械，2008，26（6）：20-23.

［48］ 张德胜，施卫东，关醒凡. 南水北调东线江都四站装置模型的试验研究［J］. 水力发电学报，2011，30（1）：170-174.

［49］ 王玲花，刘大凯，陈德新. 双向贯流式水泵水力特性的试验研究［J］. 华北水利水电学院学报（自然科学版），2000，21（4）：29-33.

［50］ 郑源，张飞，蒋小欣，等. 贯流泵装置模型试验转轮出水口压力脉动研究［J］. 流体机械，2007，35（1）：1-3，7.

［51］ 郑源，刘君，周大庆，等. 大型轴流泵装置模型试验的压力脉动［J］. 排灌机械工程学报，2010，28（1）：51-55.

［52］ 张德虎，戴正，廖锐，等. 贯流泵装置特性模型试验与节能［J］. 能源研究与利用，2003（3）：22-24.

［53］ 耿在明，郑源，陈创新，等. 双向贯流泵叶轮设计与装置模型试验［J］. 水泵技术，2005（4）：3-5.

［54］ Wang Zhengwei, Peng Guangjie, Zhou Lingjiu, et al. Hydraulic performance of a large slanted axial-flow pump［J］. Engineering Computations，2010，27（2）：243-256.

［55］ Durmus Kaya. Experimental study on regaining the tangential velocity energy of axial flow pump［J］. Energy Conversion and Management，2003（44）：1817-1829.

［56］ F Bakir, S Kouidri, R Noguera, et al. Experimental analysis of an axial inducer influence of the shape of the blade leading edge on the performances in cavitating regime［J］. Journal of Fluids Engineering，2003（125）：293-301.

［57］ S Duplaa, O Coutier-Delgosha, A Dazin, et al. Experimental study of a cavitating centrifugal pump during fast startups［J］. Journal of Fluids Engineering，2010（132）：1-12.

［58］ Khalifa A，AI-Qutub A M，Ben-Mansour R. Study of pressure fluctuations and induced vibration at blade-passing frequencies of a double volute pump［J］. Arabian Journal for Science and Engineering，2011（36）：1333-1345.

［59］ K Kawakita, J Matsui, H Isoda. Experimental study on the similarity of flow in pump sump models［C］// 26th IAHR Symposium on Hydraulic Machinery and System，August 19-23，Beijing，China，2012.

［60］ 刘超，金燕. 双向流道泵装置内三维流动数值模拟［J］. 农业机械学报，2011，42（9）：74-78.

［61］ 刘超，金燕，周济人，等. 箱型双向流道轴流泵装置内部流动的数值模拟和试验研究［J］. 水力发电学报，2011，30（5）：192-198.

［62］ Cheng Li, Liu Chao, Zhou Jiren, et al. Three dimensional numerical simulation of flow field inside a reversible pumping station with symmetric aerofoil blade［C］// 2008 Proceeding of the ASME Fluids Engineering Division Summer Conference，August 10-14，2008，Jacksoville，FL，

United states.

［63］ 成立，刘超，B. P. M. van Esch，等. 灯泡贯流泵装置内部流动及水力特性［J］. 排灌机械工程学报，2012，30（4）：436-441.

［64］ 金燕. 贯流泵内部流动的数值模拟与三维 LDV 测量研究［D］. 扬州：扬州大学，2010.

［65］ Yang Fan, Liu Chao, Tang Fangping. Numerical simulation of three dimensional flow in large mixed - flow pump system［C］// ASME - JSME - KSME 2011 Joint Fluids Engineering Conference, AJK 2011, AJK2011 - 06008, Hamamatsu, Japan.

［66］ 朱红耕. 大中型水泵装置过流部件内流数值模拟与性能预测［D］. 镇江：江苏大学，2006.

［67］ 陈松山. 低扬程大型泵站装置特性研究［D］. 镇江：江苏大学，2007.

［68］ 王福军，张玲，张志民. 轴流泵不稳定流场的压力脉动特性研究［J］. 水利学报，2007，38（8）：1003-1009.

［69］ Li Yaojun, Wang Fujun. Numerical simulation investigation of performance of an axial - flow pump with inducer［J］. Journal of Hydrodynamics, Ser. B, 2007, 19（6）：705-711.

［70］ Tang Xuelin, Wang Fujun, Li Yaojun, et al. Numerical investigations of vortex flows and vortex suppression schemes in a large pumping station sump［J］. Proceedings of the Institution of Mechanical Engineers Part C - Journal of Mechanical Engineering Science, 2011, 225（6）：1459-1480.

［71］ 郑源，刘君，陈阳，等. 基于 Fluent 的贯流泵数值模拟［J］. 排灌机械工程学报，2010，28（3）：233-237.

［72］ 李龙，王泽. 轴伸式贯流泵装置全流场三维湍流数值模拟［J］. 机械工程学报，2007，43（10）：62-66.

［73］ 周大庆，钟淋涓，郑源，等. 轴流泵装置模型断电飞逸过程三维湍流数值模拟［J］. 排灌机械工程学报，2012，30（4）：401-406.

［74］ 冯卫民，宋立，左磊，等. 轴流泵装置三维非定常湍流流场的数值模拟［J］. 排灌机械工程学报，2010，28（6）：531-536.

［75］ 李江云，胡少华，周龙才，等. 新滩口泵站改造方案全流道仿真分析［J］. 工程热物理学报，2008，29（7）：1136-1140.

［76］ 施法佳，陈红勋，张计光. 双向竖井贯流式水泵装置内部湍流流动分析［J］. 工程热物理学报，2006，27（4）：598-600.

［77］ Zhang Rui, Chen Hongxun. Numerical simulation and flow diagnosis of axial - flow pump at part - load condition［J］. International Journal of Turbo & Jet - Engineering, 2012, 29（1）：1-7.

［78］ 王新，李同春，赵兰浩. 大型灯泡贯流泵站全流道非定常湍流数值模拟［J］. 水电能源科学，2010，28（4）：119-121，132.

［79］ 朱荣生，燕浩，付强，等. 贯流泵内部压力脉动特性的数值计算［J］. 水力发电学报，2012，31（1）：220-225.

［80］ Jin - Hyuk Kim, Hyung - Jin. High - efficiency design of a mixed - flow pump［J］. Science China Technological Sciences, 2010, 53（1）：24-27.

［81］ Kyung - Nam Chung, Yang - LK Kim, Hwan - Sik Gong. Performance improvement of vertical pumps using CFD［C］//2007 proceeding of the 5th Joint ASME - JSME Fluids Engineering. Summer Conference, July30 - August 2, 2007, San Diego, California, United States.

［82］ M Sedláí, P Zima, M Bajorek, et al. CFD analysis of unsteady cavitation phenomena in multistage pump with inducer［C］// 26th IAHR Symposium on Hydraulic Machinery and System, Beijing, China, 2012.

［83］ 刘超. 大型泵站钟形进水流道流速场的试验研究［J］. 江苏农学院学报，1985，6（2）：41-47.

[84] 刘超. 双向钟形进水流道的试验研究 [J]. 江苏农学院学报，1985，6（4）：9-12.

[85] Sitaram N, Lakshminarayana B, Ravindranath A. Conventional probes for the relative flow measurement in a rotor blade passage [J]. Journal of Engineering for Power，1981，103（2）：406-414.

[86] Cugal M, Fopalakrishnan S, Ferman R S. Experimental and numerical flow field analysis of a mixed-flow pump impeller [C] // The 1996 ASME Fluids Engineering Division Summer Meeting，July 7-11，San Diego，United States.

[87] 仇宝云. 大中型水泵装置理论与关键技术 [M]. 北京：中国水利水电出版社，2005.

[88] 汤方平. 喷水推进轴流泵设计及紊流数值分析 [D]. 上海：上海交通大学，2007.

[89] 李忠. 轴流泵内部流场数值模拟及实验研究 [D]. 镇江：江苏大学，2007.

[90] 张德胜，李通通，施卫东，等. 轴流泵叶轮出口轴面速度和环量的试验研究 [J]. 农业工程学报，2012，28（7）：73-77.

[91] 杨华. 离心泵内部流场 PIV 实验研究 [D]. 扬州：扬州大学，2001.

[92] Liu Chao, Tang Fangping, Sun Sun, et al. The PIV measurements on the flow fields in an unshrouded centrifugal pump [C] // Proceedings of the 7th Biennial Conference on Engineering System Design and Analysis 2004，July19-22，2004，Manchester，United Kingdom.

[93] Tang Fangping, Liu Chao. PIV for propeller pumps applications [C] // The 2th international symposium of Fluid Machinery and Fluid Engineering，July 14-17，2000，Beijing，China.

[94] 赵阳. 轴流泵叶轮与导叶轴向间隙内流场的 3D-PIV 测量 [D]. 扬州：扬州大学，2006.

[95] Yang Hua, Gu Chuanggang, Wang Tong. Two-dimensional particle image velocimetry（PIV）measurements in a transparent centrifugal pump [J]. Chinese Journal of Mechanical Engineering，2005，18（1）：98-102.

[96] 杨德志. 钟形进水流道出口断面的三维 PIV 流场测试与数值模拟 [D]. 扬州：扬州大学，2011.

[97] N Paone，M. L Riethmuller，R. A Van den Braembussche. Experimental investigation of the flow in the vaneless diffuser of a centrifugal pump by particle image displacement velocimetry [J]. Experiments in Fluids，1989（7）：371-378.

[98] Kreuter P, Heuser P, Schebitz M. Strategies to improve SI-Engine performance by means of variable intake lift，timing and duration [C] // The International Congress & Exposition，February 24-28，1992，Petroit MI，United States.

[99] Akin O, Rockwell D. Flow structure in a radial flow pumping system using high-image-density particle image velocimetry [J]. Journal of Fluids Engineering，1994，116（3）：538-544.

[100] 袁建平. 离心泵多设计方案下内流 PIV 测试及其非定常全流场数值模拟 [D]. 镇江：江苏大学，2008.

[101] Wu Yulin, Liu Shuhong, Yuan Huijing, et al. PIV measurement on internal instantaneous flows of a centrifugal pump [J]. Science China Technological Sciences，2011，54（2）：270-276.

[102] Wuibaut G, Bois G, Dupont P, et al. PIV Measurements in the impeller and the vaneless diffuser of a radial flow pump in design and off-design operating conditions [J]. Journal of Fluids Engineering，2002（124）：791-797.

[103] Liu Houlin, Wang Kai, Yuan Shouqi, et al. 3D Particle image velocimetry test of inner flow in a double blade pump impeller [J]. Chinese Journal of Mechanical Engineering，2012，25（3）：491-497.

[104] 席光，卢金铃，祁大同. 混流泵叶轮内部流动的 PIV 试验 [J]. 农业机械学报，2006，37（10）：53-57，26.

[105]　Inoue Y，Nagahara T. Application of PIV for the flow field measurement in a mixed - flow pump [C] // 26th IAHR Symposium on Hydraulic Machinery and System，August 19 - 23，Beijing，China，2012.

[106]　Predin A，Bilus I. Prerotation flow measurement [J]. Flow Measurement and Instrumentation，2003 (14)：243 - 247.

[107]　Tian Qing. Near wall behavior of vertical flow around the tip of an axial pump rotor blade [D]. Virginia：Virginia Polytechnic Institute and State University，2006.

[108]　Friedrich. Karl Benra，Hans Josef Dohmen. Numerical and experimental investigation of the flow in a centrifugal pump stage [C] //5th WSEAS International Conference on Fluid Mechanics Acapulco，January 25 - 27，Mexicao，2008.

[109]　刘宁，汪易森，张纲. 南水北调工程水泵模型同台测试 [M]. 北京：中国水利水电出版社，2006.

[110]　宋保维，李楠. iSIGHT 在多目标优化问题中的应用研究 [J]. 火力与指挥控制，2008，33 (S)：133 - 135，157.